普通高等教育"十一五"国家级规划教材

□ 中国高等职业技术教育研究会推荐

高职高专系列规划教材

微型计算机组成与接口技术

（第三版）

编　著　赵佩华　曾凡林　眭碧霞

主　审　李伯成

西安电子科技大学出版社

■■■ 内容简介 ■■■

　　本书以 Intel 系列处理器为背景，系统介绍了微型计算机的基本组成、汇编语言程序设计、常用接口技术和实现方法，内容反映了现代微型计算机技术的发展。全书共分为 9 章，包括计算机基本知识，典型微处理器，指令系统与汇编语言，存储器，接口与总线技术，中断技术，可编程接口芯片与应用，D/A、A/D 转换接口和人机接口。每章均备有思考与练习题，以帮助读者理解和巩固所学内容。

　　本书内容系统，条理清晰，叙述简练，理论与实践相结合，应用实例丰富，可作为高职高专院校计算机专业教学用书；对于从事微型计算机应用系统设计和开发的人员，本书也是一本很好的参考书。

图书在版编目(CIP)数据

微型计算机组成与接口技术 / 赵佩华，曾凡林，眭碧霞编著. —3 版.
—西安：西安电子科技大学出版社，2014.8
高职高专系列规划教材
ISBN 978−7−5606−3444−9

Ⅰ. 微…　　Ⅱ. ① 赵…　② 曾…　③ 眭…　Ⅲ. ① 微型计算机—计算机组成原理—高等职业教育—教材　② 微型计算机—接口—高等职业教育—教材　Ⅳ. ① TP36

中国版本图书馆 CIP 数据核字(2014)第 178967 号

策　　划　马乐惠
责任编辑　马武装　马乐惠
出版发行　西安电子科技大学出版社(西安市太白南路 2 号)
电　　话　(029)88242885　88201467　　　　邮　　编　710071
网　　址　www.xduph.com　　　　　　　电子邮箱　xdupfxb001@163.com
经　　销　新华书店
印刷单位　陕西天意印务有限责任公司
版　　次　2014 年 8 月第 3 版　　2014 年 8 月第 7 次印刷
开　　本　787 毫米×1092 毫米　1/16　印　张　19
字　　数　447 千字
印　　数　30 001～33 000 册
定　　价　30.00 元

ISBN 978−7−5606−3444−9/TP

XDUP 3736003−7

如有印装问题可调换

本社图书封面为激光防伪覆膜，谨防盗版。

前　言

　　"微型计算机组成与接口技术"是高职院校计算机专业的重要课程,其教学目的是使学生在掌握微机结构和接口硬件知识的基础上,将硬件技术与软件编程相结合,具有汇编语言编程和硬件接口电路开发的初步能力,达到学懂、学通,能实际运用,对于提高学生计算机硬件应用能力是一门十分重要的课程。

　　Intel 8088/8086 是典型的 16 位微处理器,其内部结构的设计思想、指令系统、芯片连接、接口处理方式、信号时序关系等都成为了后来 Intel 80X86 系列微处理器设计时的参考对象,从而保证其系列产品的兼容性。基于以上原因,本书编写中仍以典型微处理器 Intel 8088/8086 为背景,以基本概念为基础,以微型计算机的组成为主线,以关键技术为重点,以具体技术应用为实例,重点讲解微型计算机系统的基础理论知识和关键技术,有利于学生理解微型计算机系统的基本构成和工作原理,通过具体的应用实例培养学生今后作为科研人员应掌握的资料阅读能力、接口设计能力、系统设计与编程实现能力以及软硬件调试能力。

　　本书由多位主讲"微型计算机组成与接口技术"课程的教师在总结多年教学经验的基础上编写而成,力求做到通俗易懂、简明实用、重点突出、体例合理。在内容方面,根据"微型计算机组成与接口技术"精品课程的教学内容进行组织,并结合微型计算机技术的最新发展,同时运用教改项目的成果,使内容保持系统性和先进性;在理论和实践方面,本书既注重微型计算机系统的基本原理和关键技术的讲解,也注重实践环节,力求将理论与实践相结合,书中列举了大量的应用实例,对关键技术的应用进行了详细讲解。

　　本书共分九章,主要内容包括:计算机基础知识,典型微处理器,指令系统与汇编语言,存储器,接口与总线技术,中断技术,可编程接口芯片与应用,D/A、A/D 转换接口和人机接口。考虑到高职教育的知识层次,授课学时建议 70~80 学时,同时建议在学习中安排 20 学时左右的实验或实训环节。

　　本书适合作为高职院校计算机类相关专业的"微型计算机组成与接口技术"课程教材,也可作为微型计算机应用系统设计和开发人员的参考书。

　　本书由赵佩华、曾凡林、眭碧霞编写,其中赵佩华编写第 1~4 章、曾凡林编写第 5~7 章、眭碧霞编写第 8 章和第 9 章。西安电子科技大学李伯成教授审阅了全书,提出了许多宝贵的意见和建议。同时,在教材编写过程中得到西安电子科技大学出版社的大力支持,西安电子科技大学出版社马乐惠编辑为本书提出了许多具体的建议,在此表示真挚的感谢。

　　由于编者水平有限,书中不妥之处,恳请广大读者批评指正,谢谢。

编　者
2014 年 3 月

第 二 版 前 言

随着计算机技术的飞速发展，微型计算机的应用已越来越广泛。微型计算机组成与接口技术是设计和开发各种微型计算机应用系统的基础，是微型计算机应用的关键。微型计算机的应用要求设计者除了具备微型计算机硬件、软件方面的基本知识之外，还应该具有较强的接口分析和设计能力。

"微型计算机组成与接口技术"是高等职业技术教育计算机及其应用专业的一门主干课程，此技术也是该专业高等技术应用型人才必须掌握的一门专业技术。本书以当前应用极为广泛的 PC 系列微型计算机及其接口为背景，从系统角度出发，在讲清基本概念的基础上体现实际应用，为微型计算机的各种应用提供接口设计的基本方法和使用技巧。在内容的安排上，以够用为度，难度适中为原则，并给出例子说明接口的设计方法和应用，让读者能比较容易地掌握接口的基本内容。本书强调基本概念，注重实际应用。

全书共 9 章，介绍了计算机的基本概念、基本组成、工作原理以及计算机的常用接口方法和技术等内容。第 1 章介绍计算机的基础知识和计算机的基本组成结构；第 2 章介绍不同档次微处理器，使学生对微处理器的发展特点有一个全面系统的认识；第 3 章介绍寻址方式和指令系统，使学生在掌握硬件结构的基础上能进行简单的程序设计；第 4 章介绍计算机的重要部件，即内部存储器；第 5 章介绍总线的基本知识以及微型计算机中的总线结构；第 6 章介绍计算机的输入/输出传送方式和中断技术；第 7 章介绍微机接口技术；第 8 章介绍 A/D、D/A 转换接口；第 9 章介绍人机接口。

本书的特点是从实际出发，讲解循序渐进且通俗易懂，同时考虑到了高职教育的知识层次，结合了当前计算机发展的实际，内容实用。建议授课学时为 70～80 学时。由于该课程是一门实践性很强的课程，因此建议在学习中安排 20 学时左右的实验。

本书由常州信息职业技术学院赵佩华和眭碧霞编写，其中，赵佩华编写了第 1、2、3、4、5 章，眭碧霞编写了第 6、7、8、9 章。西安电子科技大学李伯成教授审阅了本书，提出了许多宝贵的意见和建议；同时，在教材编写过程中得到了西安电子科技大学出版社的大力支持，特别是马乐惠编辑为本书提出了许多具体的建议，在此一并表示深深的谢意。

由于编者水平有限，书中不妥之处难免，恳请广大读者批评指正，以便改进。谢谢！

编 者
2007 年 4 月

第一版前言

随着计算机技术的飞速发展，微型计算机的应用越来越广泛。微型计算机组成与接口技术是设计和开发各种微机应用系统的基础，是微型计算机应用的关键。微型计算机的应用要求设计者不仅应具备微型计算机硬件、软件方面的基本知识，还应该具有较强的接口分析设计能力。

"微型计算机组成与接口技术"是高等职业教育计算机及其应用专业的一门主干课程，也是该专业高等技术应用型人才必须掌握的一门专业技术。本书以当前应用极为广泛的 PC 系列微机及其接口为背景，从系统角度出发，在讲清基本概念的基础上体现实际应用的特点，为微机的各种应用提供接口设计的基本方法和使用技巧。在内容的安排上，以够用为度，难度适中，并给出例子说明接口的设计方法和应用，让读者能比较容易地掌握接口的基本内容。本书强调基本概念，注重实际应用。

本书共 9 章，介绍了计算机的基本概念、基本组成、工作原理以及计算机的常用接口方法和技术等内容。第 1 章，介绍计算机的基本知识和计算机的基本组成结构；第 2 章介绍不同档次的微处理器，使学生对微处理器的发展特点有一个全面整体的认识；第 3 章介绍寻址方式和指令系统，使学生在掌握硬件结构的基础上能进行简单的程序设计；第 4 章介绍计算机的重要部件存储器；第 5 章介绍总线的基本知识以及微型计算机中的总线结构；第 6 章介绍计算机中的输入/输出传送方式和中断技术；第 7 章介绍微机接口技术；第 8 章介绍人—机接口；第 9 章综合前面所学知识，介绍微型计算机的动态工作过程。

本书的特点是从实际出发，内容循序渐进、讲解通俗易懂，考虑到高职教育的知识层次，并结合当前计算机发展的实际，内容实用。

本书由常州信息职业技术学院赵佩华（第 1、2、3、4、5 章）、眭碧霞（第 6、7、8、9 章）编写。西安电子科技大学的李伯成教授审阅了本书，并提出了许多宝贵的意见和建议。本教材在编写过程中得到西安电子科技大学出版社的大力支持，马乐惠编辑为本书提出了许多具体的建议，在此表示深深的谢意。

对于本教材中存在的不足和不妥之处，敬请广大读者批评指正，以便改进。

编　者
2001 年 4 月

目　录

第 1 章　计算机基础知识

本章介绍计算机的基本概念、信息表示、发展与应用以及微型计算机系统的基本组成，使读者对微型计算机有一个初步的认识，为后续章节的学习打下基础。

本章要点：

- 计算机的发展
- 计算机的特点
- 计算机中信息的表示
- 微型计算机系统的组成

1.1　计算机的发展

1.1.1　计算机概述

电子数字计算机俗称电脑，是用于信息处理的机器。这种机器在人的控制下，将输入的数据信息按照一定的要求进行存储、分类、整理、判断、计算、决策和处理等操作。

电子数字计算机是近代重大科学成就之一。自从 1946 年第一台电子计算机问世，至今近 70 年的历史中，经历了电子管、晶体管、集成电路、大规模集成电路和超大规模集成电路等几个发展阶段。

20 世纪 70 年代初期，由于微电子技术和超大规模集成电路技术的发展，导致了以微处理器为核心的微型计算机的诞生。微型计算机简称微机，它和其他计算机的主要区别在于它的中央处理器(CPU，Central Processing Unit)采用了超大规模集成电路技术，并将各功能部件集成在一块硅片上。中央处理器又称为微处理器。微处理器包含了冯·诺依曼计算机体系结构中的运算器和控制器，是计算机的核心部件。随着超大规模集成电路技术的发展和应用，微处理器中所集成的部件越来越多，除运算器和控制器外，还有协处理器、高速缓冲存储器(高速缓存)、各个接口和控制部件等。

图 1-1 所示是常用的个人计算机、笔记本电脑和掌上电脑示意图。

　　(a) 个人计算机　　　　　(b) 笔记本电脑　　　(c) 掌上电脑

图 1-1　常用的电脑

1.1.2　微型计算机的发展

微型计算机的发展是以微处理器的发展为特征的。微处理器自 1970 年问世以来，在短短 40 多年的时间里以极快的速度发展，初期每隔两三年就要更新一代，现在则不到一年更新一次。

下面以 Intel 公司的各代系列微处理器为例介绍它们的发展情况。

1．1971 年第一块微处理器——4 位 4004

4004 芯片是 Intel 公司于 1971 年开发的世界上第一块微处理器，主要用来处理算术运算和逻辑运算，它集成有 2300 多个晶体管，可处理 4 bit 的数据，时钟频率为 108 kHz，寻址空间为 640 B(字节)。

2．新一代 8 位微处理器——8 位 8080

Intel 公司于 1974 年推出新一代 8 位微处理器芯片——8080，它集成有 6000 多个晶体管，时钟频率为 2 MHz。计算机系统软件除汇编语言外，也可使用高级语言，如 BASIC、Fortran、Pascal 等高级语言。典型微处理器产品为 Intel 8080、Intel 8085、Z80。

3．第一代微处理器——16 位 8086

Intel 公司于 1978 年推出第一代 16 位微处理器芯片——8086。8086 是真正的 16 位 CPU，其内部集成了 2.9 万个晶体管，内部总线和外部总线均为 16 位，其主频达到 5～10 MHz，寻址空间达到 1 MB。8088 是 8086 的一个简化版，内部总线为 16 位，外部总线仍为 8 位，将 8 位数据总线独立出来，减少了引脚，因此成本较低。由于 IBM 采用了 Intel 8088、Intel 8086 作为个人计算机 IBM PC 的 CPU，开创了具有划时代意义的个人计算机(PC)时代。

4．第二代微处理器——16 位 80286

80286 芯片由 Intel 公司于 1982 年正式推出，其总线宽度为 16 位，内部集成了 13.4 万多个晶体管/片，主频达到 20 MHz，80286 的 24 位地址总线寻址空间可达到 16 MB，进一步提高了计算机的整体性能。

5．第三代微处理器——32 位 80386

1985 年 10 月，Intel 公司推出第三代 32 位微处理器芯片——80386SX 和 80386DX，其中 80386SX 内部结构为 32 位，外部数据总线为 16 位，而 80386DX 内部结构与外部数据总线均为 32 位，时钟频率达到 33 MHz，有 4 GB 的物理寻址能力，能够管理高达 64 TB 的虚拟存储空间。同时为了加快运算速度，采用了数学协处理器——80387。

6．第四代微处理器——32 位 80486

Intel 公司于 1989 年 4 月正式推出 80486 微处理器芯片，其芯片内部集成了 120 万个晶体管，是 Intel 公司第一次使微处理器的晶体管数目突破 100 万个。它不仅把浮点运算部件集成在芯片之内，还把一个 8 KB 的一级高速缓冲存储器(Cache)也集成在 CPU 芯片内。

7．第五代微处理器——32 位 Pentium

Intel 公司于 1993 年推出了第五代高性能微处理器 32 位 Pentium。Pentium 芯片内集成了 310 万个晶体管,称为经典奔腾。其内部配置了 16 KB 的一级高速缓冲存储器,使 Pentium

的信息处理能力更加强大。1996 年，Intel 公司先后推出了 Pentium Pro(高性能奔腾)、Pentium MMX(多功能奔腾)，芯片内部集成了 550 万个晶体管。1997 年后，该公司相继又推出了 Pentium Ⅱ、Pentium Ⅲ 和 Pentium Ⅳ。Pentium Ⅱ 芯片内部集成了 750 万个晶体管，而 Pentium Ⅲ 则集成了 2800 万个晶体管，主频达到了 733 MHz，Pentium Ⅳ 是 Intel 公司的新一代高性能 32 位微处理器。

8．第六代微处理器——64 位和多核微处理器

2001 年 5 月，Intel 公司推出了第一个 64 位微处理器 Itanium(安腾)；2005 年 4 月，又推出了 64 位微处理器 EM-64T。由于 Intel 采用了新的处理器技术和新的微体系结构，所以每一代微处理器的性能与它的前辈相比，都提高到了一个新的高度。

Intel 公司和其他处理器生产公司为了提高处理器的速率，一直致力于提高 CPU 时钟频率，进行变革。双核处理器的出现，改变了处理器制造技术的理念。双核处理器是指在一个处理器上集成两个运算核心，即把两个以上处理器的核心直接做到同一个处理器上，以多个处理器协同运算来提高执行效率。与服务器领域普遍应用的多处理器级联技术相比，双核/多核技术信号传输延迟短、速率快、运算能力高。"双核"的概念最早是由 IBM、HP、SUN 等支持 RISC 架构的高端服务器厂商提出来的，不过由于 RISC 架构的服务器价格高、应用面窄，现在"双核"主要是指基于 80X86 开放架构的双核技术。在这方面，起领导地位的厂商主要有 AMD 和 Intel 两家公司。

双核/多核处理器的意义是在处理复杂的并发多任务程序上，能够在同一时间内处理两个或多个复杂的任务，能够使工作效率得到成倍的提高，而不是单一的性能翻倍。目前，双核或多核已成为 CPU 的主流。

1.1.3　微型计算机的特点

从工作原理和基本功能上看，微型计算机与大型、中型和小型计算机没有本质的区别。微型计算机具有计算机的基本特点，即运算速度快、计算精度高、有"记忆"能力和逻辑判断能力、可自动连续工作等。此外，微型计算机还具有以下几个特点：

(1) 体积小、重量轻、价格低和耗电量小。早期的计算机占地上百平方米，重量以吨计，价格昂贵，耗电量几百千瓦。现在的微型计算机重量几千克，耗电 100 多瓦，价格较低。

(2) 可靠性高。广泛采用大规模和超大规模集成电路，使得微型计算机的内部器件数量少，连线少，从而使其工作可靠性高，抗干扰能力强。

(3) 结构灵活。微型计算机采用总线结构，结构灵活，可以根据需要配置不同的计算机部件，极易组成各种系统来满足不同的需要。微型计算机可以单机使用，也可以非常方便地构成多机系统或计算机网络。

随着微处理器的不断发展，现代微机发展体现以下主要特点：

(1) 微处理器性能不断增强。现代微机使用的微处理器大量引入 RISC 技术(精简指令系统)，如流水线技术、超标量、SIMD(单指令多数据流)、分支预测和乱序执行技术，使性能和速度得以快速增强和提高。

(2) 微处理器支持芯片由规模小的单功能芯片组成的芯片组，发展为由大规模多功能

芯片组成的芯片组。早期的 PC 采用多个单一功能的接口芯片，芯片多、连线多，既影响速度，也使系统出错的概率变大；现在采用两三片高集成度的多功能芯片，不仅使主板更加微型化，而且也大大降低了系统出错的概率。

(3) 主板总线结构不断改变。系统总线由早期的 PC 总线发展到 16 位的 ISA 总线，经过多次发展，直到现在除兼容以前的低速设备外，还加强了局部总线的应用，将高速 I/O 设备利用局部总线 PCI 直接和 CPU 片内总线挂接，提高了 I/O 设备和 CPU 的并行性。

(4) 保持向上兼容性。尽管微处理器、支持芯片及总线接口都发生了变化，但是它们依然保持很好的向上兼容，例如 Pentium 微处理器兼容 8088/8086 的指令系统；芯片组也集成了兼容 PC/XT 机中的支持芯片，例如 8259(可编程中断控制器)和 8237(DMA 控制器)等。

1.2　计算机中信息的表示

1.2.1　数据、信息、媒体、多媒体

电子数字计算机是一个自动化处理信息的工具，其中心任务是处理信息。在计算机系统中，数据、信息、多媒体等都有其特定的含义。

1. 数据

日常生活中，人们所说的数据是指可比较大小的数值。而在信息处理中，数据的概念要广泛得多。国际标准化组织(ISO，International Standard Organization)对数据的定义如下：数据是对事实、概念或指令的一种特殊表达形式，这种特殊表达形式可以用人工的方法或自动化的装置进行通信、翻译转换或者进行加工处理。该定义首先强调数据表达了一定的内容，即"事实、概念或指令"，同时指出，数据是一种特殊的表达形式，它不仅可以由人工加工处理，更适合计算机系统高效率地加工处理、通信传递以及翻译转换。

根据该定义，通常意义下的数字、文字、图画、声音和活动图像等都可以认为是数据。数字、文字、图画、声音和活动图像不能直接由计算机处理，它们必须采用"特殊的表达形式"才能由计算机进行通信传递以及加工处理。这种特殊的表达形式就是二进制编码形式，也就是说采用二进制编码表示的数字、文字、图画、声音和活动图像等才能由计算机进行处理。所以计算机中的数据，一般均是以二进制编码形式出现的。

通常，在计算机内部把数据分为数值型数据和非数值型数据。数值型数据是指日常生活中接触到的数字类数据，主要用来表示数量的多少，可以比较大小，否则就是非数值型数据。非数值型数据中最常用的数据是字符型数据，它可以方便地表示文字信息，供人们直接阅读和理解。其他的非数值型数据主要用来表示图画、声音和活动图像。

计算机数据处理是对数据进行加工、转换、存储、合并、分类、排序和计算的过程。数据处理的目的是从原始数据或基础数据生成/转移得到对使用者有用的数据。

2. 信息

严格地区分信息和数据并不是一件容易的事情。根据国际标准化组织的定义，可以认为信息是对人有用的数据，这些数据可能影响到人们的行为和决策。

计算机信息处理是通过数据的采集和输入，有效地把数据组织到计算机中，由计算机对数据进行存储、处理、传送等操作的过程。计算机对数据进行加工处理后，向人们提供有用的信息，这个过程就是信息处理。通俗地说，信息处理的本质是数据处理，数据处理的主要目的是获取有用的信息。

3. 媒体

媒体来源于英文 medium，是指承载信息的载体。与计算机信息处理有关的媒体有五种。

感觉媒体是能使人们的听觉、视觉、嗅觉、味觉和触觉器官直接产生感觉的媒体，如声音、文字、图画、气味等，感觉媒体是人类使用信息的有效形式。

表示媒体是为了使计算机能有效地加工、处理、传输感觉媒体而在计算机内部采用的特殊表示形式，即声音、文字、图画和活动图像的二进制编码表示。

存储媒体是存放计算机加工处理或互相交换信息的物理实体，如磁盘、光盘、半导体存储器等。

表现媒体是把感觉媒体转换成表示媒体(计算机的输入设备，如键盘、扫描仪、话筒等)，把表示媒体转换成感觉媒体的物理设备(计算机的输出设备，如显示器、打印机、音箱等)。

传输媒体是将表示媒体从一台计算机传送到另一台计算机的通信载体，如同轴电缆、光纤、电话等。

4. 多媒体

多媒体技术中的多媒体一般是指多种感觉媒体。所谓多媒体，是指能够交互式地综合处理各种不同感觉媒体(语言、音乐、文字、数值、图画、活动图像)的信息处理技术；具有这种功能的计算机就是多媒体计算机；具有这种能力的通信系统就是多媒体通信系统；能够有效地存储、管理、检索多种感觉媒体的数据库系统就是多媒体数据库系统。

多媒体技术的发展，使计算机更有效地进入人类生活的各个领域，促进了全新的信息产品制造业与信息服务业的繁荣，建立了人与计算机之间更为默契、更加融洽的新型关系。

计算机中的数据信息分为两类：数值数据和非数值数据。数值数据具有确切的值，它表示数的大小，能在数轴上找到其确切的位置。非数值数据一般为符号或文字，它没有值的含义。

1.2.2 数值数据信息的表示

1. 机器数与真值

数学中用正负号表示数的正负，计算机不能识别正负号，因此计算机将正、负等符号数字化，以便运算时识别。通常，在数的前面加一位，用作符号位。符号位为 0 表示正数，为 1 表示负数。一个带符号的数在计算机中可以有原码、反码和补码三种表示方法。

连同符号位一起表示的数称为机器数，机器数的数值称为真值。例如：

$$X_1 = \underline{0}\ \underline{1001101}，真值为\quad X_1 = +\ 1001101$$
$$\quad 符号位\ 数值$$
$$X_2 = \underline{1}\ \underline{1011001}，真值为\quad X_2 = -\ 1011001$$
$$\quad 符号位\ 数值$$

可见，在机器中数的符号被数字化了，符号和数值都是二进制数码。

2. 原码、反码、补码

一个数的真值中的符号"+"用 0 表示，"−"用 1 表示的二进制数称为原码。例如：

$$X_1 = (+105)_{10}，\quad 则 \quad [X_1]_{原} = 01101001$$
$$X_2 = (-105)_{10}，\quad 则 \quad [X_2]_{原} = 11101001$$

原码的优点是它与真值的转换非常方便，只要将真值中的符号位数字化即可。一个 8 位二进制所表示的原码数值的范围为 −127～+127。但在使用原码作两数相加时，计算机必须对两个数的符号是否相同作出判断。当两数符号相同时，则进行加法运算；否则就要作减法运算，而且对于减法运算要比较出两个数的绝对值大小，然后从绝对值大的数中减去绝对值小的数而得其差值，差值的符号取决于绝对值大的数的符号。为了完成这些操作，计算机的结构，特别是控制电路随之复杂化，而且运算速度也变得较低。为此在微机中都不采用原码形式表示数。

正数的反码表示与原码相同，而负数的反码表示为与它相应的正数连同符号位一并逐位求反。例如：

$$(+31)_{10} = [+31]_{原} = 00011111 \rightarrow [+31]_{反} = 00011111$$
$$(+127)_{10} = [+127]_{原} = 01111111 \rightarrow [+127]_{反} = 01111111$$

若要写出$(-31)_{10}$、$(-127)_{10}$的反码，则可按下列步骤完成，即：

$$[+31]_{原} = 00011111 \xrightarrow{\text{连同符号位一起求反}} [-31]_{反} = 11100000$$

$$[+127]_{原} = 01111111 \xrightarrow{\text{连同符号位一起求反}} [-127]_{反} = 10000000$$

一个字节所表示的反码数值的范围为 −127～+127。对于正数，它相应的反码的符号位为 0，其余 7 位为数值；而当符号位为 1 时，则代表的是负数，其余 7 位并非为真实数值，而是数值的反码，为求其真值，则必须对反码再求反。例如 $[X]_{反} = 10000000$，由符号位确定它为负数，则应将反码的其余 7 位求反得 1111111 = 127，即真值为$(-127)_{10}$。

正数的补码与原码相同，负数的补码为其反码加 1。例如：

$$[+7]_{原} = 00000111，\quad [-7]_{原} = 10000111$$
$$[+7]_{反} = 00000111，\quad [-7]_{反} = 11111000$$
$$[+7]_{补} = 00000111，\quad [-7]_{补} = 11111001$$
$$[+0]_{原} = 00000000，\quad [-0]_{原} = 10000000$$
$$[+0]_{反} = 00000000，\quad [-0]_{反} = 11111111$$
$$[+0]_{补} = 00000000，\quad [-0]_{补} = 00000000$$

8 位二进制补码所能表示的数值范围是 −128～+127。对于 8 位微型计算机，如果运算结果超过了它所能表示的数值范围，称为溢出。引入补码可以将减法运算化成加法运算，从而可简化机器的控制线路，提高运算速度。

由补码求取反码非常简单，例如：

$$[X]_{原} = [[X]_{补}]_{补}$$

若 $[X]_{补} = 11111111$，则

$$[X]_原 = [1111111]_补 = 10000001$$

即
$$X = -1$$

3. 补码加减法运算

数据在计算机中是以一定的编码方式表示的，不同编码具有不同的运算规则。原码在数值部分保留了原有数据的特征，在符号上与真值有区别，因此用原码进行加减运算比较麻烦。目前大多数计算机采用定点整数补码形式表示有符号数，补码运算比较简单，在将负数用相应的补码表示后，减法运算可以转换为加法运算。

假设 A、B 为数的绝对值，则两个数相加减有以下几种情况：

$$(+A) + (+B) = (+A) - (-B), \quad (-A) + (+B) = (-A) - (-B)$$
$$(+A) + (-B) = (+A) - (+B), \quad (-A) + (-B) = (-A) - (+B)$$

分析上面四种情况，不难发现减法都可以用加法代替，即等号右边的减法运算都可以用等号左边的加法运算实现。括号中的数据及其符号可以用补码表示。正是由于这个原因，一般计算机中只设置加法器，减法运算都是通过适当求补，然后相加来实现的。

计算机采用补码运算是指存储单元和运算寄存器中的数都采用补码表示，数据运算结果也采用补码表示。

补码加法的运算规则很简单，即 $[X]_补 + [Y]_补 = [X + Y]_补$，该式的含义是：两个数的补码之和等于两个数之和的补码。由此可推出：

$$[X + (-Y)]_补 = [X]_补 + [-Y]_补 = [X]_补 - [Y]_补$$

因此得出补码的减法运算规则是：

$$[X]_补 - [Y]_补 = [X - Y]_补$$

那么如何利用补码进行数的加减运算呢？下面分几种情况讨论。

1) 加法

设有带符号数 X、Y，用补码求 X + Y 的步骤如下：

(1) 将带符号数用补码表示，即将 X 变换为$[X]_补$，Y 变换为 $[Y]_补$。

(2) 进行补码运算，$[X]_补 + [Y]_补 = [X + Y]_补$。

(3) 求与补码对应的真值。

例：已知 $X_1 = +0001010$，$Y_1 = +0000101$，$X_2 = -0001010$，$Y_2 = -0000101$，试计算 $X_1 + Y_1$，$X_2 + Y_2$。

解：(1) 求补码。

$$[X_1]_补 = 00001010, \quad [Y_1]_补 = 00000101$$
$$[X_2]_补 = 11110110, \quad [Y_2]_补 = 11111011$$

(2) 补码相加。

```
      00001010      [X₁]补              11110110      [X₂]补
   +  00000101      [Y₁]补           +  11111011      [Y₂]补
   ─────────────────────            ─────────────────────
      00001111      [X₁]补+[Y₁]补      ⃞1 11110001      [X₂]补[Y₂]补
```

$[X_1 + Y_1]_补 = [X_1]_补 + [Y_1]_补 = 00001111$，　$[X_2 + Y_2]_补 = [X_2]_补 + [Y_2]_补 = 11110001$

(3) 求真值。

$$X_1 + Y_1 = +0001111, \quad X_2 + Y_2 = -0001111$$

说明：在 $[X_2]_{补} + [Y_2]_{补}$ 的过程中产生的进位没有保存，被舍去不管，结果所得补码正好是所求的 $X_2 + Y_2$ 的补码。

2）减法

设有带符号数 X、Y，用补码求 $X - Y$ 的步骤如下：

(1) 将带符号数用补码表示，即将 X 变换为 $[X]_{补}$，Y 变换为 $[Y]_{补}$。

(2) 进行补码运算，$[X - Y]_{补} = [X]_{补} - [Y]_{补} = [X]_{补} + [-Y]_{补}$。

(3) 求与补码对应的真值。

例：已知 $X_1 = +0000111$，$Y_1 = +0000100$，$X_2 = -0000111$，$Y_2 = -0000100$，试计算 $X_1 - Y_1$，$X_2 - Y_2$。

解：(1) 求补码。

$$[X_1]_{补} = 00000111, \qquad [Y_1]_{补} = 00000100$$
$$[X_2]_{补} = 11111001, \qquad [Y_2]_{补} = 11111100$$
$$[-Y_1]_{补} = 11111100, \qquad [-Y_2]_{补} = 00000100$$

(2) 补码相加。

```
    00000111      [X₁]补              11111001    [X₂]补
 +  11111100      [-Y₁]补          +  00000100    [-Y₂]补
 ───────────────────────          ───────────────────────
 1 00000011     [X₁]补+[-Y₁]补       11111101   [X₁]补+[-Y₁]补
   ↓
   舍去
```

(3) 求真值。

$$X_1 - Y_1 = 0000011, \qquad X_2 - Y_2 = -0000011$$

由上例可见，补码运算是将正负数减法运算变为正负数加法运算，最后再还原成真值。

3）溢出的概念

8 位带符号数的取值范围是：$-128 \sim +127$，当 $X \pm Y < -128$ 或 $X \pm Y > 127$ 时会发生溢出，溢出将导致错误的结果。

例：已知 $X = +1000010 = +66$，$Y = +1000010 = +66$，用补码运算求 $X + Y$。

解：

$$[X]_{补} = 01000010, \qquad [Y]_{补} = 01000010$$

```
     01000010      [X]补
 +   01000010      [Y]补
 ──────────────────────
     10000100    [X]补+[Y]补
```

$X + Y$ 的符号位为 1 表示 $X + Y$ 为负数，两个正数相加得到负数显然是错误的，出错的原因是 $X + Y = 66 + 66 = 132 > 127$，超出了 8 位带符号数的取值范围，发生了溢出。任何运算都不允许发生溢出，问题是如何判断溢出？

4）溢出的判断

设有带符号数 A、B，其补码 $[A]_{补} = a_0 a_1 a_2 \cdots a_{n-1}$，$[B]_{补} = b_0 b_1 b_2 \cdots b_{n-1}$，则

```
     [A]补        a₀a₁a₂⋯ aₙ₋₁
 +   [B]补        b₀b₁b₂⋯ bₙ₋₁
 ──────────────────────────────
   [A + B]补      c₀c₁c₂⋯cₙ₋₁
```

根据其符号位 a_0、b_0、c_0 判断运算是否发生溢出的方法如下：

(1) 若 $a_0 = b_0 = 0$，且 $c_0 = 1$，则发生了溢出，即：两个正数相加得到负数发生溢出。

(2) 若 $a_0 = b_0 = 1$，且 $c_0 = 0$，则发生了溢出，即：两个负数相加得到正数发生溢出。

当两数异号时，相加只会变小，所以不会发生溢出。溢出由计算机自动进行判断，为了使用户知道带符号数运算的结果是否发生了溢出，专门设置了溢出标志 OV。当 OV = 0 时，表示未溢出；当 OV = 1 时，表示溢出。

例： 已知 X = –1011110 = –94，Y = –1011110 = –94，判断 X + Y 是否发生溢出？

解：

$$[X]_补 \qquad 10100010$$
$$+ [Y]_补 \qquad 10100010$$
$$[X + Y]_补 \quad \boxed{1}\,01000100$$

因为 $a_0 = b_0 = 1$，而 $c_0 = 0$，所以 X + Y 发生了溢出。

4. 无符号数加减运算与进借位

1) 加减运算

因为无符号数没有补码，所以无符号数加减运算可直接进行。

例： 已知 X = 00110011 = 51，Y = 01001000 = 72，求 X + Y 与 Y – X。

解：

$$X = 00110011 = 51, \qquad Y = 01001000 = 72,$$
$$+Y = 01001000 = 72, \qquad -X = 10110011 = -51$$
$$X + Y = 01111011 = 123, \quad Y - X = 00010101 = 21$$

2) 进位

因为 8 位无符号数的取值范围为 0～255，所以当运算结果 X + Y > 255 时将发生第 7 位向第 8 位进位。

例： 已知 X = 10110011 = 179，Y = 11001000 = 200，求 X + Y。

解：

$$X \quad 10110011 = 179$$
$$+ Y \quad 11001000 = 200$$
$$\boxed{1}\ 01111011 = 123$$

若将进位位 $\boxed{1}$ 丢掉，则得到 X + Y = 123，显然是错误的，正确的结果是：

$$X + Y = \boxed{1}01111011 = 1 \times 2^8 + 123 = 256 + 123 = 379$$

出错的原因在于，将第 7 位相加时向第 8 位的进位丢失了。由此可见在进行无符号数加法时，不能将进位位 $\boxed{1}$ 丢失，为此计算机内专门设置了进位标志 CY。CY = 1，表示有进位；CY = 0，表示无进位。

3) 借位

做减法时，如果 X < Y，则 X – Y 会发生借位。例如：

$$X \quad 00110011 = 51$$
$$- Y \quad 01001000 = 72$$
$$\boxed{1}11101011$$

当发生借位时，CY 用于表示借位位。CY = 1，表示有借位；CY = 0，表示无借位。

1.2.3　非数值数据信息的表示

计算机除了能处理数值信息外，还可以处理文字、图画、声音等信息。这些信息在计算机内部表示成二进制形式，它们统称为非数值数据。

1. 西文信息的表示

西文包括拉丁字母、数字、标点符号以及一些特殊符号，它们统称为字符。

众所周知，人们使用计算机时，常常通过键盘与计算机打交道。从键盘上输入的数据和命令是由英文字母、标点符号和某些特殊字符组成的。而计算机只能处理二进制代码数字，这就要用二进制数字 0 和 1 对各种字符进行编码。输入的字符由计算机自动编码，以二进制形式存入计算机中。例如在键盘上输入字母 A，则存入计算机中的为 A 的编码 01000001，它不代表数字值，而是一个文字信息。

目前国际上使用的字母、数字和符号的信息编码系统种类很多。经常采用的是美国国家信息交换标准代码(ASCII，American Standard Code for Information Interchange)。该标准制定于 1963 年，后来，国际标准化组织(ISO)和国际电报电话咨询委员会(CCITT)以它为基础制定了相应的国际标准。目前微型计算机的字符编码都采用 ASCII 码。

ASCII 码是一种 8 位的代码，一般用一个字节中的 7 位对字符进行编码，最高位是奇偶校验位，用以判别数码传送是否正确。用 7 位码来代表字符信息，共可表示 $128(2^7)$ 个字符，其中 32 个起控制作用的称为"功能码"，其余 96 个符号(10 个十进制数码，52 个英文大、小写字母和 34 个专用符号——$、+、−、=…)供书写程序和描述命令之用，称为"信息码"，ASCII 码如表 1-1 所示。

表 1-1　ASCII 码

位 654 → ↓ 3210	000	001	010	011	100	101	110	111
0000	NUL	DLE	SP	0	·	P	、	p
0001	SOH	DC1	!	1	A	Q	a	q
0010	STX	DC2	"	2	B	R	b	r
0011	ETX	DC3	#	3	C	S	c	s
0100	EOT	DC4	$	4	D	T	d	t
0101	ENQ	NAK	%	5	E	U	e	u
0110	ACK	SYN	&	6	F	V	f	v
0111	BEL	ETB	'	7	G	W	g	w
1000	BS	CAN	(	8	H	X	h	x
1001	HT	EM	)	9	I	Y	i	y
1010	LF	SUB	*	:	J	Z	j	z
1011	VT	ESC	+	;	K	[	k	{
1100	FF	FS	,	<	L	\	l	│
1101	CR	GS	−	=	M	]	m	}
1110	SO	RS	.	>	N	^	n	~
1111	SI	US	/	?	O	_	o	DEL

表中第 010～111 的 6 列中，共有 94 个可打印(或显示)的字符，又称为图形字符。这些字符有确定的结构形状，可在显示器或打印机等输出设备上输出。它们在计算机键盘上能找到相应的键，按键后就可将对应字符的二进制编码输入计算机。

表的第 000 和第 001 列中共 32 个字符，称为控制字符，它们在传输、打印或显示输出时起控制作用。按照它们的功能含义可分成五类：

(1) 传输控制类字符。如 SOH(标题开始)、STX(正文开始)、ETX(正文结束)、EOT(传输结束)、ENQ(询问)、ACK(认可)、DLE(数据链路转义)、NAK(否认)、SYN(同步)、ETB(组传输结束)。

(2) 格式控制类字符。如 BS(退格)、HT(横向制表)、LF(换行)、VT(纵向制表)、FF(换行)、CR(回车)。

(3) 设备控制类字符。如 DC1(设备控制 1)、DC2(设备控制 2)、DC3(设备控制 3)、DC4(设备控制 4)。

(4) 信息分隔类控制字符。如 US(单元分隔)、RS(记录分隔)、GS(群分隔)、FS(文件分隔)。

(5) 其他控制字符。如 NUL(空白)、BEL(告警)、SO(移出)、SI(移入)、CAN(作废)、EM(媒体结束)、SUB(取代)、ESC(转义)。

此外，在图形字符集的首尾还有 2 个字符也可归入控制字符，它们是：SP(空格字符)和 DEL(抹除字符)。

ASCII 码的最高位用于奇偶校验。偶校验的含义是：包括校验位在内的 8 位二进制码中 1 的个数为偶数，如字母 A 的编码(1000001B)加偶校验时为 01000001B。而奇校验则是：包括校验位在内，所有 1 的个数为奇数，因此，具有奇数校验位 A 的 ASCII 码则是 11000001B。

1980 年，我国制定了"信息处理交换器的七位编码字符集"，即国家标准 GB 1988—80，除用人民币符号"￥"代替美元符号"$"外，其余含义都和 ASCII 码相同。

2. 中文信息的表示

中文的基本组成单位是汉字，汉字也是字符。西文字符集的字符总数不过几百个，使用 7 位或 8 位二进制就可表示。目前汉字的总数超过 6 万个；数量大，字形复杂，同音字多，异体字多，这就给汉字在计算机内部的表示与处理、汉字的传输与交换、汉字的输入与输出等带来了一系列的问题。为此我国于 1981 年公布"国家标准信息交换用汉字编码基本字符集(GB 2312—80)"。该标准规定一个汉字用两个字节($256 \times 256 = 65\,536$ 种状态)编码，同时用每个字节的最高位来区分是汉字编码还是 ASCII 字符码，这样每个字节只用低 7 位，这就是所谓的双 7 位汉字编码($128 \times 128 = 16\,384$ 种状态)，称做该汉字的交换码(又称国标码)，其格式如图 1-2 所示。国标码中每个字节的定义域在 21H～7EH 之间。

b_7	b_6	b_5	b_4	b_3	b_2	b_1	b_0	b_7	b_6	b_5	b_4	b_3	b_2	b_1	b_0
○	×	×	×	×	×	×	×	○	×	×	×	×	×	×	×

图 1-2　汉字交换码格式

目前，许多机器为了在内部能区分汉字与 ASCII 码字符，把两个字节汉字的国标码的每个字节的最高位置"1"，这样就形成了汉字的另外一种编码，称做汉字机内码(内码)。若已知国标码，则机内码唯一确定。机内码的每个字节为原国标码每个字节加80H。

GB 2312—80 编码按汉字使用频度把汉字分为高频字(约 100 个)、常用字(约 3000 个)、次常用字(约 4000 个)、罕见字(约 8000 个)和死字(约 4500 个)，并将高频字、常用字和次常用字归结为汉字字符集(6763 个)。该字符集又分为两级，第一级汉字为 3755 个，属常用字，按汉语拼音顺序排列；第二级汉字为 3008 个，属非常用字，按部首排列。

汉字输入方法很多，如区位、拼音、五笔字型等数十种。一种好的汉字输入方法应具有易学习、易记忆、效率高(击键次数少)、重码少和容量大等特点。不同输入法有自己的编码方案，不同输入法所采用的汉字编码统称为输入码。输入码进入机器后，必须转换为机内码。

汉字的输出是用汉字字型码(一种用点阵表示汉字字型的编码)把汉字按字型排列成点阵，常用点阵有 16×16、24×24、32×32 或更高。一个 16×16 点阵汉字要占用 32 个字节，24×24 点阵汉字要占用 72 个字节等等。由此可见，汉字字型点阵的信息量很大，占用存储空间也非常大。所有的不同字体、字号的汉字字形构成了字体。字体通常都存储在硬盘上，只有当要显示输出时，才去检索得到欲输出的字型。

3. 计算机中图、声、像的表示

众所周知，计算机除了能处理汉字、数值、数据之外，还能处理声音、图形和图像等信息。能处理声音、图形和图像信息的计算机称为多媒体计算机。

在多媒体计算机中，各种媒体也是采用二进制编码来表示的。首先，把声音、图像等各种模拟信息(如声音波形、图像的颜色等)经过采样、量化和编码，转换成数字信息，这一过程称为模/数转换；由于数字化信息量非常大，为了节省存储空间、提高处理速度，往往要经过压缩后再存储到计算机中。经过计算机处理过的数字化信息，还需经过还原(解压缩)，数/模转换(把数字化信息转化为声音、图像等模拟信息)后再现原来的信息，例如，通过扬声器播放声音，通过显示器显示画面。

1.3　微型计算机系统的组成

1946 年，美籍匈牙利数学家冯·诺依曼(John Von Neumann)等人在一篇"关于电子计算仪器逻辑设计的初步探讨"论文中，第一次提出了计算机组成和工作方式的基本思想。其主要思想是：

(1) 计算机应由运算器、控制器、存储器、输入和输出设备等五大部分组成。

(2) 存储器不但能存放数据，而且能存放程序。数据和指令均以二进制数形式存放，计算机具有区分指令和数据的本领。

(3) 编好的程序，事先存入存储器中，在指令计数器控制下，自动高速运行(执行程序)。

以上几点可归纳为"程序存储，程序控制"。

近年来，虽然计算机已经取得惊人进展，相继出现了各种结构形式的计算机，但究其本质，仍属冯·诺依曼结构体系。

众所周知，微型计算机是由硬件和软件两大部分组成的。硬件是指那些为组成计算机而有机联系的电子、电磁、机械、光学的元件、部件或装置的总和，它是有形的物理实体。

软件是相对于硬件而言的。从狭义来讲，软件包括计算机运行所需的各种程序；而从广义来讲，软件还包括手册、说明书和有关资料。

硬件和软件系统本身还可细分为更多的子系统，如图1-3所示。

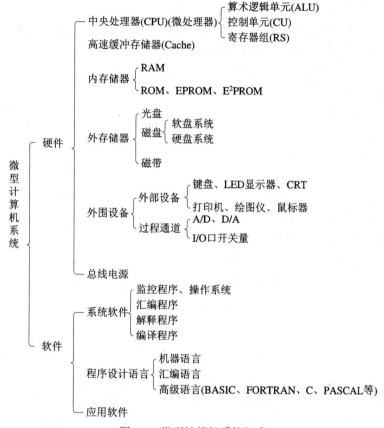

图 1-3 微型计算机系统组成

本 章 小 结

本章从计算机的基本概念出发，介绍了微型计算机的基本概念、计算机中信息的表示方法和微型计算机的体系结构，使读者对微型计算机有一个总体的认识。通过本章的学习，读者应了解微型计算机的发展过程、应用领域及其特点；掌握微型计算机中信息的表示方法及其有关基本概念；了解微型计算机的系统组成。

思 考 与 练 习 题

1. 简述微型计算机的发展历程。
2. 什么是微处理器? 什么是微机? 什么是微型计算机系统?
3. 简述微型计算机的基本组成及特点。
4. 冯·诺依曼计算机体系的基本思想是什么? 按此思想设计的计算机硬件系统由哪些

部件组成?

5. 通用微型计算机硬件系统具有怎样的结构? 说明各部分的功能。

6. 微型计算机软件包括哪些?

7. 什么是指令? 什么是程序?

8. 计算机系统从功能上可分成哪些层次? 各层次在计算机中起什么作用?

9. 简述数据、信息、媒体、多媒体的概念。

10. 典型微型计算机有哪几种总线? 它们传送的分别是什么信息?

11. 完成下列数制转换。

(1) $(10111.10111)_2 = ($ $)_{10}$

(2) $(138)_{10} = ($ $)_2 = ($ $)_{16}$

(3) $(4AB)_{16} = ($ $)_{10}$

(4) $(3245)_{10} = ($ $)_{16}$

(5) $(3000)_{16} = ($ $)_{10} = ($ $)_2$

12. 已知 X 和 Y 的值，计算下列 $[X]_{补} + [Y]_{补}$。

(1) X = +1110000B   Y = +1011011

(2) X = −1110000B   Y = −1011001

(3) X = +1110000B   Y = −1011001

第2章　典型微处理器

本章以典型微处理器为基础，介绍微处理器的基本结构，微处理器的基本部件及其功能，使读者掌握微处理器的工作原理和指令执行过程。

本章要点：

🖥 微处理器的结构

🖥 8088/8086 微处理器

🖥 80X86/Pentium 微处理器

2.1　微处理器的基本结构

微处理器(Microprocessor)简称 μP，是采用大规模或超大规模集成电路技术做成的半导体芯片，上面集成了计算机的主要部件：控制器、运算器和寄存器组。整个微型计算机硬件系统的核心就是微处理器，所以它又称为中央处理器(Central Processing Unit)，即 CPU。若字长 8 位，即一次能处理 8 位数据，则称为 8 位 CPU，如 Z80 的 CPU；若字长为 16 位，即一次能处理 16 位数据，则称为 16 位 CPU，如 8086/8088、80286 的 CPU 等。

图 2-1 是一个典型的 8 位微处理器的内部结构，它一般由算术逻辑运算单元、寄存器组和指令处理单元等几个部分组成。

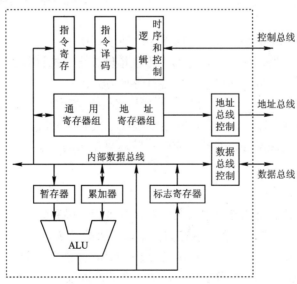

图 2-1　8 位微处理器内部结构

1. 算术逻辑运算单元(ALU，Arithmetic Logic Unit)

算术逻辑运算单元实际上就是计算机的运算器，负责 CPU 进行的各种运算，包括算术运算和逻辑运算。

算术运算：指加、减、增量(加 1)、减量(减 1)、比较、求反、求补等运算，有些微处理器还可以进行乘、除运算。

逻辑运算：指逻辑与、逻辑或、逻辑非、逻辑异或，以及移位、循环移位等运算和操作。

ALU 的基本组成是一个加法器。ALU 所进行的运算中，多数操作需要两个操作数，比如"加"和"逻辑与"运算。但是，也有些运算只要一个操作数，比如"增量"和"逻辑非"运算。

对 8 位 CPU 来说，由累加器提供其中一个操作数，而另一个操作数通过暂存器来提供。运算后，运算结果被返回到累加器，而运算中状态的变化和运算结果的数字特征则被记录在标志寄存器中。程序根据运算后各个标志位的情况来决定下一步走向。

2. 寄存器组(Register Set)

寄存器是 CPU 内部的高速存储单元，不同的 CPU 配有不同数量、不同长度的一组寄存器。有些寄存器不面向用户，我们称为"透明"寄存器，对它们的工作，用户不需要了解；有些寄存器则面向用户，供编程时使用，这些寄存器在程序中频繁使用，被称为可编程寄存器。

由于访问寄存器比访问存储器快捷和方便，因此各种寄存器用来存放临时的数据或地址，具有数据准备、数据调度和数据缓冲作用。从指令角度看，一般含有两个操作数的指令中，必有一个为寄存器操作数，这样可以缩短指令长度和指令的执行时间。

从应用角度，可以将寄存器分成以下三类：

(1) 通用寄存器：通用寄存器在 CPU 中数量最多，它们既可以存放数据，又可以存放地址，使用频度非常高，是调度数据的主要手段。其中，累加器的寻址手段最多，功能最强，使用最频繁。

(2) 地址寄存器：地址寄存器主要用来存放地址，用于存储器的寻址操作，因而也称为地址指针或专用寄存器，如编址寄存器、堆栈指针、指令指针等。地址寄存器的功能比较单一，在访问内存时，可以通过它形成各种寻址方式。

(3) 标志寄存器：标志寄存器用来保护程序的运行状态，也称为程序状态字寄存器(PSW)。标志寄存器中，有些标志位反映运算过程中发生的情况，如运算中有无进位或借位，有符号数运算有无溢出等；有些标志位反映运算结果的数字特征，如结果的最高位是否为 1，结果是否为 0 等。

3. 指令处理单元

指令处理单元是计算机的控制器，负责对指令进行译码和处理，它一般包括：

(1) 指令寄存器：用来暂时存放从存储器中取出来的指令。

(2) 指令译码逻辑：负责对指令进行译码，通过译码产生能完成指令功能的各种操作命令。

(3) 时序和控制逻辑：根据指令要求，按一定的时序发出、接收各种信号，控制、协调整个系统完成所要求的操作。这些信号包括：定时控制信号、CPU 的状态和应答信号、外界的请求信号和联络信号等。

2.2 8088/8086 微处理器

2.2.1 8088 微处理器的内部结构

上一节中，讨论了 8 位微处理器的基本组成和各部分的功能，这里将介绍 16 位微处理器，如 Intel 公司的 8088 和 8086 微处理器。在 IBM 公司设计微型计算机 IBM PC 和 IBM PC/XT 时，8088 被选作它们的 CPU。

严格来说，8088 微处理器是一个准 16 位微处理器。其内部处理数据为 16 位字长，但其外部数据总线的宽度只有 8 位，所以当它和外界发生数据交换时，每次只能输入或输出一个字节。

图 2-2 是 8088 的内部结构，可以分成总线接口单元和执行单元(EU)两大模块。

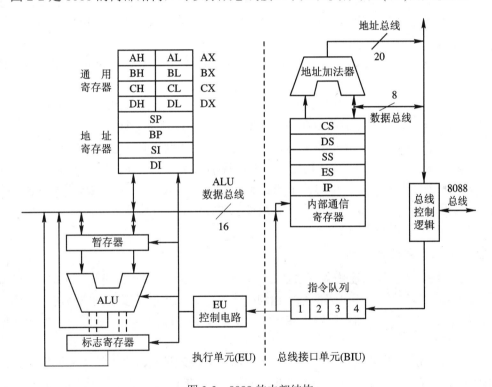

图 2-2　8088 的内部结构

总线接口单元(BIU，Bus Interface Unit)负责管理系统总线和长度为 4 个字节的预取指令队列。CPU 的所有对外操作均由 BIU 负责进行，包括预取指令到指令队列、访问内存或外设中的操作数、响应外部的中断请求和总线请求等。

执行单元(EU，Excution Unit)负责指令的译码和执行。该单元无直接对外的接口，需要译码的指令将从 BIU 的指令队列中获取，除了最终形成 20 位物理地址的运算需要 BIU 完成外，所有的逻辑运算，包括形成 16 位有效地址 EA 的运算均由 EU 来完成。

以上两个单元相互独立，构成两条作业流水线。在很多时候，两条流水线可以并行工作。

8088 与 8 位的 CPU 相比较，后者在指令译码前必须等待取指令操作(简称取指)的完成，对于 8088 来说，要译码的指令已经预先取到 CPU 的指令队列，所以不需要等待"取指"。由于取指是 CPU 最频繁的操作，而每条指令都要取指一到数次(与指令长度有关)，因此 8088 的这种结构和作业方式节省了 CPU 大量的取指等待时间，提高了它的工作效率。

2.2.2　总线接口单元(BIU)

总线接口单元由指令队列、指令指针(IP)、段寄存器、地址加法器和总线控制逻辑等构成。该单元管理 8088 与系统总线的接口，负责 CPU 对存储器和外设进行访问。

1. 总线管理

8088 所连接的总线由 8 位双向数据总线、20 位地址总线和若干控制线组成。CPU 的所有对外操作必须通过 BIU 和总线来进行。在 8088 系统中，除了 CPU 使用总线外，连在该总线上的其他总线请求设备，如 DMA 控制器和协处理器等，也可以申请占用总线。所以，总线的使用有以下几种情况。

(1) 取指操作：当指令队列有空缺或程序转移需要形成新的指令队列时，BIU 通过总线进行取指。

(2) 取指以外的其他总线访问：包括读/写存储器操作数、输入/输出、响应中断时向 CPU 传送中断向量等，这些操作应指令或外设的要求，由 BIU 负责进行。

(3) 总线空闲：当指令队列已满，CPU 又在进行内部操作时，总线呈空闲状态。

(4) 总线请求设备占用总线：指总线请求设备(如 DMA 控制器、协处理器等)经过申请获得了总线的使用权，正在访问总线上的资源(存储器 I/O 设备)。其一般过程是：总线请求设备先向 BIU 提出申请，BIU 响应后使总线高阻悬浮，于是总线请求设备接管总线，事毕，总线请求设备再将控制权交还 BIU。

2. 指令队列和指令指针

8088 的 BIU 维护着长度为 4 字节的指令队列，该队列按照"先进先出(FIFO, First In First Out)"的方式进行工作。当队列中出现一个字节或一个字节以上的空缺时，BIU 会自动取指弥补这一空缺；而当程序发生转移时，BIU 又会废除原队列，通过重新取指来形成新的指令队列。

BIU 的取指对象位于内存的代码段，寻址时，其段地址由段寄存器 CS 提供，偏移地址由指令指针(IP, Instruction Pointer)提供。其中，指令指针是一个专用于取指的 16 位地址寄存器，有时也被称为程序计数器(PC, Program Counter)。它有自动增量的功能，与 CS 配合后总是指向下次要"取"的指令字节。在 8 位 CPU 中，PC 所指的对象既是下次要取的指令字节，也是下次要译码执行的指令字节。但是，在 8088 中，"取指"和"指令的译码执行"是由两个单元分别独立完成的，二者可以并行操作。也就是说，EU 正在执行某条指令时，BIU 可能正在取另一条指令，所以 IP 指示的只是取指的位置。IP 不能由用户直接编程，但执行某些指令(如转移、子程序调用或子程序返回)或某些操作(如中断调用或中断返回)后，其值将发生变化。

3. 物理地址或逻辑地址

8088 有 A_{19}～A_0 共 20 根地址总线向外传送地址信号，用来寻址不同的存储单元和 I/O 端口。访问存储器时，其 20 根地址总线有效；访问外设时，仅 16 根地址总线 A_{15}～A_0 有效。也就是说，8088 管理着 1 MB 的内存空间，同时也管理着 64 KB 的 I/O 端口空间。其中，20 位的内存地址称为物理地址，BIU 在寻址内存时将使用这一地址，它由 BIU 内 20 位的地址加法器形成。但是，这一地址与用户在编程中使用的地址形式不同，后者被称为内存的"逻辑地址"。

8088 内部的运算器、可编程寄存器和内部的数据总线均为 16 位，那么，20 位的物理地址究竟怎样形成呢？首先，8088 对它的 1 MB 的内存空间采用了分段管理的办法，它将该内存空间分成许多"逻辑段"，每个逻辑段的最大长度为 64 KB。采用两个 16 位的数字来描述某个存储单元的确切位置，其具体形式为"段地址：偏移地址"，该形式就是我们在编程时使用的内存的"逻辑"地址。其中：

(1) 段地址(Segment Address)：为一个 16 位的无符号数，它描述了要寻址的逻辑段在内存中的起始位置。段地址通常被保存在 16 位的段寄存器中，在 8088 中使用 CS、SS、DS 和 ES 等 4 个段寄存器。所有的内存地址都是 20 位的，段地址也不例外，其形式应为 XXXXXH。但由于 8088 规定了段地址必须能被 16 整除，因此该地址实际形式为 XXXX0H，省略低位上的 0 可以用 16 位数来描述。

(2) 偏移地址(Offset Address)：它也是一个 16 位的无符号数，它描述了要寻址的内存单元距本段段首的偏移量。在进行存储器寻址时，偏移地址可以通过很多方法形成，所以在编程中常被称做"有效地址(EA，Effective Address)"。由于各个逻辑段的长度不超过 64 KB，即偏移量最大不超过 FFFFH，因此也可以用一个 16 位数来描述。

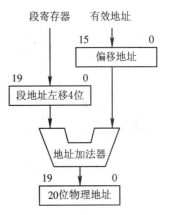

图 2-3　物理地址的形成

从逻辑地址到物理地址的转换由 BIU 中 20 位的地址加法器自动完成，具体操作如图 2-3 所示。先将段寄存器提供的 16 位段地址左移 4 位，恢复为 20 位地址，然后与各种寻址方式提供的 16 位有效地址相加，最终得到 20 位的物理地址。在访问内存时，用户编程使用的是 16 位的逻辑地址，而 BIU 使用的是 20 位的物理地址。

4. 逻辑段和段寄存器

在 8088 可寻址的 1 MB 的内存空间中，用户可以使用四种分工不同的逻辑段，即代码段、堆栈段、数据段和附加段。各段的位置由用户指派，它们可以彼此分离，也可以首尾相连、重叠或部分重叠。四个逻辑段的段地址分别存放在 CS、SS、DS、ES 等四个段寄存器中。

(1) 代码段(Code Segment)：该逻辑段用来存放程序和常数。系统在取指时将寻址代码段，其段地址和偏移地址分别由段寄存器 CS 和指令指针给出。代码段也可用来存放数据，如某些固定的表格数据等，采用多种寻址方法和段超越(Segmento verride)前缀"CS:"就可以访问到这些数据。

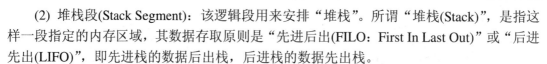

(2) 堆栈段(Stack Segment)：该逻辑段用来安排"堆栈"。所谓"堆栈(Stack)"，是指这样一段指定的内存区域，其数据存取原则是"先进后出(FILO：First In Last Out)"或"后进先出(LIFO)"，即先进栈的数据后出栈，后进栈的数据先出栈。

在计算机的各种应用中，堆栈是一种非常有用的数据结构，它为保护数据、调度数据提供了重要的手段。例如，在子程序调用时，可以用堆栈来保存返回地址和传递参数；在任务切换时，可以利用堆栈来保护现场。

系统在执行栈操作指令时将寻址堆栈段，这时，其段地址和偏移地址分别由段寄存器 SS 和堆栈指针(SP)提供。SP 是一个专用的 16 位地址指针，它只能与段寄存器 SS 配合采用段缺省(Default)的方法来寻址堆栈段，并始终指向堆栈当前的栈顶。

在调用子程序时，常常通过堆栈来传递参数，访问这些参数多使用基址指针(BP)。BP 也是一个 16 位的地址指针，它同样只能与段寄存器配合，通过段缺省的办法来寻址堆栈段，它可以支持多种寻址方式。

(3) 数据段(Data Segment)：该逻辑段用于数据的保存。用户在寻址该段内的数据时，可以缺省段的说明(即缺省 DS:)，其偏移地址即有效地址(EA)可通过直接寻址、间接寻址、基址寻址、变址寻址以及基址加变址寻址等多种寻址方式形成。

(4) 附加段(Extra Segment)：该逻辑段用于数据的保存。用户在访问该段内的数据时，其偏移地址同样可以通过多种寻址方式来形成，但在偏移地址前一般要加上段的说明(即段跨越前缀 ES:)。唯一的例外是串操作，此时系统将默认源操作数和目的操作数分别位于数据段和附加段，并用 SI 和 DI 两个变址寄存器对它们分别进行间接寻址。

通过以上介绍，我们知道除了程序必须存放在代码段、堆栈必须安排在堆栈段以外，数据可以存放在各个逻辑段，但常规用法还是将数据存放于数据段或者附加段。由于各个逻辑段分工明确，程序和数据一般是连续存放的，需要跨段访问的机会不多，因此在很多时候，用户并不需要在程序中指明当前使用的究竟是哪个逻辑段，也不需要经常改变段地址。这样，提高了用户的编程效率和程序的执行效率。

2.2.3　执行单元(EU)

执行单元由 ALU、通用寄存器、地址寄存器、标志寄存器和指令译码逻辑等构成，它负责指令的译码执行和数据的运算。

1. 指令译码

被 EU 译码的指令来自 BIU 的预取指令队列，除与 BIU 相连外，EU 没有对外的接口。指令译码后，CPU 所要进行的操作可以分成以下两类：

(1) 内操作。所有 8 位、16 位的算术逻辑运算都将由 EU 来完成，其中包括 16 位有效地址的计算。注意：20 位物理地址的计算由 BIU 负责形成。

(2) 外操作。所有指令要求的读、写存储器或对外设的操作，仍将通过 BIU 和总线来进行。

2. 通用寄存器

EU 中设计了 4 个通用寄存器：AX、BX、CX 和 DX，其长度均为 16 位。但是它们都可以拆成高 8 位和低 8 位两个寄存器来使用，比如 AX 可以拆成 AH 和 AL 两个独立的 8

位寄存器。在 8088 的指令系统中，这些通用寄存器的一般用法和隐含用法如表 2-1 所示。

表 2-1　通用寄存器的用法

寄存器	一般用法	隐 含 用 法
AX	16 位累加器	字乘时提供一个操作数并存放积的低字；字除时提供被除数的低字并存放商
AL	8 位累加器	字节乘时提供一个操作数并存放积的低字节；字节除时提供被除数的低字节并存放商；BCD 码运算指令和 XLAT 指令中用作累加器；字节 I/O 操作中存放 8 位输入/输出数据
AH	AX 的高 8 位	字节乘时提供一个操作数并存放积的高字节；字节除时提供被除数的低字节并存放余数；LAHF 指令中充当目的操作数
BX	基址寄存器	XLAT 指令中提供源操作数的间接地址
CX	16 位计数器	串操作时用作串长计数器；循环操作中用作循环次数计数器
CL	8 位计数器	移位或循环移位时用作循环次数计数器
DX	16 位数据寄存器	在间接寻址的 I/O 指令中提供端口地址；字乘时提供一个操作数并存放积的高字；字除时提供被除数的低字并存放余数

3. 地址寄存器

EU 中设计了 4 个 16 位的地址寄存器：SP、BP、SI 和 DI，其中前两个称为地址指针，后两个称为变址寄存器。它们在 8088 指令系统中的应用见表 2-2。

表 2-2　地址寄存器在 8088 指令系统中的应用

寄存器	一 般 用 法	隐 含 用 法
SP	堆栈指针，与 SS 配合指示堆栈栈顶的位置	压栈、出栈指示栈顶
BP	基址指针，支持间接寻址、基址寻址、基址加变址等多种寻址手段；子程序调用时，用来取压栈的参数	
SI	源变址寄存器，支持间接寻址、变址寻址、基址加变址等多种寻址手段	串操作时用作源变址寄存器，指示数据段(段缺省)或其他段(段超越)中源操作数的偏移地址
DI	目的变址寄存器，支持间接寻址、变址寻址、基址加变址等多种寻址手段	串操作时用作目的变址寄存器，指示附加段中目的操作数的偏移地址，不能段超越

8088 的堆栈及堆栈操作的特点：

(1) 双字节操作，每次进、出栈的数据均为两个字节。不论是源操作数还是目的操作数，也不论是存储器操作数还是寄存器操作数，存放时都按高字节对应高地址，低字节对应低地址原则进行。

(2) 向低地址生成，堆栈向低地址方向生长，即数据进栈时，SP 向低地址方向移动(减 2)；反之，数据出栈时，SP 向高地址方向移动(加 2)。

(3) 栈顶总"满"，堆栈指针 SP 所指示的栈顶已经存有待出栈的数据。

BP 与 BX 都被称为地址指针。两者的用法不同：BP 只能寻址堆栈段，不能段超越；BX 可以寻址数据段，也可寻址其他段(段超越)。

4. 标志寄存器

EU 中设计了一个 16 位的标志寄存器，用来存放程序状态字(PSW，Program Status Word)，所以该寄存器又称为程序状态字寄存器。如图 2-4 所示，PSW 中一共定义了 9 个有效位，各个标志位的含义见表 2-3。

15	14	13	12	11	10	9	8	7	6	5	4	3	2	1	0
				OF	DF	IF	TF	SF	ZF		AF		PF		CF

图 2-4　程序状态字寄存器

表 2-3　PSW 中各标志位含义

标志位	用 法 和 含 义
DF	方向控制位。若设置 DF = 1，则串操作后，源或目的操作数的地址均向增址方向调整；若设置 DF = 0，则串操作后，源或目的操作数的地址均向减址方向调整
IF	中断允许控制位。若设置 IF = 1，则允许 CPU 响应可屏蔽中断；若设置 IF = 0，则不允许 CPU 响应可屏蔽中断
TF	陷阱控制位。若设置 TF = 1，则在 CPU 运行中设置陷阱，此时 CPU 每执行一条指令就产生一个单步中断，用户可以在中断服务中对当前指令的执行情况进行调查；若设置 TF = 0，表示不设置陷阱，该标志主要用于程序的单步调试
OF	溢出标志位。反映有符号数的运算结果是否超出其所能表示的范围：字运算的范围为 −32 768～+32 767，字节运算的范围为 −128～+127，超出则溢出。若 OF = 1，则表示结果溢出；若 OF = 0，则表示结果未溢出
SF	符号标志位。反映运算结果最高有效位为 0 还是为 1；对有符号数运算来说，反映运算结果是正还是负。若 SF = 1，反映运算结果最高有效位为 1(或结果为负)；若 SF = 0，反映运算结果最高有效位为 0(或结果为正)
ZF	零标志位。反映运算结果是否为全 0。若 ZF = 1，表示运算结果为全 0，若 ZF = 0，表示运算结果不为全 0
AF	辅助标志位。该标志主要用于 BCD 码运算后的调整。反映运算中低 4 位向前有无进位或借位。若 AF = 1，表示有进位或借位；若 AF = 0，表示没有进位或借位
PF	校验标志位。反映运算结果中 1 的个数是否为偶数。若 PF = 1，表示运算结果中有偶数个 1；若 PF = 0，表示运算结果中有奇数个 1
CF	进位标志位

DF、IF、TF 等 3 位为控制标志位，用户可以通过专门的指令设置它们为 0 或 1，从而控制 CPU 的运行状态。

OF、SF、ZF、AF、PF、CF 等 6 位为状态标志位，它们将自动记录程序的运行状态，通过对它们的判断可以决定程序下一步的走向。许多指令的执行都可以改变这些状态标志位，但是用户不能对它们进行直接的编程控制。

2.2.4　8088 CPU 引脚及其功能

8088 的引脚如图 2-5 所示。

8088 有 40 条引脚，双列直插式封装。为了解决多功能与引脚的矛盾，8088 内部设置了若干个多路开关，使某些引脚具有多种功能。引脚功能的转换分为两种情况：一种是分时复用，在总线周期的不同时钟周期功能不同；另一种是按工作模式来定义引脚功能，同一引脚在最小模式和最大模式下，接不同的信号。

8088 和存储器、I/O 接口组成一个计算机系统时，根据使用环境不同，8088 CPU 有两种工作模式：最小工作模式和最大工作模式。

最小模式系统是指通常只有一个微处理器，即 8088 CPU，系统的控制信号由 8088 直接产生。最大模式系统又称多处理器系统，工作在最大模式的时候，系统中存在两个或两个以上的微处理器，系统的控制信号大部分是由总线控制器 8288 产生的。

在不同的工作模式下，8088 的 24 引脚～31 引脚的含义不同，40 根引脚分成三类。

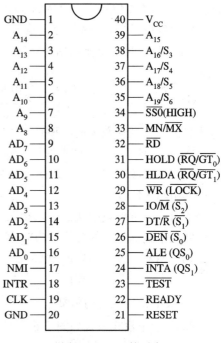

图 2-5　8088 的引脚

1. 最小/最大工作模式公用引脚

$AD_7 \sim AD_0$：地址/数据线，双向，三态。这是 8 根分时复用多功能引脚。在访问存储器和 I/O 的总线周期 T_1 状态，用作地址总线低 8 位 $A_7 \sim A_0$，输出所访问的存储器或 I/O 口地址，然后内部的多路转换开关将它们转换为数据总线 $D_7 \sim D_0$，用来传送数据，直到总线周期结束。在 DMA 方式，这些引脚浮空。

$A_{15} \sim A_8$：地址线，输出，三态。这些地址在整个总线周期内保持有效(即输出稳定高 8 位地址)。在 DMA 方式时，这些引脚浮空。

A_{19}/S_6、A_{18}/S_5、A_{17}/S_4、A_{16}/S_3：地址/状态线，输出，三态。这是 4 根分时复用的多功能引脚。在存储器操作的总线周期 T_1 状态，它用作地址总线高 4 位，在 I/O 操作时，由于 I/O 口只用 16 位地址，因此这些线为低电平。在总线周期 $T_2 \sim T_4$ 期间，输出状态信息：S_6 总为低电平；S_5 是可屏蔽的中断允许标志，它在每一个时钟周期开始时被修改；S_4 和 S_3 用以指示是哪一个段寄存器正在被使用。在 DMA 方式，这些引脚浮空。

$S_4 S_3 = 00$ 表示 CPU 当前使用 DS，$S_4 S_3 = 01$ 表示 CPU 当前使用 SS；$S_4 S_3 = 10$ 表示 CPU 当前使用 CS，$S_4 S_3 = 11$ 表示 CPU 当前使用 ES。

CLK：时钟信号，输入。CLK 为 CPU 和总线控制提供定时基准。

RESET：复位信号，输入，高电平有效。复位信号有效时处理器立即结束现行操作，把内部标志寄存器 FLAG，段寄存器 DS、SS、ES 以及指令指针(IP)置 0，代码段寄存器 CS 置为 FFFFH。为了保证完成内部的复位过程，RESET 信号必须保持高电平至少 4 个时钟周期。RESET 恢复低电平时，CPU 就从 FFFF0H 单元开始启动。

$\overline{RD}$：读信号，输出，低电平有效。$\overline{RD}$ 信号有效时，表示 CPU 进行存储器读或 I/O 读(取决于 IO/$\overline{M}$ 信号)。在 DMA 方式时，此线浮空。

READY：准备就绪信号，输入，高电平有效。当被访问的存储器或 I/O 端口无法在 CPU 规定的时间内完成数据传送时，应使 READY 信号处于低电平，这时 CPU 进入等待状态。

$\overline{TEST}$：测试信号，输入，低电平有效。当执行 WAIT 指令时，每隔 5 个时钟周期，CPU 就对 $\overline{TEST}$ 信号进行采样，若 $\overline{TEST}$ 为高电平，就使 CPU 重复执行 WAIT 指令而处于等待状态，直到它变为低电平时，CPU 才脱离等待状态，继续执行下一条指令。

INTR：可屏蔽中断请求信号，输入，高电平有效。CPU 在每条指令的最后一个时钟周期采样 INTR 线，若发现 INTR 引脚为高电平，同时 CPU 内部中断允许标志 IF = 1，CPU 就进入中断响应周期。

NMI：不可屏蔽中断请求，输入，边沿触发。该请求不能被软件屏蔽，只要引脚上出现从低电平到高电平的变化，CPU 就在现行指令结束后响应中断。

MN/$\overline{MX}$：该引脚规定 8088 处于何种工作方式，当该引脚接电源(+5 V)时，则工作在最小模式系统；若该引脚接地，则 8088 工作于最大模式系统。

2. 最小工作模式用引脚

8088 最小模式系统如图 2-6 所示。系统使用 8286 作为数据总线的双向驱动器，使用 2～3 片 8282 作为地址锁存器。

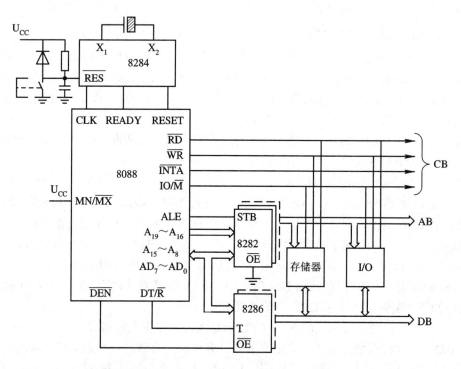

图 2-6　8088 最小模式系统结构示意图

ALE：地址锁存允许信号，输出，高电平有效。在总线周期的 T_1 期间，ALE 为高电平，在 ALE 的下降沿将地址/状态线($A_{19}\sim A_{16}$)和地址/数据线($AD_7\sim AD_0$)上出现的地址信号，锁存到 8282 地址锁存器中。

$\overline{DEN}$：数据允许，输出，低电平有效。在使用 8286 作为数据总线双向驱动器的最小模式系统中，它作为 8286 的输出允许信号，在存储器访问周期、I/O 访问周期或中断响应周期有效。在 DMA 方式时，此线浮空。

$DT/\overline{R}$：数据发送/接收控制信号，输出。在使用 8286 作为数据总线双向驱动器的最小模式系统中，$DT/\overline{R}$ 确定数据传送方向，$DT/\overline{R}=1$ 时，发送数据(CPU 写)；$DT/\overline{R}=0$ 时，接收数据(CPU 读)。在 DMA 方式时，此线浮空。

$IO/\overline{M}$：输出信号。输出低电平时，访问存储器；输出高电平时，访问 I/O。在 DMA 方式时，此线浮空。

$\overline{WR}$：写信号，输出，低电平有效。WR 信号有效时，表示 CPU 进行存储器写或 I/O 写操作(取决于 $IO/\overline{M}$ 信号)。在 DMA 方式时，此线浮空。

$\overline{INTA}$：中断响应信号，输出，低电平有效。它在每一个中断响应周期的 T_2、T_3 和 T_w 状态有效。

HOLD：总线保持请求信号，输入，高电平有效。它是系统中其他处理器向 CPU 发出的总线请求信号。

HLDA：总线保持响应信号，输出，高电平有效。当 CPU 同意让出总线控制权时，发出总线响应信号。

$\overline{SS0}$：状态信号，输出。$\overline{SS0}$ 用在最小模式下，它与 $IO/\overline{M}$、$DT/\overline{R}$ 一起，反映现行总线周期状态。

由于 8088 的 $AD_7\sim AD_0$ 是地址/数据复用线，在发数据之前，必须先将地址锁存起来，可利用锁存器 8282，它有 8 根输入线和 8 根输出线及两个控制信号 STB 和 $\overline{OE}$。当 STB 的电平由高变低时，芯片将输入端的信息存入锁存器，$\overline{OE}$ 为输出控制信号；当它为低电平时，将锁存器里的信息送到输出端，为此，CPU 的 ALE 需接到 STB 上。

在 IBM PC/XT 中，8088 CPU 的数据线是经过数据总线驱动器接到数据总线上的。由于数据是双向传输，因此要采用双向总线驱动器。常用的 8 位双向总线驱动器有 8286/8287。8286 的 $A_7\sim A_0$ 引脚接 8088 CPU 的 $AD_7\sim AD_0$，其 $B_7\sim B_0$ 引脚接到数据总线 $D_7\sim D_0$。而 8088 CPU 的 $DT/\overline{R}$ 接 8286 的 T 引脚。当 $DT/\overline{R}$ 为高电平时，数据从 8088 CPU 发送到系统总线上，而当 $DT/\overline{R}$ 为低电平时，CPU 则从系统数据总线上接收数据。8286 的 $\overline{OE}$ 引脚与 8088 CPU 的 $\overline{DEN}$ 引脚相接，在 $\overline{DEN}$ 端为低电平期间，才允许数据输入/输出。

3. 最大工作模式用引脚

8088 最大模式系统如图 2-7 所示。

$\overline{S_2}$、$\overline{S_1}$、$\overline{S_0}$：输出 CPU 状态信号，低电平有效。8288 利用这些信号的不同组合，产生访问存储器或 I/O 端口的控制信号。

8288 总线控制器是专门为 8086/8088 构成最大模式而设计的，用以提供有关的总线命令，它具有较强的驱动能力。

8288 根据 $\overline{S_2}$、$\overline{S_1}$、$\overline{S_0}$ 状态信号译码后，产生以下控制信号：

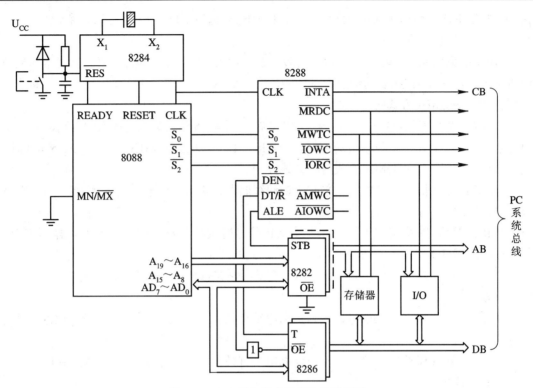

图 2-7　8088 最大模式系统结构示意图

$\overline{\text{INTA}}$：CPU 对中断请求的响应信号，同最小模式 $\overline{\text{INTA}}$。

$\overline{\text{MRDC}}$、$\overline{\text{MWTC}}$、$\overline{\text{IORC}}$、$\overline{\text{IOWC}}$：两组读/写控制信号，分别用来控制存储器的读/写和 I/O 口的读/写。

$\overline{\text{AIOWC}}$、$\overline{\text{AMWC}}$：超前的 I/O 写命令和超前的内存写命令，其功能分别和 $\overline{\text{IOWC}}$ 与 $\overline{\text{MWTC}}$ 一样，只是前者将超前一个时钟周期发出。

ALE：地址锁存允许信号，功能和最小模式中的 ALE 相同。

$\overline{\text{DEN}}$ 和 DT/$\overline{\text{R}}$：分别为数据允许信号和数据发/收控制信号，功能同最小模式时的 $\overline{\text{DEN}}$ 和 DT/$\overline{\text{R}}$，只是 $\overline{\text{DEN}}$ 的相位和最小模式中的 $\overline{\text{DEN}}$ 相反。

$\overline{\text{RQ}}/\overline{\text{GT}}_0$、$\overline{\text{RQ}}/\overline{\text{GT}}_1$：总线请求/允许控制信号，双向，低电平有效。这两个引脚供外部的主控设备用来请求获得总线控制权。当两者同时有请求时，$\overline{\text{RQ}}/\overline{\text{GT}}_0$ 优先输出允许信号。

请求和允许的过程如下：

(1) 由其他主控设备在 $\overline{\text{RQ}}/\overline{\text{GT}}$ 引脚向 8088 发出宽度为一个时钟周期的负脉冲，表示请求控制总线，相当于最小模式的 HOLD。

(2) CPU 在当前总线周期的 T_4 状态或下一个总线周期的 T_1 状态，输出宽度为一个时钟周期的负脉冲，通知主控设备，8088 同意让出总线(相当于最小模式的 HLDA)，从下一个时钟周期开始，CPU 释放总线。

(3) 主控设备总线操作结束后，输出宽度为一个时钟周期的脉冲给 CPU，表示总线请求结束，CPU 在下一个时钟周期开始重新控制总线。

$\overline{\text{LOCK}}$：总线封锁信号，输出，低电平有效。当 $\overline{\text{LOCK}}$ 为低电平时，表示 CPU 要独占总线使用权。这个信号是用指令在程序中设置的，如果一条指令中有前缀"LOCK"，则

8088 执行这条指令时，$\overline{\text{LOCK}}$ 引脚为低电平，并保持到指令结束，以避免指令在执行过程中被中断。在 DMA 方式，此线浮空。

QS_1、QS_0：指令队列状态信号，输出，高电平有效。QS_1、QS_0 提供一种状态，允许外部追踪 8088 内部的指令队列。

当 $QS_1QS_0 = 00$ 时，无操作；当 $QS_1QS_0 = 01$ 时，取指令队列中第一操作码；当 $QS_1QS_0 = 10$ 时，清除队列缓冲器；当 $QS_1QS_0 = 11$ 时，取指令队列中后续字节。

2.2.5 8088 的典型时序

一个微机系统为了实现自身的功能，需要执行多种操作，这些操作均在时钟的同步下，按时序一步一步进行。了解 CPU 的操作时序，是掌握微机系统的重要基础，也是了解系统总线功能的手段。

1) 指令周期、总线周期和 T 状态

计算机的操作是在系统时钟 CLK 控制下严格定时的，每一个时钟周期称为一个"T 状态"，T 状态是总线操作的最小时间单位。CPU 从存储器或 I/O 端口存取一个字节所需的时间称为"总线周期"。CPU 执行一条指令所需的时间称为"指令周期"。

8088 的指令长度是不等的，最短为一个字节，最长为六个字节。显然，从存储器取出一条六字节长的指令，仅仅"取指令"就需要六个总线周期，指令取出后，在执行阶段，还需花费时间。

虽然各条指令的指令周期不同，但它们都是由存储器读/写周期、I/O 端口读/写周期、中断响应周期等基本的总线周期组成的。

8088 与外设进行读/写操作的时序同 8088 与存储器进行读/写操作的时序几乎完全相同，只是 IO/$\overline{\text{M}}$ 信号不同。当 IO/$\overline{\text{M}}$ 信号为高电平时，8088 与外设进行读/写操作；当 IO/$\overline{\text{M}}$ 信号为低电平时，8088 与存储器进行读/写操作。这里我们仅介绍存储器的读/写周期。

2) 存储器读周期

存储器读周期时序如图 2-8 所示。一个基本的存储器读周期由四个 T 状态组成。

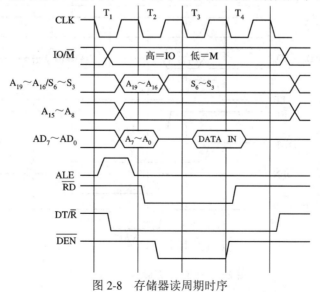

图 2-8 存储器读周期时序

T_1 状态：

(1) IO/$\overline{M}$ 变为有效。由 IO/$\overline{M}$ 信号来确定是与存储器通信还是与外设通信。

(2) 从 T_1 开始，$A_{19}/S_6 \sim A_{16}/S_3$、$A_{15} \sim A_8$、$AD_7 \sim AD_0$ 线上出现 20 位地址。

(3) ALE 有效，地址信息被锁存到外部的地址锁存器 8282 中。

(4) DT/$\overline{R}$ 为低电平。

T_2 状态：

(1) $A_{19}/S_6 \sim A_{16}/S_3$ 复用线上由地址信号变为状态信号。

(2) $AD_7 \sim AD_0$ 转为高阻，为读取数据作准备。

(3) $\overline{RD}$ 为低电平，从选中的内存单元读出数据，送到数据总线上。

(4) $\overline{DEN}$ 信号变为低电平，和 DT/$\overline{R}$ 一起作为双向数据总线驱动器 8286 的选通信号。打开它的接收通道，使数据线上的信息得以通过它传送到 CPU 的 $AD_7 \sim AD_0$。

T_3 状态：

CPU 在 T_3 的下降沿采样数据线获取数据。

T_4 状态：

8088 使控制信号变为无效。如果存储器工作速度较慢，不能满足正常工作时序的要求，则须采用一个产生 READY 信号的电路，使 8088 在 T_3 和 T_4 状态之间插入 T_w 状态。8088 在 T_3 状态前沿采样 READY 线，若为低，则 T_3 状态结束后插入 T_w 状态，以后在每一个 T_w 前沿采样 READY 线，直到它变为高电平，在 T_w 结束后进入 T_4 状态。在 T_w 状态，8088 的控制和状态信号不变，如图 2-9 所示。

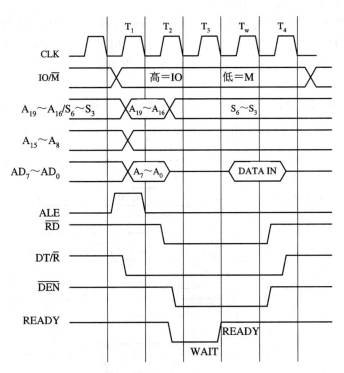

图 2-9　有 T_w 的存储器读周期时序

3) 存储器写周期

存储器写周期如图 2-10 所示，它也由四个 T 状态组成。存储器写周期和存储器读周期的时序基本类似。不同的是：

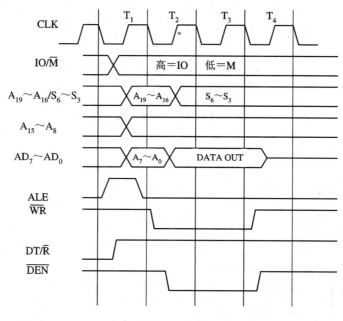

图 2-10 存储器写周期

(1) 在 T_2 状态，也即地址信息已由 ALE 锁存后，CPU 就把要写入存储器的 8 位数据，放在 $AD_7 \sim AD_0$ 上。

(2) 在 T_2 状态，$\overline{WR}$ 信号有效，进行写入。

(3) $DT/\overline{R}$ 在整个写周期输出高电平，它和 $\overline{DEN} = 0$ 相配合，选通双向数据总线驱动器 (8286)的发送通道，使 $AD_7 \sim AD_0$ 的数据得以通过它发送到数据线上。

具有 T_W 状态的存储器写周期时序与具有 T_W 状态的存储器读周期时序类似。

2.2.6 8086 微处理器

8086 与 8088 同属 8086 CPU 家族，二者具有兼容的指令系统，其结构和引脚非常相似。它们之间主要存在以下不同点。

(1) 与 8088 准 16 位微处理器不同，8086 是一个真正的 16 位微处理器，其内部数据处理和外部数据总线均为 16 位，拥有 16 位的地址/数据复用总线 $AD_{15} \sim AD_0$。在读/写存储器或 I/O 口时，既可以访问一个字节(字节访问)，也可以同时访问两个字节。

(2) 8086 数据线的宽度为 16 位，其存储器的组织形式不同于 8088。图 2-11 是 8086 的存储器组织。它分为偶、奇两个存储体。所有的偶地址单元集中于偶存储体，所有的奇地址单元集中于奇存储体。偶、奇存储体分别用引脚信号 $A_0 = 0$ 和 $\overline{BHE} = 0$ 来选中，其数据线分别连接着 $AD_7 \sim AD_0$ 和 $AD_{15} \sim AD_8$。在进行字访问时，偶地址的字访问可以一次完成，因为要访问的存储体与数据总线是"对齐"的；奇地址的字访问则要分两次来完成，因为要访问的存储体和数据总线无法一次"对齐"，如表 2-4 所示。

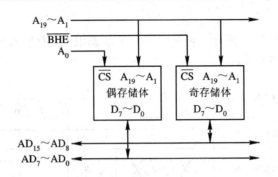

图 2-11　8086 的存储器组织

表 2-4　8086 的字节访问与字访问

操　作		有效数据	$\overline{\text{BHE}}$	A_0
从偶地址读/写一个字节		$AD_7 \sim AD_0$	1	0
从奇地址读/写一个字节		$AD_{15} \sim AD_8$	0	1
从偶地址读/写一个字		$AD_{15} \sim AD_0$	0	0
从奇地址读/写一个字	第一次读/写低 8 位(于奇地址)	$AD_{15} \sim AD_8$	0	1
	第二次读/写高 8 位(于偶地址)	$AD_7 \sim AD_0$	1	0

(3) 8088 的第 34 引脚为 $\overline{\text{SS0}}$(HIGH)；8086 的对应引脚为 $\overline{\text{BHE}}/S_7$，该引脚复用。在 T_1 状态时输出 $\overline{\text{BHE}}$ 信号，有效时，表示高 8 位复用总线 $AD_{15} \sim AD_8$ 将在后续的总线周期 ($T_2 \sim T_4$) 里传送数据。由于 $\overline{\text{BHE}}$ 仅在 T_1 时出现，因此系统需要对它进行锁存；在 $T_2 \sim T_4$，该引脚输出状态信号 S_7，系统未定义它的功能。

应用中，$A_0 = 0$ 被用来选通偶存储体，或选通连接 $D_7 \sim D_0$ 的 I/O 端口。相比之下，由于 8088 数据总线的宽度为 8 位，每次只传送 8 位数据，因此没有 $\overline{\text{BHE}}$ 信号。表 2-4 列出了 8086 在进行"字节访问"和"字访问"时 $\overline{\text{BHE}}$ 和 A_0 两个信号的输出情况。

(4) 8088 指令队列的长度为 4 字节，当队列中有一个字节的空缺时，它将自动取指；队列中只要有一个指令字节，8088 即开始执行指令。8086 的指令队列长度为 6 个字节，在出现两个字节的空缺时，自动取指；当队列中有两个指令字节时，开始执行指令。这是由于 8086 的数据总线宽度为 16 位，一次可以读取两个字节的缘故。

2.3　80X86 微处理器

2.3.1　80286 微处理器

1982 年，Intel 公司推出了高性能的 16 位微处理器 80286，该芯片的内部集成了约 13 万个晶体管，以 8 MHz 的时钟进行工作，它有 68 条引脚。

与 8086 相比，80286 具有以下特点：

(1) 有 24 根地址线，最多可寻址 16 MB 的实际存储空间和 64 KB 的 I/O 地址空间。

(2) 数据线和地址线完全分离。在一个总线周期中，当有效数据出现在数据总线上的时候，下一个总线周期的地址已经送到地址总线，形成总线周期的流水作业。其总线周期基本上由 Ts(Send Status)和 Tc(Perform Command)两个时钟周期组成，明显提高了数据访问的速度。

(3) 具有"实地址方式(Real Address Mode)"和"保护虚地址方式(Protected Virtual Address Mode)"两种工作方式，这两种方式又简称为"实方式"和"保护方式"。

实方式用于向上兼容 8086，此时 80286 的 24 根地址线中只有低 20 位地址有效，其寻址空间和寻址方法与 8086 完全相同，即 8086 的应用程序不需要修改就可以移到该方式下运行，但是速度要快。

保护方式体现了 80286 的特色，主要是对存储器管理、虚拟存储和对地址空间的保护。在该方式下，它的 24 根地址线全部有效，可寻址 16 MB 的实存空间；通过存储管理和保护机构，可为每个任务提供多达 1 GB 的虚拟存储空间和保护机制，有力地支持了多用户、多任务的操作。

(4) 在保护方式下，80286 的存储管理仍然分段进行，每个逻辑段的最大长度为 64 KB，但是增加了许多管理功能，其中最重要的功能就是虚拟存储。也就是说，80286 的物理存储空间为 16 MB，但每个任务可使用的逻辑空间却高达 1 GB。在该方式下，那些内存装不下的逻辑段，将以文件形式存入外存储器中，当处理器需要对它们进行存取操作时就会发生中断，通过中断服务程序把有关的程序或数据从外存储器调入到内存，从而满足程序运行的需要。

(5) 在保护方式下，80286 提供了保护机制，它们由硬件提供支持，一般不会增加指令的执行时间，这些保护包括：

① 对逻辑段的操作属性(可执行、可读、只读、可写)和长度界限(1～64 KB)进行检查，禁止错误的段操作。

② 为不同程序设置了 4 个特权级别(Privilege Level)，提供若干特权级参数，可让不同程序在不同的特权级别上运行。8086 系统程序和用户程序处于同一级别，并存放在同一存储空间，所以系统程序有可能遭到用户程序的破坏。而 80286 依靠这一机制，可支持系统程序和用户程序的分离，并可进一步分离不同级别的系统程序，大大提高了系统运行的可靠性。

③ 提供任务间的保护。80286 为每个任务提供多达 0.5 GB 的全局存储空间，防止错误的应用任务对其他任务进行不正常的干预。

1. 80286 微处理器的组成

图 2-12 是 80286 微处理器内部结构。由图中可以看出，80286 处理器内部由四个独立的部件组成，分别为执行部件(EU)、总线接口部件(BIU)、指令部件(IU)和地址部件(AU)。这 4 个独立的部件都是通过内部总线进行连接的，它们相互配合完成一条指令的执行过程。

下面分别讨论 4 个独立部件的功能。

执行部件(EU)是由寄存器、控制器和算术逻辑运算单元(ALU)等部分组成的。它负责执行由指令部件(IU)译码后的指令。

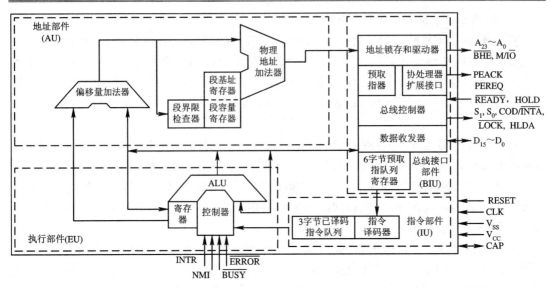

图 2-12　80286 微处理器内部结构

总线接口部件(BIU)由地址锁存器、地址驱动器、协处理器扩展接口、总线控制器、数据收发器、预取指器和 6 字节预取指队列寄存器等组成。总线接口部件是微处理器与系统之间以及与局部总线之间的高速接口部件，用来产生访问外部存储器和 I/O 端口所需要的地址、数据和命令信号；可以高速地完成取指令或对存储器的读/写。其中，预取指器可利用局部总线空闲时间，控制数据收发器最多可从存储器中取出 6 字节指令，并将它们暂时存放在 6 字节预取指队列寄存器中，这样 CPU 便可高速读取指令。只有当预取指队列寄存器中至少空出 2 个字节时才进行预取指操作。

指令部件(IU)由指令译码器和三条已被译码的指令队列组成。指令部件的作用是不断地对来自总线部件和预取指令队列的指令进行译码，然后把它们存放到已被译码的指令队列中，准备接受执行部件的读取。这一部件可以使对一条指令的执行过程得以改善，从顺序执行即取出指令、指令译码、执行指令，变成为并行操作，从而缩短指令的执行时间，提高处理速度。这种操作被称为 80286 的流水操作。

地址部件(AU)由地址偏移量加法器、段界限检查器、段基址寄存器、段容量寄存器、物理地址加法器等组成。

地址部件的功能是根据执行部件的请求，从执行部件中的寄存器中取出寻址信息，并且按照寻址的规则产生物理地址，同时把产生的物理地址送到总线接口部件的地址锁存器和总线驱动器中，其物理地址可能为存储器的物理地址或 I/O 端口的地址。这一部件中还包括段寄存器和描述符表寄存器的高速缓冲存储器。

以上介绍了微处理器中四个独立部件的组成及作用，实际上微处理器在处理一条条指令的过程中，各部件是在并行地作总线操作，从而实现流水线化的作业的，这样极大地发挥了处理器的性能。

2. 寄存器的构成

80286 微处理器的内部寄存器分为四组，分别为通用寄存器、段寄存器、状态和控制寄存器以及系统表寄存器，如图 2-13 所示。它们构成了 80286 的基本寄存器集。

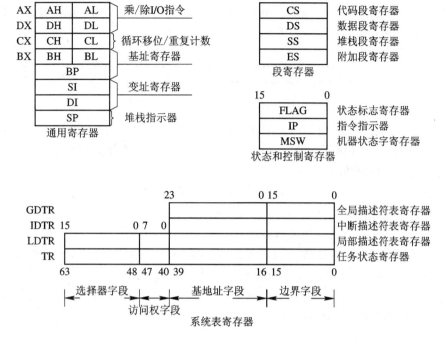

图 2-13 80286 基本寄存器集

1) 通用寄存器

通用寄存器有 AX、BX、CX、DX、BP、SP、SI 和 DI 等 8 个寄存器。通用寄存器存在于 CPU 内部，对其进行访问的速度要比对存储器访问的速度快得多。这 8 个寄存器中，变址寄存器 SI、DI 和基址寄存器 BP 及堆栈指示器 SP 只能按 16 位存取，其余的累加器 AX、基址寄存器 BX、计数寄存器 CX、数据寄存器 DX 既可按 16 位存取，也可按 8 位存取，用来存放算术、逻辑操作数。80286 的通用寄存器与 8086 完全一样，虽然为通用寄存器，但也带有特殊的功能含义，在使用过程中从其名称上可加以辨认。

2) 状态和控制寄存器

(1) 指令指示器(IP)。它用来指出下一条要执行指令的偏移地址，该指示器存在于总线接口部件中，并由总线部件对其进行自动修改。

当执行一段程序时，IP 的内容随着存储器的读取自动地加 1，这样，前一条指令取出后，IP 就自动指向下一条指令，使程序连续地执行下去。当程序出现转移或者中断时，IP 的内容是新置入的地址，而被中断的地址被压入堆栈。一旦中断结束，IP 的内容将被自动调整回到将要执行的指令地址。

(2) 状态标志寄存器(FLAG)。状态标志寄存器用来记录由算术或逻辑运算类指令操作结果所设置的状态以及系统的状态，该寄存器为 16 位的寄存器，其状态标志见图 2-14。

15	14	13	12	11	10	9	8	7	6	5	4	3	2	1	0
×	NT	IO	PL	OF	DF	IF	TF	SF	ZF	×	AF	×	PF	×	CF

图 2-14 状态标志寄存器

(3) 机器状态字寄存器(MSW)。机器状态字寄存器用来表示当前处理器所处的状态。如图 2-15 所示，MSW 是一个 80286 中新设计的 16 位机器状态字寄存器，仅用了其中的 4 位。这 4 位的含义及作用如下：

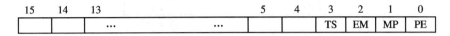

图 2-15　机器状态字寄存器

● 保护方式允许 PE：用于向虚地址保护方式转换，若 PE 为"1"，则 80286 被置于保护方式，若 PE 为"0"，则表示 80286 被置于实地址方式。只有通过硬件复位(RESET)才能从保护方式返回实地址方式。

● 监控协处理器 MP：用于协处理器 80287 NPX 的接口，该位置位表示系统有 80287。

● 模拟协处理器 EM：若 EM 置"1"，则表示可用软件模拟 80287 指令仿真一个协处理器，若 EM 清"0"，将允许协处理器操作码在 80287 上执行。

● 任务转换 TS：当 80286 完成任务转换，即 80286 从执行某一个任务转换到执行另一个任务时，TS 被自动置"1"，当 80286 复位时，TS 被清"0"。

对于机器状态字寄存器中的有效标志位，其中的 PE 位用来使 CPU 进入虚地址保护方式，其余 3 位则具有控制协处理器接口的作用。

3) 段寄存器

80286 的段寄存器包括代码段寄存器(CS)、数据段寄存器(DS)、堆栈段寄存器(SS)和附加段寄存器(ES)。在程序中，4 个段寄存器分别用来指示不同段的起始地址。代码段寄存器指示程序指令代码所在段的位置；数据段寄存器指示程序中数据所在段的位置；堆栈段寄存器指示程序运行时堆栈所在段的位置；附加段寄存器指示附加数据所在段的位置。

从图 2-15 所看到的每个段寄存器都是 16 位的寄存器，实际上每个段寄存器都是由一个 16 位的段选择器和一个 48 位的段高速缓冲寄存器组成的，如图 2-16 所示。只有 16 位的段选择器可直接进行访问，而高速缓冲寄存器不能被程序直接访问，其作用是在寻址方式的控制下，参与实际物理地址的形成。它是 80286 实现存储器管理功能时内部使用的寄存器。

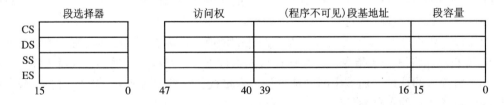

图 2-16　段高速缓冲寄存器

4) 系统表寄存器

系统表寄存器包括描述符表寄存器和任务寄存器。

80286 中的描述符表寄存器分为 GDTR(全局描述符表寄存器)、LDTR(局部描述符表寄存器)和 IDTR(中断描述符表寄存器)，分别用来在虚地址保护方式下管理相应描述符表。这些描述符表为 GDT(全局描述符)、LDT(局部描述符表)和 IDT(中断描述符表)。

TR(任务寄存器)用来对 TSS(任务状态段)进行寻址。任务状态段用来存放任务环境。TR 寄存器的结构如图 2-13 所示，对 TR 寄存器的访问是由指令 LTR、STR 来实现的。

GDTR、IDTR 即可以在实地址方式下使用，也可以在虚地址保护方式下使用，LDTR、TR 只能在虚地址保护方式下使用。

以上简单介绍了 80286 CPU 中的各寄存器的功能及作用，只有了解了各寄存器的作用，才能正确地使用它们。特别是用汇编语言编制程序时，应当将以上内容作为基础，很好地掌握。

2.3.2 80386 微处理器

1. 80386 微处理器结构

80386 的基本逻辑框图如图 2-17 所示。

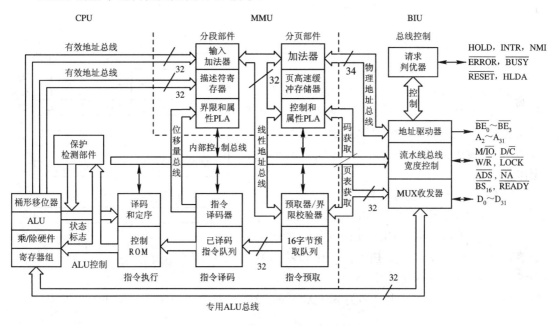

图 2-17 80386 基本逻辑结构

80386 由中央处理器(CPU)、存储器管理部件(MMU)和总线接口部件(BIU)三大模块组成。CPU 包括指令预取、指令译码、指令执行部件；MMU 包括分段部件和分页部件；加上 BIU 部件，这样，80386 共有 6 个功能部件。6 个功能部件可并行工作，构成 6 级流水线结构。

80386 有三种工作方式：实地址方式、保护方式和虚拟 8086 方式(VM86 方式)。在实地址方式下，80386 的工作好似速度极快的 8086。实地址方式主要用于建立处理机状态，以便进入保护工作方式。在保护工作方式下，用户可使用处理器的复杂存储管理、分页及特权功能。在保护工作方式下，通过软件可以实现任务切换，进入虚拟 8086 方式。虚拟 8086 任务可以被隔离和保护。

2. 80386 的寄存器结构

80386 含有通用寄存器、段寄存器、指令指针、标志寄存器、控制寄存器、系统地址寄存器、排错寄存器、测试寄存器等 7 类 32 个寄存器。它们包括了 16 位 8086 和 80286 的全部寄存器。

通用寄存器、段寄存器以及指令指针和标志寄存器如图 2-18 所示。

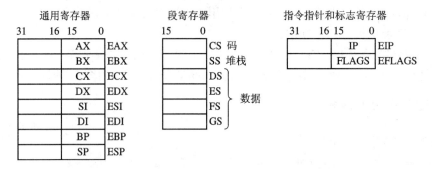

图 2-18　80386 基本寄存器

1) 通用寄存器

80386 中有 8 个 32 位的通用寄存器，如图 2-19 所示。这些通用寄存器是 8086、80286 的 16 位通用寄存器的扩展，所以命名为 EAX、EBX、ECX、EDX、ESI、EDI、EBP、ESP。每一个寄存器都可以存放数据或地址，支持 1、8、16、32 和 64 位的数据操作及 1～32 位的位操作，也支持 16 位和 32 位的地址操作。

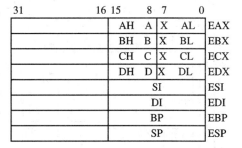

2) 指令指针和标志寄存器

80386 的地址线是 32 位,指令指针是 32 位寄存器，是 IP 的扩展，称为 EIP。EIP 中存放的总是下一条要取出指令的偏移量。EIP 的低 16 位称为 IP，它由 16 位的地址操作数使用。

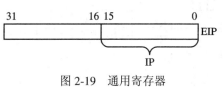

图 2-19　通用寄存器

80386 中的标志寄存器是名为 EFLAGS 的 32 位寄存器，所定义的位如图 2-20 所示。

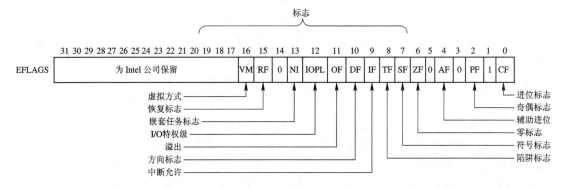

图 2-20　80386 标志寄存器

80386 扩展的标志位是 VM 和 RF，它们的功能是：

VM(Virtual 8086 Mode，位 17)是虚拟 8086 方式位。当 VM 置 1 时，80386 转入 8086 方式。在保护方式下 VM 才置 1，用 IRET 指令实现。

RF(Resume Flag，位 16)是恢复标志位，用于调试寄存器断点处理。当 RF 置 1 时，对执行下一条指令而言，一切故障调试均被忽略，在每条指令(除 IRET、POPF、JMP、CALL、INT 等指令)成功地完成后 RF 自动清 0。

3) 段寄存器和段描述符寄存器

80386 中用 6 个 16 位的段寄存器存放段选择器值，指示可寻址的存储空间。在保护方式下，分段大小在 1 B～4 GB 之间变化。在实地址方式下，最大分段固定为 64 KB。

在任何给定时刻，可寻址的 6 段是由段寄存器 CS、SS、DS、ES、FS、GS 的内容确定的。CS 中的选择器指示当前段码；SS 指示当前堆栈段；DS、ES、FS、GS 指示当前数据段。

段寄存器如图 2-21 所示。图中右边是段描述符寄存器，每个描述符寄存器装有一个 32 位的段基地址，一个 32 位的段界限值，还有其他段属性。描述符寄存器与段寄存器一一对应。

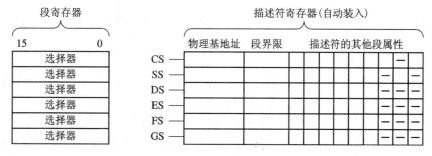

图 2-21　80386 段寄存器和段描述符寄存器

每当访问存储器时，段描述符自动介入访问处理；32 位的段基地址变成计算线性地址的一个分量；32 位界限值用于界限检查操作，不必去查表而得到段基地址，从而加快了存储器访问速度。

4) 系统地址寄存器

系统地址寄存器 GDTR 中存放 GDT(全局描述符表)，IDTR 中存放 IDT(中断描述符表)。其中放置 32 位线性基地址和 16 位界限值，如图 2-22 所示。

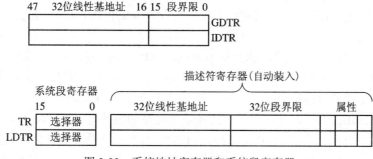

图 2-22　系统地址寄存器和系统段寄存器

TR 寄存器中存放 16 位的 TSS(任务状态段)描述符，LDTR 中存放 16 位的 LDT(局部描述符表)描述符。

5) 控制寄存器

80386 中有 3 个 32 位控制寄存器 CR0、CR2 和 CR3，如图 2-23 所示，用以放置机器的总体状态，对系统的全部任务都发生影响。

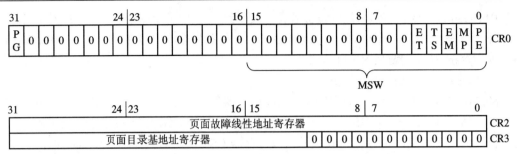

注：0表示Intel公司保留位，无定义。

图 2-23　控制寄存器 CR0、CR2、CR3

CR0 为机器控制寄存器。其中位 0～位 4 和位 31 作控制和状态用。CR0 的低 16 位也叫做机器状态字(MSW)，与 80286 保护方式兼容，LMSW 和 SMSW 指令是 CR0 的送数和存储操作指令，只涉及 CR0 的低 16 位。

CR1 为 Intel 公司保留。

CR2 为页面出错线性地址寄存器，放置检测到的最近一次页面出错的 32 位线性地址。错误码被推入页面出错处理器的堆栈。

CR3 为页面目录基地址寄存器。CR3 中含有页面目录表的基地址。80386 的页面目录表总是按页面定位(以 4 KB 为单位)的，因此最低 12 位的写入是非法的，存储也是无意义的。这样，CR3 的最低位(位 12)每增减 1 意味着增减 4096 B。

3. 80386 的存储器组织结构

80386 存储器的存储单元有三种：字节(8 位)、字(16 位)、双字(32 位)。两个相连续的字节存放时，低位字节存放于低地址，高位字节存放于高地址。双字要存放于 4 个连续的字节，最低位字节存于最低位地址，最高位字节存于最高位地址。一个字或一个双字的地址就是低位字节的地址。

存储器可以划分为长度可变的若干段，还可以再进一步划分为页面，每页 4 KB。分段和分页可以组合运用以得到最大的系统设计灵活性。分段对于按逻辑模块组织存储器是很有用的，而分页对于系统程序员或对于系统物理存储器的管理是很有用的。

1) 地址空间

80386 有逻辑地址、线性地址和物理地址三种地址空间。逻辑地址(即虚拟地址)由一个选择器和一个偏置值组成。选择器是段寄存器的内容，偏置值与所有寻址分量(基地址、变址、位移)相加形成有效地址。由于 80386 的每个任务最多有 16 K($2^{14}-1$)个选择器，而偏置值可以大到 4 GB(2^{32})，因此每个任务的逻辑地址空间总共有 2^{46} 位(64 TB)。

逻辑地址空间经分段部件转换为 32 位线性地址空间。若分页部件处于禁止状态，则此 32 位线性地址就相当于物理地址。分页部件处于允许工作状态时，它就把线性地址转换为物理地址。物理地址就是出现在 80386 组件的地址引脚上的地址。

实地址方式和保护方式下，从逻辑地址到线性地址的转换有所不同。在实地址方式，分段部件把选择器左移 4 位后将结果加到偏置值以形成线性地址。而在保护方式，每个选择器都有着与之相关联的线性基地址，线性基地址存于两个操作系统表(即局部描述符表和全局描述符表)之一中，选择器从表中选出对应的线性基地址再与偏置值相加形成最后的线性地址。各种地址空间的关系如图 2-24 所示。

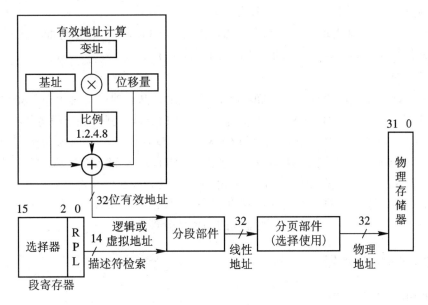

图 2-24　地址转换

2) 段寄存器的使用方法

用来组织存储器的主要数据结构是段。在 80386 中，段是可变大小的线性地址块。段有两种主要类型：代码段和数据段。段可以小到 1 B 大到 4 GB(2^{32} 字节)。

为了提供紧凑的指令编码和增强处理器性能，无需用指令对段寄存器的使用作显式规定，可以按表 2-5 自动选择缺省的段寄存器。一般来说，"数据引用"使用装在 DS 寄存器中的选择器；"堆栈引用"使用 SS 寄存器；取指令使用 CS 寄存器。指令指针的内容提供

表 2-5　段寄存器选择规则

存储器访问类型	隐含使用的段	可能超越的段
取指令码	CS	无
PUSH，PUSHA 指令的目标地址	SS	无
POP，POPA 指令的源地址	SS	无
使用具有有效地址的基址寄存器		
进行的其他数据访问：		
[EAX]	DS	CS，SS，ES，FS，GS
[EBX]	DS	CS，SS，ES，FS，GS
[ECX]	DS	CS，SS，ES，FS，GS
[EDX]	DS	CS，SS，ES，FS，GS
[ESI]	DS	CS，SS，ES，FS，GS
[EDI]	DS	CS，SS，ES，FS，GS
[EBP]	DS	CS，SS，ES，FS，GS
[ESP]	DS	CS，SS，ES，FS，GS

偏置值。特殊段最优先前缀允许显式使用给定的段寄存器，并超越表 2-5 中所列隐式规则。最优先前缀也允许使用 ES、FS、GS 段寄存器。

由于允许任意段基地址彼此之间有覆盖，因此 6 个段都可以有零基址，从而产生具有 4 GB 线性地址的系统，其虚拟空间与线性地址空间相同。

3) I/O 空间

80386 有两个不同的物理地址空间：存储器和 I/O。从一般的意义上说，80386 也支持存储器对应的 I/O 方式，但 80386 主要使用专用的端口寻址方式，外部设备放在 I/O 空间。

I/O 空间由 64 KB 组成，它可以分为 64 K 个 8 位端口、32 K 个 16 位端口或 16 K 个 32 位端口，或加起来为不超过 64 KB 的任意端口的组合。这 64 KB 的 I/O 空间，对应于存储器的物理地址而不是线性地址。因为 I/O 指令不通过分段和分页部件。

I/O 空间是通过 IN 和 OUT 指令存取的，端口地址由 DL、DX 或 EDX 寄存器提供。当使用所有 8 位和 16 位端口地址时，地址线的高位部分都扩展为零。

2.3.3　80486 微处理器

1. 80486 的结构框图

80486 的基本逻辑框图如图 2-25 所示。

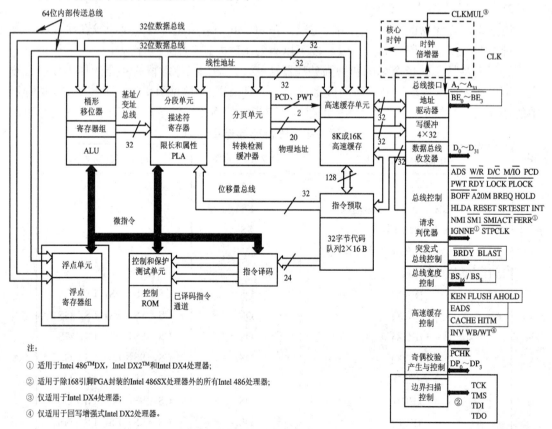

注：

① 适用于 Intel 486™DX，Intel DX2™和 Intel DX4 处理器；

② 适用于除 168 引脚 PGA 封装的 Intel 486SX 处理器外的所有 Intel 486 处理器；

③ 仅适用于 Intel DX4 处理器；

④ 仅适用于回写增强式 Intel DX2 处理器。

图 2-25　80486 的流水线体系结构

2. 80486 的寄存器结构

80486 寄存器组包括：基本寄存器(通用寄存器、指令指针、标志寄存器和段寄存器)、系统寄存器(控制寄存器、系统地址寄存器)、浮点寄存器(数据寄存器、标志字、状态字、指令和数据指针、控制字)、调试和测试寄存器。

图 2-26 给出了 80486 的基本寄存器。对基本寄存器中的通用寄存器、指令指针和标志寄存器简述如下。

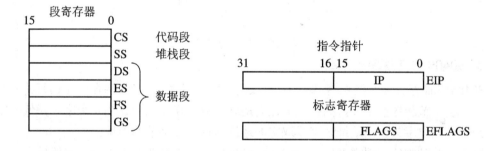

图 2-26　80486 的基本寄存器

1) 通用寄存器

8 个 32 位通用寄存器如图 2-26 所示，这些寄存器可存放数据或地址，且能支持数据操作数 1 位、8 位、16 位或 32 位以及 1~32 位的位字段。地址操作数有 16 位或 32 位。32 位寄存器的名字叫 EAX、EBX、ECX、EDX、ESI、EDI、EBP 及 ESP。

通用寄存器的低 16 位可分别用 16 位名为 AX、BX、CX、DX、SI、DI、BP 和 SP 的寄存器来访问。当分别访问低 16 位时，高 16 位内容不变。

8 位操作可以单独访问通用寄存器 AX、BX、CX、DX 的低位字节(0~7 位)或高位字节(8~15 位)。低位字节分别叫 AL、BL、CL、DL，高位字节分别叫 AH、BH、CH、DH，单独的字节访问提供了数据操作的灵活性，但不用于有效地址的计算。

2) 指令指针

指令指针如图 2-26 所示，它是 32 位的寄存器，称为 EIP。EIP 中存放下一条要执行的指令的偏移值。偏移值是相对于代码段的基值而言的。EIP 的低 16 位包含有 16 位指令指针，称为 IP，它是用于 16 位编址的。

3) 标志寄存器

标志寄存器是 32 位寄存器，称为 EFLAGS。在 EFLAGS 中规定的位和位字段控制某些操作，指明 486 微处理器状态，其低 16 位(0～15 位)包含有 16 位寄存器，称为 FLAGS，它在 8086 和 80286 指令执行时是最有用的。

EFLAGS 如图 2-27 所示。

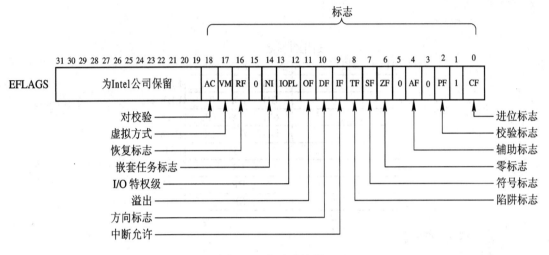

图 2-27　标志寄存器

3. 80486 的存储器组织结构

80486 存储器分为 8 位长(字节)、16 位长(字)和 32 位长(双字)。字存储在相邻的两个字节，分高位字节和低位字节，高位字节在高地址。双字存储在相邻的 4 个字节，低位字节在低地址，高位字节在高地址。字或双字的地址是指低位字节的地址。

除了这些基本的数据类型以外，80486 微处理器还支持两个更大的存储器单元：页面和段。

存储器可划分为一个或多个可变长的段。段中数据可与盘交换或被程序之间公用，存储器也可组织成一个或多个 4 KB 的页面，而且段和页面可组合，发挥两者的优点。

80486 微处理器支持段和页，从而为系统设计者提供了最大灵活性，分段和分页互为补充。以逻辑模块来组织存储器时分段很有用，例如对应用程序设计员，它是一种有用的工具；而对系统程序设计员管理系统的物理存储器时，分页是很有用的。

1) 地址空间

80486 微处理器有三个地址空间：逻辑地址、线性地址和物理地址。逻辑地址(也称为虚拟地址)由一个选择符和偏移量组成，选择符是段寄存器的内容，偏移量是由所有编址的成分(基址、变址、位移量)相加而形成的一个有效地址。因为在 80486 微处理器中，每一个任务有一个最大 16 K($2^{14}-1$)的选 6 移 4 位后加上偏移值便形成线性地址。而保护方式下，每个选择器有一个线性基地址与其对应，该线性基地址存储在两个操作系统表(即逻辑描述符表和全局描述符表)中，该选择器的线性基地址加上偏移值即形成最后的线性地址。

2) 段寄存器的使用

为了提供一个紧凑的指令编码和提高处理器的性能，指令不需要显式地指明哪一个段寄存器被使用，一个缺省段寄存器是按照表 2-6 段寄存器选择规则自动选择的。通常，数据访问用包含在 DS 寄存器中的选择器，堆栈访问用 SS 寄存器，而取指令用 CS 寄存器。指令指针中的内容便是偏移量。专门的段超越前缀允许显式使用给定的段寄存器，并超越表 2-6 所列的隐含规则。超越前缀也允许使用 ES、FS 及 GS 寄存器。

表 2-6　段寄存器选择规则

存储器访问的类型	隐含使用的段	可能超越的段
取指令码	CS	无
PUSH，PUSHF INCALL PUSHA 指令的目标地址	SS	无
POP，POPA POPF，IRET RET 指令的源地址	SS	无
STOS，MOVS REP，STOS REP MOVS 指令的目标地址 (DI 是基址寄存器)	ES	无
用下列基址寄存器的有效地址的 其他数据访问： [EAX]，[EBX] [ECX]，[EDX] [ESI]，[EDI] [EBP]，[ESP]	DS SS	全部

由于对任何段的基地址的重叠没有什么限制，因此，所有 6 个段都可以把基地址置"0"而生成一个有 4 GB 线性地址空间的系统。这个系统中，虚拟地址空间与线性地址空间相同。

3) I/O 空间

80486 微处理器也有两个独立的物理地址空间：存储器空间和 I/O 空间。虽然 80486 微处理器也支持存储器映射的外部设备，但通常都把外部设备放在 I/O 空间。该 I/O 空间由 64 KB 组成，它可以分为 64 K 个 8 位端口、32 K 个 16 位端口或 16 K 个 32 位端口，或者总和小于 64 KB 的各种端口组合，该 64 KB I/O 地址空间对应于存储器的物理地址而不是线性地址，因为 I/O 指令不通过分段和分页部件。

2.4 Pentium 系列微处理器技术发展

1993 年，Intel 推出了新一代的 Pentium 处理器，它在微处理器的发展进程中，不论是在结构还是性能上，都是一个大的飞跃。之后，为进一步提高 Pentium 处理器的性能，Intel 公司从 1995 年开始又先后推出了 Pentium Pro、Pentium MMX(多能奔腾)以及 Pentium Ⅱ、Pentium Ⅲ和 Pentium Ⅳ等系列产品。

2.4.1 Pentium 微处理器

1. 基本特点

Pentium 微处理器采用了 PGA 封装，共 237 个引脚，采用了 0.6 μm 和 0.35 μm 的静态 CMOS 工艺，芯片内集成了 310 万个晶体管。其主要特点如下。

(1) 与 80X86 系列微处理器在指令上采取向上兼容。

(2) 采用了 RISC 型超标量结构。在微处理器内部含有多个指令单元，多条指令执行流水线，它使得微处理器的整体运行速度成倍提高。

(3) 集成了高性能的浮点处理单元。在 Pentium 芯片中的增强型浮点处理单元 FPU 采用了超级流水线技术，其浮点运算速度比 80486DX 芯片要快 3～5 倍。

(4) 采用双重分离式高速缓存。双重分离式高速缓存(Dual On-Board Caches)将指令缓存与数据缓存分离，各自拥有一个独立的 8 KB 的高速缓存，使其能全速执行，减少等待及传送数据时间。而且数据高速缓存采用回写方式，以适应在共享主存多机系统中减少访问总线次数的需要。

(5) 增强了错误检测与报告能力。在 Pentium 中增强了错误检测与报告功能，特别引进了在片功能冗余检测(FRC)，并采用了一种能降低出错几率的六管存储单元。

(6) 片内采用了 64 位数据总线，大大提高了数据传输速度。

(7) 采用分支指令预测技术，大大提高了流水线执行效率。在 Pentium 中使用了分支目标缓冲器预测分支指令，这样可以在分支指令进入指令流水线之前预先安排指令的顺序，而不会使指令流水线的执行产生停滞或混乱。

(8) 采取了常用指令固化和微代码改进措施。把一些常用的指令(如 MOV、INC、DEC、PUSH 等)由原来的微代码方式改进为硬件直接实现，使指令执行速度进一步提高。

(9) 在系统工作方式上采用了实地址方式、保护方式、虚拟 8086 方式以及具有特色的 SMM(系统管理方式)，新增加的 SMM 功能主要包括电源管理以及为操作系统和正在运行的程序提供安全性。SMM 可以使处理器和系统外围部件在处于休眠状态时，一有按键按下或鼠标移动将自动唤醒它们。利用 SMM 功能可实现软件关机。

2. 基本结构

Pentium 是继 80486 之后的新一代产品，它被简称为 P5 或 80586，也称为奔腾。虽然 Pentium 采用了许多新的设计方法，但仍与过去的 80X86 系列兼容。

为了更大地提高 CPU 的整体性能，单靠增加芯片的集成度在技术上会受到很大的限制。为此，Intel 公司在 Pentium 的设计中采用了新的体系结构，如图 2-28 所示。

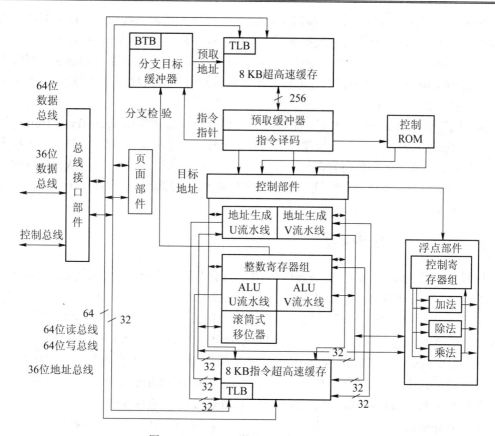

图 2-28 Pentium 微处理器的内部结构

(1) 超标量流水线。Pentium 由 U 和 V 两条指令流水线构成超标量流水线结构,其中,每条流水线都有自己的 ALU、地址生成逻辑和 Cache 接口。在每个时钟周期内可执行两条整数指令,每条流水线分为指令预取、指令译码、地址生成、指令执行和回写等五个步骤。当一条指令完成预取步骤时,流水线就可以开始对另一条指令的操作,极大地提高了指令的执行速率。这两条流水线与浮点单元能独立工作。每条流水线在一个时钟周期内发送一条常用指令。这样,两条流水线在一个时钟周期内可同时发送两条整数指令,或者在一个时钟周期内发送一条浮点指令,在某些情况下也可以发送两条浮点指令。

(2) 重新设计的浮点单元。Pentium 的浮点单元在 80486 的基础上作了重新设计,其执行过程分为 8 级流水,使每个时钟周期能完成一个浮点操作(或两个浮点操作)。采用快速算法可使诸如 ADD、MUL 和 LOAD 等运算的速率最少提高 3 倍,在许多应用程序中利用指令调度和重叠(流水线)执行可使性能提高 5 倍以上。同时,用电路进行固化,通过硬件来实现。

(3) 独立的指令 Cache 和数据 Cache。Pentium 片内有两个 8 KB 的 Cache——双路 Cache 结构,一个是数据 Cache,一个是指令 Cache。这两种 Cache 采用 32×8 线宽,是对 Pentium 64 位总线的有力支持。指令和数据分别使用不同的 Cache,使 Pentium 中数据和指令的存储减少了冲突,提高了性能。

Pentium 的数据 Cache 有两个接口，分别与 U 和 V 两条流水线相连，以便能在相同时刻向两个独立工作的流水线进行数据交换。当向已被占满的数据 Cache 写数据时，将移走一部分当前使用频率最低的数据，并同时将其写回内存，这种技术称为 Cache 回写技术。由于 CPU 向 Cache 写数据和将 Cache 释放的数据写回内存是同时进行的，所以，采用 Cache 回写技术将节省处理时间。

(4) 分支预测。Pentium 提供了一个称为分支目标缓冲器 BTB(Branch Target Buffer)的小 Cache 来动态地预测程序的分支操作。当某条指令导致程序分支时，BTB 记下该条指令和分支目标地址，并用这些信息预测该条指令再次产生分支时的路径，预先从该处预取，保证流水线的指令预取步骤不会空置。这一机构的设置，可以减少每次循环操作时，对循环条件的判断所占用的 CPU 的时间。

2.4.2　Pentium Ⅱ 微处理器

1997 年 5 月 Intel 公司推出了 Pentium Ⅱ 或奔腾Ⅱ，简称 PⅡ。它采用 0.35 μm 工艺，内部集成了 750 万个晶体管，2.8 V 供电，片内两级 Cache。主频有 266 MHz 和 300 MHz，外频(总线频率)为 66 MHz。片内一级缓存为 32 KB(16 KB 指令 Cache 和 16 KB 数据 Cache)，速度与处理器主频同步。片内二级缓存由 Pentium Pro 的 256 KB 增加到 512 KB，其工作频率为处理器主频的一半。1998 年 Intel 又发布了采用 0.25 μm 工艺的主频为 350 MHz 和 400 MHz 的第二代 Pentium Ⅱ，外频从 66 MHz 增加到 100 MHz。1998 年 7 月 Intel 又推出了性能更好的 Pentium Ⅱ Xeon(至强)，它采用 Slot2 封装，在多处理器的支持上，由原来支持两个 Pentium Ⅱ 处理器，增加到可支持 4 个以上的处理器。片内二级缓存由 512 KB 增加到 1 MB，并以处理器核心速度工作。后来又推出了 2 MB 的二级缓存，主频为 450 MHz 的至强处理器。

Pentium Ⅱ 是 Pentium Pro 的改进型产品。PⅡ 把多媒体增强技术(MMX 技术)融入高性能的奔腾处理器之中，使 PⅡ 芯片既保持了原有"高能奔腾"的强大功能，又增强了 PC 在三维图形、图像和多媒体方面的可视化计算功能和交互功能。从系统结构角度看，PⅡ 芯片采用了如下几种先进技术，使它在整数运算、浮点运算和多媒体信息处理等方面具有十分优异的功能。Pentium Ⅱ 具有以下主要特点。

(1) 多媒体增强技术。在 PⅡ 中采用了一系列多媒体增强技术：① 单指令、多数据流 SIMD(Single Instruction Multiple Data)技术，使一条指令能完成多重数据的工作，允许芯片减少在视频、声音、图像和动画中计算密集的循环；② 针对多媒体操作中经常出现的大量并行、重复运算，新增加了 57 条功能强大的指令，以更有效地操作，处理声音、图像和视频数据。强大的 MMX 技术指令集充分利用了动态执行技术，在多媒体和通信应用中发挥了卓越的功能。

(2) 动态执行的随机推测技术。为了帮助 CPU 更有效地处理多重数据，提升软件的速率，PⅡ 采用了三种创新处理技巧结合的动态执行技术。这三种技巧是：① 多分支跳转预测：使用一种多分支跳转预测的算法，当处理器读取指令时，也同时查看那些以前的指令，该技术增加了传送到处理器的数据流，能对数据流向事先作出考虑。② 数据流分析：按一种最佳的顺序执行，使用数据流分析，处理查看被译码的指令，决定是否符合处理条件或它们取决于其他指令。然后处理器决定最佳的处理顺序，以最有效的方法执行指令。③ 推测执行：通过预先查找程序计数器和执行那些可能会运行的指令，来增加被执行指令的数量。当处理器同时执行 5 条指令时，便要用到"推测执行"，这使得 PⅡ CPU 的超计算能力得到充分发挥，以最大限度地提高指令的并行程度，从而提高软件的性能。动态执行技术允许 CPU 预测指令的顺序，并排序。

（3）双重独立总线结构 DIB(Dual Independent Bus)。采用了上述两种技术后，PⅡ 处理器具有很高的处理能力，但要发挥这一高性能还要求有高速的吞吐能力。在传统的 CPU 数据总线中，CPU 通过一条数据总线同主存、二级 Cache 以及 PCI 相连。这里会出现两个问题：一是二级 Cache 受到处理器外部总线速率的限制；二是在任一时刻系统总线只允许一个访问使用。PⅡ 处理器采用了双重独立总线结构，这是由两条总线组成的双重独立总线体系结构，一条是二级 Cache 总线，另一条是处理器至主存储器的系统总线，PⅡ 处理器可以同时使用这两条总线，使 PⅡ 处理器的数据吞吐能力是单一总线结构处理器的 2 倍。同时，这种双重总线结构使 PⅡ 处理器的二级 Cache 的运行达到奔腾处理器二级 Cache 的 2 倍多。随着 PⅡ 处理器主频不断提高，二级 Cache 的速率也会随之升高。另外，流水线系统总线实现了同时并行事务处理，以取代单一顺序事务处理，加速了系统的信息流，使总体性能得到提升。

此外，PⅡ 处理器还采用了新的封装技术——单边接触 SEC(Single Edse Contact)插盒。SEC 插盒技术是先将芯片固定在基板上，然后用塑料和金属将其完全封装起来，形成一个 SEC 插盒封装的处理器，插盒内的基板上固定的芯片包括 Pentium Ⅱ处理器核心，以及二级静态突发高速缓存 RAM。这一 SEC 插盒通过 Slot 1 插槽同主板相连，为 PC 系统带来了高性能——动态执行功能和双重独立总线结构。

2.4.3　Pentium Ⅲ微处理器

1999 年 2 月，Intel 推出了 Pentium Ⅲ 微处理器，简称 PⅢ。内部核心部分集成了 950 万个晶体管，采用 0.25 μm 工艺，封装仍为 SEC 插盒技术。第一批采用了 Katmai 核心，外频 100 MHz，主频有 450/500 MHz 两种。这个核心最大的特点是在 MMX 的基础上新增了名为 SSE 的多媒体指令集(SSE 指令——专门用于改善 3D 图形表现、3D 声效、语音识别以及 Internet 软件运行)，从而进一步提高浮点运算速度以及视频和图片处理质量)

由于第一代 PⅢ 比 PⅡ 的性能改善不是特别大，1999 年 10 月，Intel 又推出以 Coppermine 为核心的 PⅢ 处理器，这一代 PⅢ 的性能提高非常大，不仅体现在主频的提高上，同时外频也提高到了 133 MHz。其后又推出了以 Tualatin 为核心的第三代 PⅢ，大幅提升了 CPU 的性能，CPU 的主频从 1 GHz 开始，一直提高到 1.4 GHz。

2000 年，Intel 推出了 Coppermine128 核心的赛扬处理器，俗称赛扬Ⅱ。它具有很好的超频性能，在市场上深受欢迎。2001 年 Intel 发布了赛扬第三代处理器，以 Tualatin 为核心，外频为 100 MHz、133 MHz 两种，主频有 1.0 GHz、1.1 GHz、1.2 GHz、1.3 GHz 等。

2.4.4　Pentium Ⅳ微处理器

2000 年 11 月，Intel 推出了核心为 Willamette 的 Pentium Ⅳ处理器，采用了 Socket 423

插座，集成了 256 KB 的二级缓存，支持更为强大的 SSE2 指令集，支持 400 MHz 前端总线(100 MHz X4)，起步频率为 1.3 GHz。随后 Intel 陆续推出 1.4～2.0 GHz 的 Willamette Pentium Ⅳ处理器，而后期的 Pentium Ⅳ处理器均转到了针脚更多的 Socket478 结构。

2002 年 Intel 推出了第二个 Pentium Ⅳ核心，代号为 Northwood，支持 400/533 MHz 的前端总线，Socket478 接口，同样支持多媒体指令集 SSE2，Northwood Pentium Ⅳ性能得到很大的提高。

在 Intel 正式发布 533 MHz 前端总线的 Pentium Ⅳ处理器不久，便发布了 Pentium Ⅳ赛扬处理器。PⅣ赛扬的频率从 1.7 GHz 起步，初期的产品沿用了原来的 Pentium Ⅳ Willamette 核心，前端总线只有 400 MHz，而后期的产品都采用了 533 MHz 前端总线的 Northwood 核心。2004 年 2 月 Intel 推出了 Pentium Ⅳ家族的第三代产品——代号为 Prescott 核心的 Pentium Ⅳ。

Pentium Ⅳ包括了一系列增强的功能。

(1) 超级管道技术(Hyper Pipeline-Technology)。分支预测和防御管线在 Pentium Ⅳ中是 20 个进程的深度，它是 Pentium Ⅲ 的 2 倍，并且还对每一个管线的复杂进程进行简化，它使 Pentium Ⅳ达到 1.3 GHz 的时钟频率，而且为将来主频的提高预留了充足的提升空间。

(2) 新型快速执行引擎(Rapid Execution-Engine)。Pentium Ⅳ在执行常用指令时的速度将是运行其他指令速度的 2 倍，这样可以获得更好的性能。

(3) 超大通路设计。更加宽大的通路使处理器内部指令能够以更快的速度进行排列和执行，从而使整机获得更高的性能。

(4) 数据流 SIMD 扩展指令集 2(SSE2)。Pentium Ⅳ具有一组 144 条新的指令，并兼容以前 Pentium Ⅲ处理器的数据流(SIMD)扩展指令的大量软件。这些新指令提高了视频和加密的处理性能，而且支持下一代互联网计算应用。

(5) 超高速的系统总线。第一代采用 Willamette 核心的产品采用 400 MHz 的系统总线，比采用 133 MHz 系统总线的 Pentium Ⅲ 的传输率提高了 3 倍，获得了更丰富的音频，视频和 3D 应用效果。第二代采用 Northwood 核心的产品将系统总线的频率提升到 533 MHz，最大可以产生惊人的 4.2 Gb/s 的带宽。

2.4.5　Itanium(安腾)微处理器

在推出 Pentium Ⅳ 的同时，Intel 公司已经为市场准备了 64 位的新一代微处理器，Itanium 是 64 位 CPU 系列中的创新产品，它使用了完全并行指令计算 EPIC(Explicitly Parallel Instruction Computing)指令组和内部结构，其应用目标是高端服务器和工作站。

Itanium 采用了最先进的 CPU 设计，具有前所未有的并行处理机制，因此实现了众多的新功能。其主要特点包括：64 位的寻址空间、EPIC 结构、大规模的并行内核、很强的预测能力、可更迭的寄存器组、大容量的高速缓存、灵活的系统配置、高速的总线结构和充足的命令执行单元等。

Itanium 具有充裕的寄存器组，它共有 128 个浮点寄存器和 128 个整数寄存器，即使在每个时钟周期完成 20 个操作的忙碌情况下，也不会出现 CPU 内部寄存器不够用的情况，在 Itanium 浮点能力超群的情况下，大大减少了等待的可能性，提高了执行效率。为了同时运行多个不同的软件，Itanium 的寄存器组还能够进行更迭操作，这大大有利于同时处理多个数据流，特别适合服务器应用。

本 章 小 结

　　本章从典型微处理器出发，介绍了微处理器的基本组成、基本部件以及工作原理。通过本章的学习，读者应掌握典型微处理器的内部结构；熟悉各个功能部件的基本功能及工作过程；掌握总线接口单元和执行单元的基本组成和工作过程；熟悉 80X86 微处理器的内部结构；了解 Pentium 系列微处理器的主要特性。

思考与练习题

　　1. 简述微处理器的一般组成。
　　2. 8086/8088 微处理器为什么要分为 EU 和 BIU 两个部分？每个部分由哪几个基本部件组成？
　　3. 在指令执行期间，EU 能直接访问存储器吗？为什么？
　　4. 为什么要设置段寄存器？8086/8088 有几个段寄存器？
　　5. 什么是逻辑地址？什么是物理地址？它们之间有什么关系？
　　6. 简述 80286 的基本寄存器的功能。
　　7. 简述 80386 微处理器的基本组成。
　　8. 比较 80286、80386、80486 和 Pentium 微处理器的基本特性。
　　9. 在 80486 微处理器的通用寄存器中，哪些可以进行 32 位、16 位和 8 位的运算？
　　10. 说明 80386、80486 和 Pentium 控制寄存器的作用。
　　11. Pentium 微处理器内部结构有哪些主要特点？

第3章　指令系统与汇编语言

本章介绍 80X86/Pentium 的指令格式和寻址方式及其指令系统，使读者了解各类指令的功能，学会阅读程序和编写简单程序。

本章要点：

- 指令格式
- 寻址方式
- 8086/8088 指令系统
- 汇编语言程序设计

3.1　80X86/ Pentium 指令格式和寻址方式

3.1.1　指令格式

每台计算机都有一套反映该计算机全部功能的指令，它构成了该计算机的指令系统。通常指令以二进制编码的形式存放在存储器中，用二进制编码形式表示的指令称为机器指令。CPU 可以直接识别机器指令。对于使用者来说，机器指令记忆、阅读比较困难，为此将每一条指令都用统一规定的符号和格式来表示。在计算机中，符号指令与机器指令具有一一对应的关系。每条符号指令都由操作码和操作数两部分组成，操作码表示计算机执行某种指令功能，操作数表示操作中所需要的数据或者所需数据与输出数据的存放位置(又称地址码)。

80X86/Pentium 系列 CPU 采用变字节指令格式，由 1～16 个字节组成一条指令，指令的一般格式如图 3-1 所示。

字段1	字段2	字段3	字段4	字段5	字段6
Prefix	OP code	mod r/m	s-i-b	disp	data
1～4 字节	1～2 字节	1字节	1字节	0,1,2,4 字节	0,1,2,4 字节

图 3-1　指令格式

一条指令的 6 个字段中，字段 1 是附加字段，字段 2～字段 6 是基本字段。各字段的含义如下：

(1) 操作码字段(OP code)。操作码字段规定指令的操作类型，说明指令所要完成的操作。同时还指出操作数类型、操作数传送方向、寄存器编码或符号扩展等。

(2) 寻址方式字段(mod r/m 和 s-i-b)。寻址方式字段规定寄存器/存储器操作数的寻址方式。mod r/m 为主寻址字节，它规定操作数存放的位置(r/m)以及存储器操作数有效地址(EA)的计算方法。s-i-b 为比例—变址—基址寻址字节。一般所有访问存储器的指令中都有主寻址字节，是否需要比例—变址—基址字节由主寻址字节的编码决定。

(3) 位移量字段(disp)。位移量是存储器操作数段内偏移地址的一部分。disp 字段指出位移量的大小，其长度为 0，1，2 或 4 个字节。

(4) 立即数字段 data。立即数字段指明立即操作数的大小，其长度也是 0，1，2 或 4 个字节。8 位立即数与 16 位或 32 位操作数一起使用时，CPU 自动将它扩展为符号相同的 16 位或 32 位数。也可以将 16 位扩展为 32 位。

(5) 前缀字段(Prefix)。前缀字段用于修改指令操作的某些性质。常用前缀有 5 种：

① 段超越前缀：将前缀中指明的段寄存器取代指令中默认的段寄存器。

② 操作数宽度前缀：改变当前操作数宽度的默认值。

③ 地址宽度前缀：改变当前地址宽度的默认值。

④ 重复前缀：重复串的基本操作，以提高 CPU 处理串数据的速度。

⑤ 总线锁存前缀：产生锁存信号，以防止其他总线主控设备中断 CPU 在总线上的传输操作。

每个前缀的编码为一个字节。在一条指令前可同时使用多个指令前缀，不同前缀的前后顺序无关紧要。

3.1.2　寻址方式

寻址方式是寻找操作数或操作数地址的方式。根据寻址方式，可以方便地访问各类操作数。

80X86/Pentium 指令中的操作数有三种可能的存放位置：

(1) 操作数在指令中，即指令的操作数部分就是操作数本身。

(2) 操作数包含在 CPU 的某个内部寄存器中。这时指令的操作数部分是 CPU 内部寄存器的一个编码。

(3) 操作数在内存的数据区中。这时指令的操作数部分包含此操作数所在的内存地址。

80X86/Pentium 系列 CPU 中，任何内存单元的实际地址都由两部分组成：段基地址和段内偏移地址。例如，内存中某一单元的逻辑地址用 ES：TABLE 来表示。其中，ES 是段基地址；TABLE 为段内偏移地址。段内偏移地址有 16 位或 32 位的。段基地址和段内偏移地址相加形成线性地址。选用页功能时，线性地址由管理部件换算为 32 位物理地址；不用页功能时，线性地址就是物理地址。存储器寻址时，指令的操作数部分给出的地址是段内偏移地址。为了适应处理各种数据结构的需要，段内偏移量由几个基本部分组合而成，所以也称为有效地址(EA)。

组成有效地址的基本部分包括：基址寄存器内容、变址寄存器内容、位移量、比例因子等。其中，基址、变址寄存器中通常为某局部存储区的起点；位移量是指令中的 disp 字段；比例因子是 32 位寻址方式中特有的一种地址分量。有效地址 EA 的计算公式如下：

$$EA = [基址寄存器] + ([变址寄存器] \times 比例因子) + 位移量$$

对于基址、变址寄存器和比例因子、位移量的取值规定有所不同。表 3-1 给出了这两种寻址方式的 4 个分量的规定，由此可组合出多种存储器寻址方式。

表 3-1　16 位寻址和 32 位寻址方式的 4 个分量

有效地址分量	16 位寻址方式	32 位寻址方式
基址寄存器	BX，BP	任何 32 位通用寄存器
变址寄存器	SI，DI	除 ESP 以外的任何 32 位通用寄存器
比例因子	1	1，2，4，8
位移量	0，8，16	0，8，32

8086/8088 提供了 8 种寻址方式，它们是立即寻址方式、寄存器寻址方式、直接寻址方式、寄存器间接寻址方式、变址寻址方式、基址寻址方式、基址加变址寻址方式和带有位移量的基址加变址寻址方式。80X86/Pentium 有 11 种寻址方式。与 8086/8088 相比增加的三种寻址方式是比例变址寻址方式、基址加比例变址寻址方式和带位移量的基址加比例变址寻址方式。

1. 立即寻址方式

立即寻址方式下，操作数作为立即数包含在指令的操作码之后，与操作码一起存放在代码段区域。立即数总是和操作码一起被取入 CPU 的指令队列，在指令执行时，不再需要访问存储器。

立即数可以是 8 位、16 位或 32 位操作数。若是 16 位的，低位字节放在相邻两个字节存储单元的低地址单元中，若是 32 位的，则低位字存放在相邻两个字存储单元的低地址单元中。

立即数可以用二进制数，八进制数，十进制数以及十六进制数来表示。

2. 寄存器寻址方式

寄存器寻址方式下，操作数存在指令规定的 8 位、16 位或 32 位寄存器中。寄存器可用来存放源操作数，也可用来存放目的操作数。寄存器寻址方式是 CPU 内部的操作，不需要使用访问总线周期，因此指令的执行速度比较快。

以上两种寻址方式中，操作数是从指令或寄存器中获得的。而在实际的程序运行中，大多数操作数需从内存中获得，对于内存的寻址方式有多种，不管哪一种寻址方式，最终都将得到存放操作数的物理地址。指令的操作数部分是此操作数的有效地址。

3. 直接寻址方式

直接寻址方式是存储器直接寻址方式的简称，是一种针对内存的寻址方式。这种寻址方式下，指令代码中给出操作数的偏移地址，即有效地址。它是一个 16 位或 32 位的位移量数据，与操作码一起放在代码段中。默认方式下，操作数存放在数据段(DS)，如果要对除 DS 段之外的其他段(CS、ES、SS、FS、GS)中的数据寻址，应在指令中增加前缀指出段寄存器名，这就是段超越。在实地址方式下，对内存进行寻址时，需计算物理地址。

物理地址的计算公式为

$$物理地址 = 16D \times 段地址(DS) + 偏移地址(EA)$$

不同的段地址存放在不同段的段寄存器中，如：数据段的段地址存放在数据段寄存器 DS 中。有些机器允许将数据存放在非数据段中，这时需要在指令中使用段超越前缀标识出相应的段寄存器。在直接寻址方式的指令中，直接给出了有效地址，那么操作数的物理地址就是 $16D \times (DS) + EA$。

直接寻址的指令如：

    MOV AX, [1000H]

当(DS) = 2000H 时，根据物理地址计算公式，物理地址 = $16D \times 2000H + 1000H = 21000H$。

指令的执行结果是：(AX) = (21000H)，即内存 21000H 单元的内容传送到寄存器 AX 中。指令的执行情况如图 3-2 所示。

下面的指令表示在附加段获得操作数。如：

    MOV AX, ES:[1000H]

指令对应的物理地址计算公式为 $16D \times (ES) + 1000H$。

在汇编语言中，可以用符号地址代替数值地址来表示有效地址。如：

    MOV AX, [VALUE]

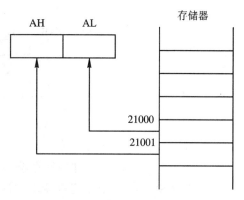

图 3-2 直接寻址示意图

其中，VALUE 为存放操作数单元的有效地址，符号地址的方括号[ ]可以省略。

4. 寄存器间接寻址方式

寄存器间接寻址方式也是对内存的寻址方式之一，操作数的有效地址在指定的寄存器中，即 EA = [寄存器]。在 16 位寻址和 32 位寻址方式中，寄存器的使用规定有所不同。

16 位寻址时，EA 放在基址寄存器 BX、BP 或变址寄存器 SI、DI 中，所以该方式下的操作数的物理地址计算公式有以下几个：

$$物理地址 = 16D \times (DS) + (BX)$$
$$物理地址 = 16D \times (DS) + (DI)$$
$$物理地址 = 16D \times (DS) + (SI)$$
$$物理地址 = 16D \times (SS) + (BP)$$

前三个式子表示操作数在数据段；最后一个式子表示操作数在堆栈段。例如：

    MOV AX, [BX]

当(DS) = 1000H，(BX) = 2000H 时，物理地址为 $16D \times 1000H + 2000H = 12000H$，指令的执行结果是将内存 12000H 单元的内容传送到寄存器 AX 中。指令的执行情况如图 3-3 所示。类似于直接寻址方式，在该方式下，指令中指定的寄存器为 BX，SI，DI 时，操作数存放在数据段中，因此段地址是寄存器 DS 的内容。若指令中指定的寄存器为 BP，则操作数存放在堆栈段中，段地址是寄存器 SS 的内容。若指令中指定了超越前缀，则可以从指定的段中获得操作数。如：

    ADD AX，ES:(SI)

$$物理地址 = 16D \times (ES) + (SI)$$

利用寄存器间接寻址方式可以非常方便地通过改变寄存器的内容来改变内存地址，比起直接寻址方式使用时更为灵活。

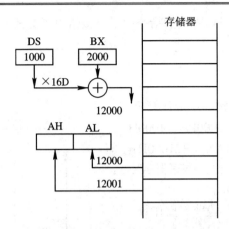

图 3-3　寄存器间接寻址示意图

32 位寻址时，8 个 32 位通用寄存器均可用来寄存器间接寻址。这时，EBP、ESP 的默认段寄存器为 SS，其余 6 个寄存器均默认段寄存器为 DS。同样可以采用加段超越前缀的方法对其他段进行寻址。

直接寻址中，有效地址在指令中，它是一个常量。寄存器间接寻址中，有效地址在寄存器中，寄存器的内容由它之前的指令确定，因而是一个变量。

5. 变址寻址方式

变址寻址方式中，操作数的有效地址是变址寄存器(SI 或 DI)的内容与指令中指定的位移量的和。即：有效地址(EA) = [变址寄存器] + 位移量。

16 位寻址时，SI 和 DI 作为变址寄存器。这时，物理地址计算公式为

$$物理地址 = 16D \times (DS) + (SI) + 8 位(16 位)位移量$$

或

$$物理地址 = 16D \times (DS) + (DI) + 8 位(16 位)位移量$$

例如，对于指令 MOV AX, 100H(SI)，当(DS) = 2000H，(SI) = 1000H 时，物理地址为

$$16D \times (DS) + (SI) + 位移量 = 20000H + 1000H + 100H = 21100H$$

执行指令的结果是将内存 21100H 单元和 21101H 单元的内容传送到寄存器 AX 中。变址寻址方式有效地址的计算中，位移量可为正数，也可为负数，同样可以使用段超越前缀标识段寄存器的使用情况。

32 位寻址时，除 ESP 外的任何 32 位通用寄存器均可作变址寄存器。其中，EBP 以 SS 为默认段寄存器，其余寄存器以 DS 为默认段寄存器。

6. 基址寻址方式

基址寻址方式中，操作数的有效地址是基址寄存器的内容与指令中指定的位移量的和。

16 位寻址时，BP 和 BX 作为基址寄存器。在缺省段超越前缀时，BX 以 DS 作为默认段寄存器，BP 以 SS 作为默认段寄存器，位移量可以是 8 位或 16 位的。该方式下物理地址计算公式为

$$物理地址 = 16D \times (DS) + (BX) + 8 位(或 16 位)位移量$$

或

$$物理地址 = 16D \times (SS) + (BP) + 8 位(或 16 位)位移量$$

32 位寻址时，8 个 32 位通用寄存器均可作为基址寄存器。其中 EBP、ESP 以 SS 为默认段寄存器，其余 6 个寄存器以 DS 作为默认段寄存器。位移量是 8 位或 32 位数。

7. 基址加变址寻址方式

基址加变址寻址方式中，有效地址(EA) = 基址寄存器 + 变址寄存器。即两个寄存器的内容之和为操作数的有效地址。它有 16 位和 32 位两种寻址方式。每种情况下，基址寄存器、变址寄存器的使用规定以及段寄存器的默认规定与基址寻址方式相同。在寻址方式中，基址寄存器和变址寄存器的默认段寄存器不同时，一般由基址寄存器来决定默认用哪一个段寄存器作为段基址指针。若在指令中规定了段超越，则可以用其他寄存器作为段基地址。

基址加变址寻址方式的物理地址计算公式为

$$物理地址 = 16D \times (DS) + (BX) + (SI)$$

或

$$物理地址 = 16D \times (SS) + (BP) + (DI)$$

例如，对于指令 MOV AX, [BX][SI]或 MOV AX, [BX+SI]，若(DS) = 1200H，(BX) = 100H，(SI) = 50H，则操作数地址为

$$16D \times (DS) + (BX) + (SI) = 16D \times 1200H + 100H + 50H = 12150H$$

指令的执行结果是将内存 12150H 单元的内容传送到寄存器 AX 中。指令的执行情况如图 3-4 所示。

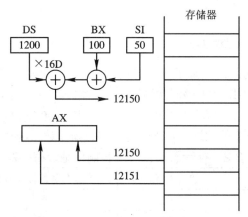

图 3-4　基址变址寻址示意图

基址变址寻址方式中可以使用段超越前缀，标识操作数所在的段。例如，对于指令 MOV AX，ES:[BX+DI]，其物理地址 = $16D \times (ES) + (BX) + (DI)$。

8. 带有位移量的基址加变址寻址方式

在带位移量的基址加变址寻址方式中，操作数的有效地址是基址寄存器和变址寄存器以及 8 位(或 16 位)的位移量之和。即 EA = [基址寄存器] + [变址寄存器] + 位移量。它有 16 位和 32 位两种寻址方式。

每种寻址方式下，基址寄存器、变址寄存器的使用规定和段寄存器的默认规定与基址加变址寻址方式相同。若基址寄存器是 BX，则使用 DS 为段寄存器；若基址寄存器是 BP，则使用 SS 为段寄存器。相应地，物理地址计算公式为

$$物理地址 = 16D \times (DS) + (BX) + (DI) + 8 位(或 16 位)位移量$$

或

$$物理地址 = 16D \times (SS) + (BP) + (SI) + 8 位(或 16 位)位移量$$

例如，对于指令 MOV AX, 100[BX+DI]或 MOV AX, [BX+DI+100H]，若(DS)=2000H，(BX)=1000H，(DI)=100H，则物理地址为

$$物理地址 = 16D \times 2000H + 1000H + 100H + 100H = 21200H$$

指令的执行结果是将内存单元 21200H 和 21201H 的内容传送到寄存器 AX 中。

除了上面介绍的 8 种方式外，以下三种寻址方式适合于 32 位寻址的情况，它们是 32 位特有的寻址方式。

9. 比例变址寻址方式

比例变址寻址方式的有效地址(EA) = [变址寄存器] × 比例因子 + 位移量。这里，乘比例因子的操作在 CPU 内部由硬件完成。

10. 基址加比例变址寻址方式

基址加比例变址寻址方式的有效地址(EA) = [基址寄存器] + [变址寄存器] × 比例因子。

11. 带位移量的基址加比例变址寻址方式

带位移量的基址加比例变址寻址方式的有效地址(EA) = [基址寄存器] + [变址寄存器] × 比例因子 + 位移量。在寻址过程中，变址寄存器内容乘以比例因子的操作在 CPU 内部由硬件完成。

3.1.3　存储器寻址时的段约定

进行存储器操作数访问时，除了要计算偏移地址外，还必须确定段寄存器，即操作数所在的段。一般情况下，指令中不特别指出段寄存器。因为 80X86/Pentium 中，对于各种不同操作类型的存储器寻址的段寄存器有一个基本默认约定。只要在指令中不特别说明要超越这个约定，则一般情况下就按这个基本约定来寻找操作数。这些基本约定如表 3-2 所示。

表 3-2　存储器操作时段和偏移地址寄存器的约定

存储器操作类型	默认段寄存器	允许超越的段寄存器	偏移地址寄存器
取指令代码	CS	无	(E)IP
堆栈操作	SS	无	(E)SP
源串数据访问	DS	CS、ES、SS、FS、GS	(E)SI
目的串数据访问	ES	无	(E)DI
通用数据访问	DS	CS、ES、SS、FS、GS	偏移地址
以(E)BP、(E)SP 间接寻址的指令	SS	CS、ES、SS、FS、GS	偏移地址

表 3-2 中，除了程序只能在代码段、堆栈操作数只能在堆栈段、目的串操作数只能在附加数据段外，其他操作数虽然有默认段，但都是允许超越的。

3.2　8086/8088 指令系统

8086/8088 指令系统是 80X86/Pentium 的基本指令集。指令的操作数是 8 位或 16 位操作数，偏移地址是 16 位地址。按功能将指令分成 6 类，即数据传送类、算术运算类、逻辑运算与移位类、串操作类、控制转移类和处理器控制类。

为便于理解指令的形式和功能，对指令中操作数符号的约定如下：

OPRD：操作数。

OPRD1，OPRD2：多操作数指令中，OPRD1 为目标操作数，OPRD2 为源操作数。

reg：8 位或 16 位的通用寄存器。

sreg：段寄存器。

reg8：8 位通用寄存器。

reg16：16 位通用寄存器。

mem：8 位或 16 位存储器。

mem8：8 位存储器。

mem16：16 位存储器。

imm：8 位或 16 位立即数。

imm8：8 位立即数。

imm16：16 位立即数。

3.2.1 数据传送类指令

数据传送类指令是计算机中最基本、最常用、最重要的一类操作。它用来在寄存器与存储单元、寄存器与寄存器、累加器与 I/O 端口之间传送数据、地址等信息，也可以将立即数传送到寄存器或存储单元中。为此，指令中必须指明数据起始存放的源地址和数据传送的目标地址。

数据传送类指令共有 14 条，分成 4 组，如表 3-3 所示。其中，除了 SAHF、POPF 指令外，其他指令执行后对标志位没有影响。

表 3-3　数据传送类指令

指令类型	指令功能	指令格式	
通用数据传送	字节或字传送	MOV	目标，源
	字压入堆栈	PUSH	源
	字弹出堆栈	POP	目标
	字节或字交换	XCHG	目标，源
	字节翻译	XLAT	
地址传送	装入有效地址	LEA	目标，源
	装入 DS 寄存器	LDS	目标，源
	装入 ES 寄存器	LES	目标，源
标志位传送	将 FR 低字节装入 AH 寄存器	LAHF	
	将 AH 内容装入 FR 低字节	SAHF	
	将 FR 内容压入堆栈	PUSHF	
	从堆栈中弹出 FR 内容	POPF	
I/O 数据传送	输入字节或字	IN	累加器，端口
	输出字节或字	OUT	端口，累加器

1. 通用数据传送指令

(1) 传送指令 MOV。

指令格式：MOV OPRD1，OPRD2

指令功能：将源操作数传送给目标操作数，即 OPRD2→OPRD1。OPRD1 和 OPRD2 可以是字节或字，但是必须等长。

指令形式：

MOV reg/sreg, reg	; reg/sreg←reg
MOV reg, sreg	; reg←sreg
MOV reg/sreg, mem	; reg/sreg←mem
MOV mem, reg/sreg	; mem←reg/sreg
MOV reg, imm	; reg←imm
MOV mem, imm	; mem←imm

源操作数可以是通用寄存器、段寄存器、存储器以及立即操作数；目标操作数可以是通用寄存器、段寄存器(CS 除外)或存储器。各种数据传送关系如图 3-5 所示。

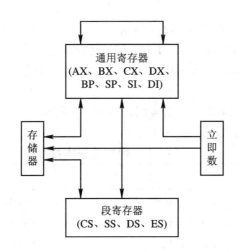

图 3-5　数据传送关系示意图

使用 MOV 指令进行数据传送时应注意：段寄存器 CS 及立即数不能作为目标操作数；两个存储单元之间不允许直接传送数据；立即数不能直接传送到段寄存器；两个段寄存器之间不能直接传送数据。

(2) 堆栈操作指令 PUSH/POP。

堆栈是按照后进先出原则组织的一段内存数据区域。80X86/Pentium 规定堆栈设置在堆栈段 SS 内。堆栈的栈底是固定不变的，这块存储器只有一个出入口，称之为栈顶，栈指针 SP 始终指向堆栈的栈顶。随着 PUSH 和 POP 指令的执行，栈顶的位置将发生变化，进栈栈顶向低地址方向扩展，退栈栈顶向高地址(栈底)方向扩展，即 SP 的内容被修改，并始终指向的是栈顶。在子程序调用或中断时，堆栈用于保护当前的断点地址和现场数据，以便子程序执行完毕，正确返回到主程序。断点地址的保存由子程序调用指令或中断响应来完成，现场数据保存可通过堆栈操作指令来实现。

指令格式：PUSH　OPRD

　　　　　　POP　　OPRD

　　指令功能：进栈指令 PUSH 使 SP−2→SP，然后将 16 位的源操作数压入堆栈，先高位后低位，其源操作数可以是通用寄存器、段寄存器和存储器；POP 退栈指令的执行过程与 PUSH 相反，它从当前栈顶弹出 16 位操作数到目标操作数，同时 SP+2→SP，使 SP 指向新的栈顶，其目标操作数可以是通用寄存器、段寄存器(CS 除外)或存储器。

　　进栈和退栈的操作数要求以字为单位。PUSH 和 POP 指令不影响标志位。

　　指令形式：

PUSH	reg16	; SP=SP−2, [SP]←reg16
POP	reg16	; reg16←[SP], SP=SP+2
PUSH	sreg	; SP=SP−2, [SP]←sreg16
POP	sreg16	; sreg16←[SP], SP=SP+2
PUSH	mem16	; SP=SP−2, [SP]←mem16
POP	mem16	; mem16←[SP], SP=SP+2

　　(3) 交换指令 XCHG。

　　指令格式：　XCHG　OPRD1，OPRD2

　　指令功能：将一个字节或一个字的源操作数与目标操作数进行交换。

　　指令形式：

XCHG reg, reg	; reg ←→reg
XCHG mem, reg	; mem ←→reg
XCHG reg, mem	; reg ←→mem

　　XCHG 可实现寄存器之间或寄存器与存储器之间的信息交换。但是，不能在两个存储单元之间直接交换数据；段寄存器和立即数不能作为操作数。

　　(4) 查表转换指令 XLAT。

　　指令格式：XLAT

　　　　　　　XLAT OPRD　　; AL←[BX+AL]

　　指令功能：完成一个字节的查表转换，它将数据段中偏移地址为 BX 与 AL 寄存器之和的存储单元的内容送入 AL 寄存器。

　　使用该指令时，应首先在数据段中建立一个长度小于 256 个字节的表格，表的首地址置于 BX 中，AL 中存放查找对象在表中的下标。指令执行后，所查找的对象存于 AL 中，BX 内容保持不变。

2. 地址传送指令

　　(1) 有效地址传送指令 LEA。

　　指令格式：LEA OPRD1，OPRD2

　　指令功能：将源操作数的有效地址送到目的操作数。

　　指令形式：

LEA reg16, mem	; reg16←Addr(mem)

　　(2) 地址指针传送指令 LDS/LES。

指令格式：LDS OPRD1，OPRD2

　　　　　　LES OPRD1，OPRD2

指令功能：这两条指令的功能类似，都是将源操作数偏移地址决定的双字单元中的第一个字的内容传送到指令指定的 16 位通用寄存器，第二个字的内容传送给段寄存器 DS 或 ES。

3. 标志位传送指令

标志位传送指令用于对标志寄存器(FR)的保护和更新操作。指令的操作数由隐含方式给出。

(1) 标志位读/写指令 LAHF/ SAHF。

指令格式：LAHF

　　　　　　SAHF

指令功能：LAHF 指令可将标志寄存器的低字节(含符号标志 SF、零标志 ZF、辅助进位标志 AF、奇偶标志 PF 和进位标志 CF)传送到 AH 寄存器中，这条指令不影响标志位；SAHF 指令的功能与 LAHF 相反，将寄存器 AH 的内容传送到标志寄存器的低字节中。

(2) 标志进栈/出栈指令 PUSHF/ POPF。

指令格式：PUSHF

　　　　　　POPF

指令功能：PUSHF 指令把标志寄存器的内容压入堆栈，同时堆栈指针 SP←SP−2；POPF 指令将堆栈指针 SP 所指的一个字传送到标志寄存器中，同时堆栈指针 SP←SP+2。

4. 输入/输出数据传送指令 IN/OUT

在计算机中，输入/输出操作是由 CPU 利用输入、输出指令并通过累加器 AL、AX 进行的。输入指令完成由输入端口到 CPU 的信息传送，输出指令完成从 CPU 到输出端口的信息传送。

指令格式：IN　　　OPRD1, OPRD2

　　　　　　OUT　　OPRD1, OPRD2

指令功能：在 AL 或 AX 寄存器与 I/O 端口之间传送数据。

指令形式：

```
IN      AL，imm8        ; AL←(imm8)
OUT     imm8, AL        ; (imm8)←AL
IN      AX，imm8        ; AX←(imm8+1)(imm8)
OUT     imm8, AX        ; (imm8+1)(imm8)←AX
IN      AL，DX          ; AL←(DX)
OUT     DX, AL          ; (DX)←AL
IN      AX，DX          ; AX←(DX+1)(DX)
OUT     DX, AX          ; (DX+1)(DX)←AX
```

3.2.2　算术运算类指令

算术运算类指令可完成加、减、乘、除运算以及在算术运算过程中进行进制及编码调整操作。在进行这些操作时，既可针对字节或字运算，也可对带符号数和无符号数进行运算。

算术运算类指令如表 3-4 所示。

表 3-4　算术运算类指令

类　别	指令名称	指令格式
加法	加法(字节/字)	ADD 目标，源
	带进位加法(字节/字)	ADC 目标，源
	加 1(字节/字)	INC 目标
减法	减法(字节/字)	SUB 目标，源
	带借位减法(字节/字)	SBB 目标，源
	减 1(字节/字)	DEC 目标
	求补(取负)	NEG 目标
	比较	CMP 目标，源
乘法	无符号数乘法	MUL 源
	带符号数乘法	IMUL 源
除法	无符号数除法	DIV 源
	带符号数除法	IDIV 源
	字节转换成字	CBW
	字转换成双字	CWD
十进制调整	加法的 ASCII 码调整(非压缩 BCD 数)	AAA
	加法的十进制调整(压缩 BCD 数)	DAA
	减法的 ASCII 码调整(非压缩 BCD 数)	AAS
	减法的十进制调整(压缩 BCD 数)	DAS
	乘法的 ASCII 码调整(非压缩 BCD 数)	AAM
	除法的 ASCII 码调整(非压缩 BCD 数)	AAD

1. 加法指令

(1) 加法指令 ADD。

指令格式：ADD OPRD1，OPRD2

指令功能：将源操作数与目的操作数相加，结果存放于目的操作数。即 OPRD1+OPRD2 →OPRD1。

指令形式：

```
    ADD  reg, reg          ; reg←reg+reg
    ADD  reg, mem          ; reg←reg+mem
    ADD  reg, imm          ; reg←reg+imm
    ADD  mem, reg          ; mem←mem+reg
    ADD  mem, imm          ; mem←mem+imm
```

要求源操作数和目的操作数同时为带符号的数或无符号数，且长度相等。

(2) 带进位加法指令 ADC。

指令格式：ADC OPRD1，OPRD2

指令功能：将源操作数与目的操作数以及进位标志位(CF)的值相加，并将结果存放于目的操作数。即 OPRD1+OPRD2+CF→OPRD1。

指令形式：

  ADC reg, reg   ; reg←reg+reg+CF

  ADC reg, mem   ; reg←reg+mem+CF

  ADC reg, imm   ; reg←reg+imm+CF

  ADC mem, reg   ; mem←mem+reg+CF

  ADC mem, imm   ; mem←mem+imm+CF

(3) 加 1 指令 INC。

指令格式：INC OPRD

指令功能：将指定操作数内容加 1。INC 指令不影响进位标志位(CF)。

指令形式：

  INC mem   ; mem←mem+1

  INC reg   ; reg←reg+1

2. 减法指令

减法指令有 SUB(减法)、SBB(带借位的减法)、DEC(减 1)、NEG(求补)和 CMP(比较)等指令。

(1) 减法指令 SUB。

指令格式：SUB OPRD1，OPRD2

指令功能：将目的操作数减去源操作数，结果存放于目的操作数。即 OPRD1−OPRD2→OPRD1。

指令形式：

  SUB reg, reg   ; reg←reg−reg

  SUB reg, mem   ; reg←reg−mem

  SUB reg, imm   ; reg←reg−imm

  SUB mem, reg   ; mem←mem−reg

  SUB mem, imm   ; mem←mem−imm

(2) 带借位减法指令 SBB。

指令格式：SBB OPRD1，OPRD2

指令功能：将目的操作数减去源操作数，再减去借位 CF 的值，结果存放于目的操作数。即 OPRD1−OPRD2−CF→OPRD1。

指令形式：

  SBB reg, reg   ; reg←reg−reg−CF

  SBB reg, mem   ; reg←reg−mem−CF

  SBB reg, imm   ; reg←reg−imm−CF

  SBB mem, reg   ; mem←mem−reg−CF

  SBB mem, imm   ; mem←mem−imm−CF

(3) 减 1 指令 DEC。

指令格式：DEC OPRD

指令功能：对指定操作数减 1。DEC 指令不影响进位标志。

指令形式：

    DEC mem   ; mem←mem−1

    DEC reg   ; reg←reg−1

(4) 求补指令 NEG。

指令格式：NEG　OPRD

指令功能：对指定操作数求补运算。在机器内部，对操作数的求补操作是对操作数进行求反后末位加 1。通过求补可使正数变为负数或使负数变为正数。这样使得一个正数减去一个正数的减法运算，转化为一个正数加上一个负数的加法运算。

指令形式：

    NEG mem   ; mem←0−mem

    NEG reg   ; reg←0−reg

(5) 比较指令 CMP。

指令格式：CMP OPRD1，OPRD2

指令功能：将目的操作数减去源操作数，结果不予保存，只是根据结果的状态设置条件标志位，设置状态标志位与 SUB 指令含义相同。

指令形式：

    CMP reg, reg   ; reg−reg

    CMP reg, mem   ; reg−mem

    CMP reg, imm   ; reg−imm

    CMP mem, reg   ; mem−reg

    CMP mem, imm   ; mem−imm

比较指令通常用于比较两个操作数的大小。由受影响的标志位状态来判断两个操作数比较的结果。

不论是无符号数比较还是有符号数比较，若在比较指令后，ZF = 1，则两者相等，否则不相等。若两者不相等，则可在比较两个数之后，利用其他标志位的状态来确定两者哪个大。

如果是两个无符号数比较，则可根据进位标志(CF)的状态来判断：

若 CF = 1，则 OPRD1 < OPRD2；若 CF = 0，则 OPRD1 > OPRD2。

如果是两个有符号数比较，则要根据 SF 和 OF 两个标志位的关系来判断：

若 SF ⊕ OF = 0，则 OPRD1 > OPRD2。SF ⊕ OF = 1，则 OPRD1 < OPRD2。

在程序中，比较指令常用于条件转移之前，条件转移指令根据 CMP 操作之后的状态标志决定程序转移或不转移。

3. 乘法指令

乘法指令包括无符号数乘法和带符号数乘法两种。

(1) 无符号数乘法指令 MUL。

指令格式：MUL OPRD

指令功能：完成两个无符号数的乘法运算。要求被乘数放在 AL 或 AX 累加器中，用于字节运算和字运算，另一乘数可通过指令中的 OPRD(除立即数方式以外的寻址方式)获得。

指令形式：

    MUL reg   ; AX←AL × reg8 或 DX, AX←AX × reg16

    MUL mem   ; AX←AL × mem8 或 DX, AX←AX × mem16

进行乘法运算时，乘积的字节数往往会超过乘数或被乘数的字节数，指令对于结果的存放规定如下：进行字节运算时，两个 8 位的数相乘得 16 位乘积送入 AX 累加器；进行字运算时，两个 16 位数相乘得到的 32 位乘积，高 16 位送 DX、低 16 位送 AX。

(2) 带符号数乘法指令 IMUL。

指令格式：IMUL OPRD

指令功能：完成两个带符号数乘法运算，其操作数及结果的存放方式与 MUL 指令相同。如果带符号数为负数，则用补码表示，其结果也是用补码来表示的。

指令形式：

    IMUL reg   ; AX←AL × reg8 或 DX, AX←AX × reg16

    IMUL mem   ; AX←AL × mem8 或 DX, AX←AX × mem16

乘法指令的执行结果会使标志位发生变化。只有进位标志位(CF)、溢出标志位(OF)有意义，其他标志位无定义。CF、OF 定义如下：当进行字节运算时，其结果超过字节长度成为字(AH ≠ 0)，CF 和 OF 置"1"；当进行字运算时，其结果超过字长度成为双字(DX ≠ 0)，CF 和 OF 置"1"。这样就可以用 OF 及 CF 来检查和判断字节或字操作的结果。对 MUL 指令，当进行字节操作时，若乘积结果的高一半为 0(AH = 0)或当进行字操作时，若乘积结果高一半为 0(DX = 0)，则 CF 和 OF 均为 0；对于 IMUL 指令，如果乘积结果的高一半为低一半的符号位的扩展，那么 CF 和 OF 均置"0"，否则置"1"。

乘法指令为乘积保留了两倍于原来操作数的存储空间，因而不会出现溢出现象。

4. 除法指令

除法指令包括无符号数除法指令 DIV 和带符号数除法指令 IDIV，以及在除法运算中辅助 DIV、IDIV 指令的字节转换为字指令 CBW 和字转换为双字指令 CWB。

(1) 无符号数除法指令 DIV。

指令格式：DIV OPRD

指令功能：完成两个无符号数的除法运算。除法操作可做字节或字操作。字节操作时，要求被除数为 16 位、并存放在 AX 累加器，除数 8 位由指令中的源操作数指定，结果的 8 位商存放于 AL 中，8 位余数存放于 AH 中。字操作数时，要求被除数为 32 位，存放在 DX, AX 寄存器中，16 位除数由指令中源操作数指定，结果的 16 位商存放于 AX 中，16 位余数存放于 DX 中。

(2) 带符号数除法指令 IDIV。

指令格式：IDIV 源操作数

指令功能：完成两个带符号数的除法操作。该指令执行时，要求操作数为带符号数，商及余数也为带符号数，余数与被除数的符号相同。

除法指令的使用需要说明：

① 源操作数不允许使用立即寻址方式。

② 除法指令执行后，标志位无定义。

③ 除数为零时，产生一个 0 类型中断。

在除法运算中常常使用 CBW 和 CWD 对除法所需操作数进行长度扩展。

(3) 字节转换为字指令 CBW。

指令格式：CBW

指令功能：将 AL 中的符号扩展到 AH 中。

例如，当(AL)=04H 时，CBW 指令执行后，(AH)=00；当(AL)=F0H 时，CBW 指令执行后，(AH)=0FFH。

(4) 字转换为双字指令 CWD。

指令格式：CWD

指令功能：将 AX 中的符号扩展到 DX 中。它只是增加了操作数长度，其操作数的大小没有改变。

CBW 和 CWD 指令的执行对标志位无影响。

5. 十进制调整指令

在算术运算中操作数可以采用 BCD 码，但是运算后的结果必须经过调整，否则结果是错误的。BCD 码是一种用二进制编码表示的十进制数，每个 BCD 码都是由 4 位二进制代码来表示的，故称为压缩 BCD 码。例如：10000101 可看做十进制的 85。使用 BCD 码进行算术运算，一方面符合计算机只能处理二进制数的要求，另一方面 BCD 码也给编写和阅读程序带来了直观效果。为此指令系统提供了必须用在 ADD、ADC 指令后面的加法十进制调整指令 DAA 和必须用在 SUB、SBB 指令后面的减法十进制调整指令 DAS。经过调整后的结果才是正确的 BCD 码。

(1) 压缩 BCD 数加法调整指令 DAA。

指令格式：DAA

指令功能：将 AL 寄存器中的和调整为压缩的 BCD 码。由于一个字节可以表示两位 BCD 码，因此该指令的调整将根据标志位 CF、AF 以及 AL 寄存器的值自动进行。

DAA 指令的操作依据以下两条原则进行。

① 当辅助进位标志(AF)=1 或者 AL 寄存器的低 4 位为 AH~FH 时，AL 寄存器的内容加上 06H，并将标志位 AF 置"1"。(调整低 4 位)

② 当 CF = 1 或者 AL 寄存器的高 4 位为 AH~FH 时，AL 寄存器的内容加上 60H，并将标志位 CF 置"1"。(调整高 4 位)

举例：当(AL) = 26，(CL) = 26 时，分析以下指令的执行情况。

```
ADD  AL, CL          ; (AL) = 4C, CF = 0, AF = 0
DAA                  ; (AL) = 52, CF = 0, AF = 1
```

可以看到，DAA 指令是将(AL)←(AL) + 06，得到(AL) = 52，使结果调整为正确的 BCD 码，并将标志位 AF 置"1"。

(2) 压缩 BCD 数减法调整指令 DAS。

指令格式：DAS

指令功能：将 AL 寄存器中的差调整为压缩的 BCD 码。DAS 指令的使用要求与 DAA 指令一样。DAS 指令也是根据标志位 CF、AF 以及 AL 寄存器的值自动进行调整的。

DAS 指令的操作依据以下两条原则进行：

① 当辅助进位标志(AF) = 1 或者 AL 寄存器的低 4 位为 AH～FH 时，AL 寄存器的内容减 06H，并将 AF 置"1"。

② 当 CF = 1 或者 AL 寄存器的高 4 位为 AH～FH 时，AL 寄存器的内容减 60H，并将标志 CF 置"1"。

DAA、DAS 指令对压缩 BCD 码在运算之后进行自动调整。在算术运算中也可以使用非压缩的 BCD 码，同样，非压缩的 BCD 码在运算之后，其结果也需要进行调整。非压缩的 BCD 码用 8 位二进制代码表示一个十进制数，即占用一个字节，其中低 4 位的含义与压缩 BCD 码相同，而高 4 位为"0"。如：十进制数 8 表示为非压缩的 BCD 码即为 00001000H。

(3) 非压缩 BCD 数加法调整指令 AAA。

指令格式：AAA

指令功能：将寄存器 AL 中的和调整为非压缩的 BCD 码。AAA 指令用在 ADD、ADC 指令之后。

AAA 指令调整过程如下：

① 当(AL)的低 4 位在 0H～9H 之间，且 AF 为"0"时，执行③；

② 当(AL)的低 4 位在 AH～FH 之间，或 AF 为"1"时，(AL)←(AL) + 06，(AH)←(AH) + 1，AF 置"1"；

③ AL 寄存器的高 4 位被清除；

④ 将 AF 的值送 CF 标志位。

举例：(AX) = 0008H，(BL) = 09H，执行下列指令。

```
    ADD  AL, BL        ; (AX)=0011H, (BL)=09H
    AAA                ; (AL)=07H, (AH)=01H, 或(AX)=0107H, CF=1
```

(4) 非压缩 BCD 数减法调整指令 AAS。

指令格式：AAS

指令功能：将 AL 中的差调整为非压缩的 BCD 码，AAS 指令用在 SUB、SBB 指令之后。

AAS 指令调整过程如下：

① 当(AL)的低 4 位为 0H～9H，且 AF=0 时，执行③；

② 当(AL)的低 4 位为 AH～FH，或 AF=1 时，(AL)←(AL)−06H，(AH)←(AH)−1，AF 置"1"；

③ AL 寄存器高 4 位被清除；

④ 将 AF 的值送 CF 标志位。

AAA 指令和 AAS 指令对 AF、CF 标志位产生影响，其他标志位均无定义。

(5) 非压缩 BCD 数乘法调整指令 AAM。

指令格式：AAM

指令功能：将存放在寄存器 AL 中的积调整为非压缩的 BCD 码。AAM 指令用在 MUL 指令对两个非压缩 BCD 码的数进行乘法之后。

其调整方法是将 AL 寄存器中的内容除以 0AH，商放在 AH 寄存器中，余数放在 AL 寄存器中。

举例：当(AL)=08H，(CL)=08H 时，执行下列指令。

  MUL　AL, CL   ；(AL)=80H

  AMM   ；(AH)=06H　(AL)=04H

由此可见，调整后的结果是非压缩 BCD 码乘积结果，由于非压缩的 BCD 码占一个字节，因此结果被分别存放在 AH、AL 中。

(6) 非压缩 BCD 数除法调整指令 AAD。

指令格式：AAD

指令功能：将 AX 寄存器中非压缩的 BCD 码形式的被除数调整为二进制数，并存放在 AL 寄存器中。AAD 指令的使用要求与加法调整指令 AAA、减法调整指令 AAS、乘法调整指令 AAM 不同，它是放在除法 DIV 指令的前面来使用的。其调整方法是将(AH)的内容乘 10H，并与 AL 寄存器内容相加送到 AL 寄存器中，AH 寄存器清 0。

AAM 和 AAD 指令将根据 AL 寄存器结果设置 SF、ZF 和 PF 标志位，CF、OF 及 AF 无定义。

3.2.3　逻辑运算类指令

逻辑运算指令包括逻辑与、逻辑或、逻辑非、逻辑异或及按位测试。逻辑运算指令所执行的操作可对字节或字进行操作，并且是按位进行的。逻辑运算类指令见表 3-5。

表 3-5　逻辑运算类指令

指 令 名 称	指 令 格 式
非(字节/字)	NOT　　目标
与(字节/字)	AND　　目标，源
或(字节/字)	OR　　目标，源
异或(字节/字)	XOR　　目标，源
测试(字节/字)	TEST　　目标，源

(1) 逻辑与/或/异或指令 AND/OR/XOR。

指令格式：AND/OR/XOR OPRD1，OPRD2

指令功能：AND/OR/XOR 指令执行按位的逻辑与、逻辑或、逻辑异或操作。它们均为双操作数指令，两个操作数宽度必须相等，即同为字节或字，执行结果存入 OPRD1 中。

指令格式：

  AND/OR/XOR　reg, reg

  AND/OR/XOR　reg, mem

  AND/OR/XOR　reg, imm

  AND/OR/XOR　mem, reg

  AND/OR/XOR　mem, imm

AND 指令可用来屏蔽操作数所指定的字节或字中的某些位；也可用来清除某些位。OR

指令可用来对操作数所指定的某些位进行置"1"。XOR 指令将根据异或运算规则，对源操作数所指定的内容按位取反，取反的位只要用 XOR 指令置"1"即可完成。XOR 还可用来进行特殊数值的判断。

(2) 逻辑非指令 NOT。

指令格式：NOT OPRD

指令功能：对操作数所指定的内容按位求反。

(3) 测试指令 TEST。

指令格式：TEST OPRD1，OPRD2

指令功能：对两个操作数指定的内容进行与操作，但不保留结果，只是根据结果状态，对标志位进行置位。由此可用 TEST 指令对指定的字节或字的对应位进行测试，并根据测试结果进行不同的操作。指令中用操作数 2 来指定测试的位。

3.2.4　移位操作类指令

移位操作指令可以对字节或字中的各位进行算术移位、逻辑移位或循环移位。移位操作指令如表 3-6 所示。

表 3-6　移位操作类指令

类　别	指 令 名 称	指 令 格 式
移位	逻辑左移(字节/字)	SHL 目标，计数值
	算术左移(字节/字)	SAL 目标，计数值
	逻辑右移(字节/字)	SHR 目标，计数值
	算术右移(字节/字)	SAR 目标，计数值
循环移位	循环左移(字节/字)	ROL 目标，计数值
	循环右移(字节/字)	ROR 目标，计数值
	带进位循环左移(字节/字)	RCL 目标，计数值
	带进位循环右移(字节/字)	RCR 目标，计数值

(1) 移位指令 SHL/SAL/SHR/SAR。

指令格式：SHL/SAL/SHR/SAR OPRD，n

　　　　　SHL/SAL/SHR/SAR OPRD，CL

指令功能：它们分别对操作数进行逻辑左移(SHL)、算术左移(SAL)、逻辑右移(SHR)、算术右移(SAR)操作。既可以进行字节操作，也可以进行字操作。

指令中操作数可由任何寻址方式获得，n 是位移次数。或者在指令执行前，将位移的次数送到 CL 寄存器中，图 3-6 为各种位移操作的功能示意。

指令格式：

　　　　　SHL/SAL/SHR/SAR reg，1

　　　　　SHL/SAL/SHR/SAR mem，1

　　　　　SHL/SAL/SHR/SAR reg，CL

　　　　　SHL/SAL/SHR/SAR mem，CL

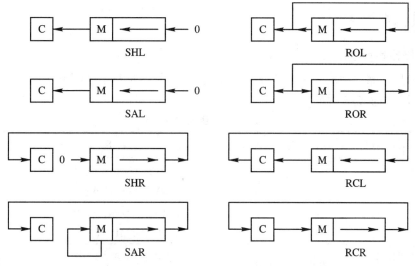

C－进位标志；M－最高位(符号位)

图 3-6　移位指令功能示意

位移指令对各标志位的影响如下：

① CF 标志位要根据各种位移指令而定。OF 标志位可表示移位后的符号位与移位前是否相同，即位移为 1 时，移位后的最高有效位的值发生变化时，OF 置"1"，否则清"0"。

② 循环指令不影响 CF 和 OF 以外的其他标志位。

③ 位移指令则根据移位后的结果设置 SF、ZF、PF 标志位，AF 标志位无定义。

在程序设计中，常常用左移位和右移位指令实现乘以 2 或除以 2 的操作。进行带符号数的乘以 2 或除以 2 的运算可以通过算术左移和算术右移指令来实现。

举例：将(AL)的内容左移 4 位的指令如下。

```
MOV      AL, 02H          ; (AL)=00000010
SHL      AL, 4            ; (AL)=00100000, CF=0
```

通过 AL 的结果，可以看出(AL)由于左移 4 位，使(AL) × 16，即 2 × 16 = 32。

(2) 循环移位指令 ROL/ROR/RCL/RCR。

指令格式：ROL/ROR/RCL/RCR OPRD，n

　　　　　ROL/ROR/RCL/RCR OPRD，CL

指令功能：循环移位指令包括不通过进位位的循环移位指令和通过进位位的循环移位指令。通过进位位的循环指令把 CF 标志作为目标操作数的扩展，参与循环操作。与移位指令不同的是，从操作数一端移出来的位"循环地"进入该操作数的另一端。循环移位指令只影响 CF 和 OF 两个标志，CF 中只是存有最后一次循环移出的那一位值，OF 的变化规则同移位操作。

指令格式：

```
ROL/ROR/RCL/RCR      reg, 1
ROL/ROR/RCL/RCR      mem, 1
ROL/ROR/RCL/RCR      reg, CL
ROL/ROR/RCL/RCR      mem, CL
```

3.2.5 其他类指令

1. 串操作类指令

数据串是存储器中的一串字节或字的序列。串操作就是对串中的每一项都执行的操作。串操作类指令如表 3-7 所示。

表 3-7 串操作类指令

类 别	指 令 名 称	指 令 格 式
基本串操作指令	字节串/字串传送	MOVS 目标串，源串 MOVSB/MOVSW
	字节串/字串比较	CMPS 目标串，源串 CMPSB/CMPSW
	字节串/字串搜索	SCAS 目标串，源串 SCASB/SCASW
	读字节串/字串	LODS 目标串，源串 LODSB/LODSW
	写字节串/字串	STOS 目标串，源串 STOSB/STOSW
重复前缀	无条件重复	REP
	当相等/为零时重复	REPE/REPZ
	当不相等/不为零时重复	REPNE/REPNZ

基本串操作类指令有串传送(MOVS)、串比较(CMPS)、串扫描(SCAS)、串的存取(LOPS、STOS)等。任何一个基本串操作指令的前面都可以加一个重复操作前缀使指令操作重复。这样，在处理长数据串时比用循环软件处理要快得多。

串操作类指令有以下特点：

约定以 DS：SI 寻址源串，以 ES：DI 寻址目标串。指令中不必显式指明操作数。其中源串的段寄存器 DS 可通过加段超越前缀而改变，但目标串的段寄存器 ES 不能超越。

用方向标志规定串处理方向。若标志 DF=0，则从低地址向高地址方向处理；若 DF=1，则处理方向相反。

在每次操作后，源串、目标串的两个地址指针 SI 和 DI 都将根据方向标志 DF 的值自动增量(DF = 0)或减量(DF = 1)，以指向串中下一项。增量/减量的大小由串元素的长度来决定：字节串时 SI 和 DI 加/减 1，字串时 SI 和 DI 加/减 2。

通常，在串操作指令前加重复前缀用来对一个以上的串数据进行操作。但这时必须用 CX 作为重复次数计数器，其中存放着被处理数据串的元素个数(字节个数或字个数)。串操作指令每执行一次，CX 值自动减 1，直至减为 0 时停止串操作。

重复的数据串处理过程可以被中断。CPU 在处理数据串中的下一元素之前识别中断并转入中断服务程序。在中断返回以后，重复过程从中断点继续执行下去。

除了串比较指令和串搜索指令外，其余串操作指令均不影响标志位。

(1) 重复前缀 REP/REPE/REPNE/REPZ/REPNZ。

重复前缀不能单独使用,只能加在串操作指令前,用来控制基本串操作指令是否重复。

① 在 MOVS、LODS、STOS 指令前加上前缀 REP 后,按下列步骤不断重复:若 CX = 0,则退出 REP 操作;否则 CX←CX−1,执行 REP 后面的数据串指令。

② 将 REPE/REPZ 加在 CMPS 或 SCAS 指令之前时,重复执行步骤变为:若 CX = 0 或 ZF = 0,则停止重复过程,其余相同。

③ 将 REPNE/REPNZ 加在 CMPS 或 SCAS 指令之前时,重复执行步骤变为:若 CX = 0 或 ZF = 1,则停止重复过程,其余相同。

(2) 基本串操作指令。

① 串传送指令 MOVS/MOVSB/MOVSW。

指令格式:MOVS OPRD1,OPRD2

           MOVSB

           MOVSW

指令功能:MOVS 指令把由(SI)作为指针所指示的源串中的一个字节或字,传送到由(DI)作为指针所指示的字节单元或字单元中。且根据方向标志 DF 自动修改源串及目的串的地址指针,以指向串中的下一个元素。OPRD1,OPRD2 分别为目标串和源串的符号地址。

指令格式:MOVS mem, mem

MOVSB 和 MOVSW 分别为字节串或字串传送指令,不带操作数,其余同 MOVS 指令。

MOVS 指令要求源串必须放在数据段中,目的串必须放在附加段中,必要时允许使用段超越前缀修改源字串所在的段。当所做的串操作需要重复进行时,可使用 REP 前缀,并将重复次数存放在 CX 寄存器中,以完成字串的传送。

② 串比较指令 CMPS/CMPSB/CMPSW。

指令格式:CMPS OPRD1,OPRD2

           CMPSB

           CMPSW

指令功能:从(SI)作为指针所指示的源串中减去(DI)作为指针所指示的目的串(字节操作或字操作),结果不保存,用标志位的变化表示比较结果。同时根据方向标志 DF 自动修改源串和目标串指针 SI、DI。该指令可用来检查两个串是否相同。字节或字操作的说明与 MOVS 指令相同。

指令格式:CMPS mem, mem

若 CMPS 指令用 REPE/REPZ 作前缀,则表示:当串未结束(CX ≠ 0)且串相等(ZF = 1)时继续比较。

若 CMPS 用 REPNE/REPZ 作前缀,则表示:当串未结束(CX ≠ 0)且串不相等(ZF = 0)时继续比较。

CMPSB/CMPSW 分别指明是字节串和字串比较指令,不带操作数,其余约定与 CMPS 相同。

③ 串搜索指令 SCAS/SCASB/SCASW。

指令格式:SCAS

           SCASB

SCASW

指令功能：从 AL(字节操作)或 AX(字操作)的内容中减去(DI)作为指针所指示的目的串元素，不保存结果，只是根据结果置标志位。

SCAS 指令可用来检查两个串的值是否相同，也可用来从一个字符串中搜索某个字符。

④ 串元素存取指令 STOS/STOSB/STOSW 和 LODS/LODSB/LODSW。

指令格式：STOS/LODS OPRD
　　　　　STOSB/LODSB
　　　　　STOSW/LODSW

指令功能：STOS 指令将累加器(AL 或 AX)的内容存入 ES：DI 指定的目标串中，同时自动修改 DI。OPRD 是目标串的符号地址。STOS 指令前可加重复前缀 REP，从而给一个内存块赋同一个值。LODS 指令将 DS：SI 指定的源串中的元素，传送到 AL(字节操作)或 AX(字操作)寄存器中，同时自动修改 SI。OPRD 是源串的符号地址。该指令前一般不加重复前缀，因为每重复一次，累加器的内容就要改写一次。

指令格式：STOS/LODS mem

STOSB/STOSW 与 LODSB/LODSW 的功能分别与 STOS 和 LODS 相同，只是不带操作数。

2. 控制转移类指令

控制转移指令用来控制程序执行的顺序。常用的有无条件转移指令和条件转移指令。通过控制转移指令可实现各种结构化程序设计。如：分支结构程序、循环结构程序等。控制转移指令如表 3-8 所示。

表 3-8　控制转移类指令

类　别	指　令　名　称	指　令　格　式
无条件转移	无条件转移	JMP 目标号
调用/返回	过程调用	CALL 过程名
	过程返回	RET 弹出值
条件转移	高于/不低于也不等于转移	JA/JNBE 目标标号
	高于或等于/不低于转移	JAE/JNB 目标标号
	低于/不高于也不等于转移	JB/JNAE 目标标号
	低于或等于/不高于转移	JBE/JNA 目标标号
	进位位为 1 转移	JC 目标标号
	进位位为 0 转移	JNC 目标标号
	等于/结果为 0 转移	JE/JZ 目标标号
	不等于/结果不为 0 转移	JNE/JNZ 目标标号
	大于/不小于也不等于转移	JG/JNLE 目标标号
	大于或等于/不小于转移	JGE/JNL 目标标号
	小于/不大于也不等于转移	JL/JNGE 目标标号
	小于或等于/不大于转移	JLE/JNG 目标标号

续表

类　别	指令名称	指令格式
条件转移	溢出转移	JO 目标标号
	不溢出转移	JNO 目标标号
	奇偶位为 0/奇偶性为奇转移	JNP/JPO 目标标号
	奇偶位为 1/奇偶性为偶转移	JP/JPE 目标标号
	符号标志位为 0 转移	JNS 目标标号
	符号标志位为 1 转移	JS 目标标号
循环控制	循环	LOOP 目标标号
	等于/结果为 0 循环	LOOPE/LOOPZ 目标标号
	不等于/结果不为 0 循环	LOOPNE/LOOPNZ 目标标号
	CX 内容为 0 转移	JCXZ 目标标号
中断	中断	INT 中断类型
	溢出时中断	INTO
	中断返回	IRET

(1) 无条件转移指令 JMP。

指令格式：JMP OPRD

无条件转移指令可无条件地转移到由指令中的操作数所指定的目的地址，并开始执行程序。其中操作数所代表的目的地址，可以使用各种寻址方式得到。

① 段内直接短转移指令 JMP SHORT lable。

功能：无条件地转移到 lable 指定的目标地址。指令中的操作数表示转移的目的地址与转移指令之间的距离为 8 位位移量。即在 −128～+127 范围内转移。

② 段内直接近转移指令 JMP NEAR PTR lable。

功能：无条件地转移到 lable 指定的目标地址。指令中 NEAR PTR 类型说明符表明其对应的操作数为 16 位的位移量。即在 −32 768～+32 767 范围内转移，可转移到段内的任何一个位置。

③ 段内间接转移指令 JMP WORD PTR OPRD。

功能：无条件转移到由寄存器的内容指定的目标地址，或者由存储器寻址方式提供的存储单元内容所指定的目标地址。

④ 段间直接转移指令 JMP FAR PTR lable。

功能：实现段与段之间的转移，转移到指定段内的目标地址 lable。由于是段间转移，代码段寄存器内容需要指定，由操作数决定的段的段地址送到代码段寄存器中，将段内偏移地址送到指令寄存器 IP 中。该指令采用的是直接寻址方式，故称为段间直接转移。

⑤ 段间间接转移指令 JMP DWORD PTR OPRD。

功能：完成段间的转移。其目的地址是除立即数和寄存器以外的存储器寻址方式所得到的。该指令将所寻址到的存储单元字内容(16 位)送到指令寄存器 IP 中，将其后的单元字(16 位)送到段寄存器 CS 中。由此实现段间间接转移。

(2) 条件转移指令。

8086/8088 指令系统具有一系列的条件转移指令。这些条件转移指令以某些标志位的状态或有关标志位的逻辑运算结果作为依据，决定是否转移。这些标志位通常由条件转移指令的上一条指令所设置。条件转移指令将根据这些标志位的状态，判断是否满足对应的测试条件。若满足条件，则转移到指令指定的地方，否则继续执行条件转移指令之后的指令。

条件转移指令都为短转移，即转移的相对地址位移范围在 −128～+127 之间。满足转移条件时，将位移量与当前的指令寄存器 IP 的内容相加，由此形成所需的程序地址，并开始执行程序。执行条件转移指令不影响标志位。

下面将按照单个标志位和多个标志位进行测试的分类形式介绍条件转移指令。

① 测试单个标志的条件转移指令。

● 结果为零(或相等)转移指令 JZ (或 JE)。

指令格式：JZ OPRD　或　JE OPRD

转移条件：ZF = 1

● 结果非零(或不相等)转移指令 JNZ(或 JNE)。

指令格式：JNZ OPRD　或　JNE OPRD

转移条件：ZF = 0

● 结果为负转移指令 JS。

指令格式：JS OPRD

转移条件：SF = 1

● 结果为正转移指令 JNS。

指令格式：JNS OPRD

转移条件：SF = 0

● 溢出转移指令 JO。

指令格式：JO OPRD

转移条件：OF = 1

● 不溢出转移指令 JNO。

指令格式：JNO OPRD

转移条件：OF = 0

● 偶状态转移指令 JP (或 JPE)。

指令格式：JP OPRD　或　JPE OPRD

转移条件：PE = 1

● 奇状态转移指令 JNP (或 JPO)。

指令格式：JNP OPRD　或　JPO OPRD

转移条件：PF = 0

● 低于或不高于转移或有进位转移指令 JB (或 JNAE, JC)。

指令格式：JB(或 JNAE, JC) OPRD

转移条件：CF = 1

● 不低于或高于转移或无进位转移指令 JNB (或 JAE, JNC)。

指令格式：JNB (或 JAE, JNC) OPRD

转移条件：CF = 0

② 测试多个标志的条件转移指令。

● 高于(或不低于等于)转移指令 JA(或 JNBE)。

指令格式：JA OPRD　或　JNBE OPRD

转移条件：CF 或 ZF=0

● 低于(或等于)转移指令 JNA (或 JBE)。

指令格式：JNA OPRD　或　JBE OPRD

转移条件：CF 和 ZF=1

● 小于或等于(或不高于)转移指令 JL(或 JNGE)。

指令格式：JL OPRD　或　JNGE OPRD

转移条件：SF ∨ OF=1

● 不小于(大于或等于)转移指令 JNL (或 JGE)。

指令格式：JNL OPRD　或　JGE OPRD

转移条件：SF ∨ OF=0

● 大于(或不小于或等于)转移指令 JG (或 JNLE)。

指令格式：JG OPRD　或　JNLE OPRD

● 小于或等于(或不大于)转移指令 JNG (或 JLE)。

转移条件　(SF ∨ OF) ∨ ZF=0

在条件转移指令中，JCXZ 为一条特殊条件转移指令，它依据 CX 寄存器的值进行转移，(CX)=0，则转移；否则顺序执行程序。其指令格式为 JCXZ OPRD。CX 寄存器通常作为计数器，根据 CX 的值是否为零，决定程序是否转移。

(3) 循环控制指令。

循环控制指令用于实现指令或指令组的重复操作，不仅可以通过测试条件控制循环，也可以根据测试条件提前结束循环。

① 循环指令 LOOP。

指令格式：LOOP OPRD

LOOP 指令以寄存器 CX 的内容作为计数控制，作 (CX)←(CX)−1 的操作，并判断 CX。当 CX ≠ 0 时，转移到由操作数指示的目的地址，即(IP)←(IP)+位移量，进行循环；当 CX = 0 时，结束循环。LOOP 指令控制循环的过程如图 3-7 所示。其中寄存器 CX 中的值是在进入循环前送入的。LOOP 指令控制转移的目的地址为相对地址，在机器指令格式中，相对地址在 −128～+127 字节范围之内。在汇编指令格式中的目的地址为符号地址。

② 为零或相等时循环指令 LOOPZ/LOOPE。

指令格式：LOOPZ OPRD　或　LOOPE OPRD

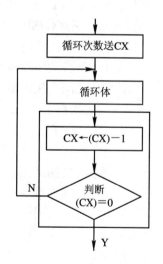

图 3-7　LOOP 指令控制流程

LOOPZ/LOOPE 指令可完成 ZF=1 且 CX ≠ 0 条件下的循环操作。在 LOOPZ 或 LOOPE 所做的控制循环操作过程中除了进行(CX)←(CX)−1 的操作，并判断(CX)是否为零外，还将判断标志位 ZF 的值。

③ 非零或不相等时循环指令 LOOPNZ/LOOPNE。

指令格式：LOOPNZ OPRD　或　LOOPNE OPRD

LOOPNZ 或 LOOPNE 指令可完成 ZF=0 且(CX)≠0 条件下的循环操作。其操作过程类似于 LOOPZ 或 LOOPE 指令。

循环控制指令只是根据标志位状态进行控制操作，指令本身并不影响标志位。

(4) 子程序调用和返回指令。

子程序调用及返回指令是程序设计中常用的指令，在执行程序过程中，它们可实现对某一个具有独立功能的子程序的多次调用操作，由此可实现模块化的程序设计。指令系统提供了子程序调用 CALL 指令和返回指令 RET。

① 子程序调用指令 CALL。

指令格式：CALL 目的地址

子程序调用指令可实现段间的子程序调用。为了保证调用之后正确地返回，CALL 指令需要把 CALL 指令的下一条指令的地址(称为断点)压入堆栈进行保护。下面分别讨论段内、段间的子程序调用指令所作的操作。

对于段内的直接调用指令，其指令中的目的地址为一个 16 位目的地址的相对位移量。CALL 指令可完成(SP)←(SP)-2，并将指令寄存器(指针)IP 压入堆栈，然后修改指令寄存器 IP 的内容，即(IP)←(IP)+相对位移量的操作。

对于段内的间接调用指令，指令中所指定的 16 位通用寄存器或存储单元的内容为目的地址的位移量。CALL 指令可完成(SP)←(SP)-2，将指令寄存器 IP 压入堆栈，取出目的地址位移量送指令寄存器的操作 IP。

对于段间的直接调用指令，其目的地址不仅包括位移量，还包括段地址，它们由指令直接给出。因此 CALL 指令可完成(SP)←(SP)-2，将现行的指令的段地址(段寄存器 CS 的内容)压入堆栈，然后作(SP)←(SP)-2，将现行的位移量(指令寄存器 IP 的内容)压入堆栈，最后将指令中所指示的段地址及位移量分别送入 CS 及 IP 中的操作。

对于段间的间接调用指令，其目的地址是由指令的寻址方式所决定的。将现行地址压入堆栈的操作同段间直接调用指令。将段地址及段内位移量送入段寄存器 CS 及指令寄存器 IP 由寻址方式来决定。

② 返回指令 RET。

指令格式：RET　　或　　RET 表达式

子程序完成其功能操作之后，RET 指令使其返回调用程序。因此，RET 指令为子程序的最后一条指令。RET 指令所完成的操作是从堆栈中弹出返回地址，送入指令寄存器 IP 和段寄存器 CS。由于子程序调用分为段内调用和段间调用，因此返回指令也可分为段内返回和段间返回。

(5) 中断指令。

子程序调用和返回指令用在人们事先安排好的程序中，控制程序的执行顺序。而在实际的系统运行过程中或在执行程序过程中常有各种随机的、不可预知的情况出现，要求计算机也能够对其实施控制处理。这种控制称为中断控制。

中断控制就是当遇到突发事件时，计算机能自动执行一段处理程序，处理所发生的事件，并在处理之后，返回原程序继续执行中断了的程序。计算机自动执行的处理程序称为中断服务程序。

中断结束之后，将 IP、CS、PSW 弹出堆栈，继续执行被中断的程序。

80286 指令系统提供了以下三条中断指令，供程序中使用。

① 中断指令 INT。

指令格式： INT TYPE 或 INT

INT 指令可完成由指令中的中断类型号(TYPE)所指定的中断服务程序的调用。

通过中断指令中的中断类型可以计算出中断服务程序入口的向量地址。存储器 00000H～003FFH 共 1 K 字节单元被定义为中断向量表，存放着 256 个中断服务程序入口地址(中断向量)，每个中断向量为 4 个字节，分别存放中断服务程序的段地址和段内偏移量。中断向量表如图 3-8 所示。对于 INT 中断指令格式，其默认的中断类型为 3。各类型的中断处理功能可查表获得。

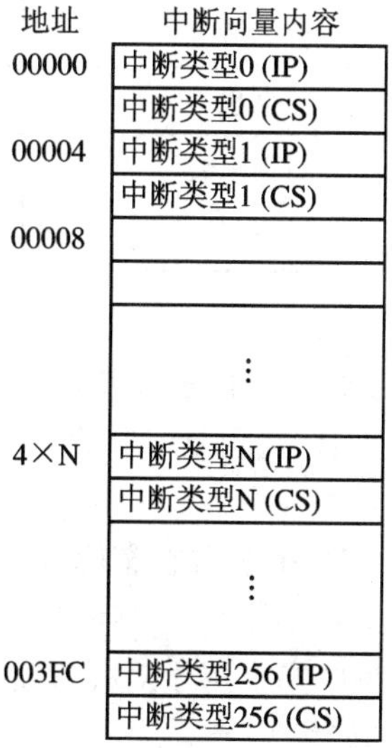

地址	中断向量内容
00000	中断类型0 (IP)
	中断类型0 (CS)
00004	中断类型1 (IP)
	中断类型1 (CS)
00008	
	⋮
4×N	中断类型N (IP)
	中断类型N (CS)
	⋮
003FC	中断类型256 (IP)
	中断类型256 (CS)

图 3-8 中断向量表结构

② 溢出中断指令 INTO。

指令格式：INTO

INTO 指令将根据溢出标志位 OF 的状态，决定是否调用溢出中断处理程序：当 OF=1 时，调用溢出中断处理程序，否则不予调用。INTO 指令在进行断点保护之后，直接将中断类型 4 的向量地址送入指令寄存器 IP 和段寄存器 CS 中。中断类型 4 的入口地址为 00010H，即将(IP)←(10H)，(CS)←(12H)。

③ 中断返回指令 IRET。

指令格式：IRET

IRET 指令用于实现中断返回，该指令置于中断处理程序的最后。返回操作将保存的断点地址、状态标志位从堆栈中弹出，送入指令寄存器 IP、段寄存器 CS 以及状态寄存器 PSW 中。

3. 处理器控制类指令

处理器控制类指令主要用来对 CPU 的工作状态进行控制。指令系统为了控制 CPU 的工作状态，提供如表 3-9 所示的几类指令。

表 3-9 处理器控制类指令

类　别	名　称	操　作　码
标志位操作	进位标志置 1	STC
	进位标志复位	CLC
	进位标志取反	CMC
	方向标志置 1	STD
	方向标志复位	CLD
	中断标志置 1	STI
	中断标志复位	CLI
外同步	停机	HLT
	等待	WAIT
	交权	ESC
	封锁总线	LOCK
空操作	空操作	NOP

(1) 标志处理指令。

在前面介绍的有关指令中，已经涉及了对标志位的影响问题，由此可以利用标志位的状态对所执行的程序进行控制。通过标志位处理指令，可直接对指定的标志位进行设置或消除操作。

① 清进位位指令 CLC。CLC 指令用于对状态标志寄存器 FLGA 的 CF 标志位清 0，即 $CF \leftarrow 0$。

② 进位位求反指令 CMC。CMC 指令用于对标志寄存器的 FLGA 的 CF 标志位求反，即 $CF \leftarrow \overline{CF}$。

③ 进位标志位置"1"指令 STC。STC 指令用于对标志寄存器的 FLGA 的 CF 标志位置"1"，即 $CF \leftarrow 1$。

④ 方向标志位置 0 指令 CLD。CLD 指令用于对标志寄存器 FLGA 的 DF 标志位置"0"，即 $DF \leftarrow 0$。

⑤ 方向标志位置"1"指令 STD。STD 指令用于对标志寄存器 FLGA 的 DF 标志位置"1"，即 $DF \leftarrow 1$。

⑥ 中断标志位置"0"指令 CLI。CLI 指令用于对标志寄存器 FLGA 的 IF 标志位置 0，即 $IF \leftarrow 0$。

⑦ 中断标志位置"1"指令 STI。STI 指令用于对标志寄存器 IF 标志位置"1"，即 $IF \leftarrow 1$。

(2) 工作状态控制指令。

① 空操作指令 NOP。NOP 指令不执行任何操作，它作为单字节指令占用一个字节的单元，一般用它来占用字节单元，便于插入指令进行程序调试。还可利用它对定时程序中的时间进行调整。

② 停机指令 HLT。HLT 指令使 CPU 进入暂停状态，暂停状态期间，CPU 可响应外部

中断。如：RESET 复位信号、INTR、NMI 的中断请求。中断返回后，CPU 将退出暂停状态。通常在程序中使用 HLT 指令等待中断请求。

③ 等待指令 WAIT。WAIT 指令可以使 CPU 进入等待状态，等待状态期间($\overline{\text{BUSY}}$ 变为无效)CPU 可被中断，当 $\overline{\text{BUSY}}$ 为有效时，CPU 会停止执行 WAIT。

上面已经对 8086/8088 的指令系统作了介绍，由于 80X86/Pentium 系列 CPU 对 8086/8088 的指令是向上兼容的，关于标准的 16 位 CPU 80286 和 32 位 CPU 80386、80486 和 Pentium 的指令系统在本书中不再详细介绍。读者在需要的时候可以参考有关资料。

3.3　汇编语言程序设计

3.3.1　汇编语言与汇编程序

前面介绍了指令、指令系统及程序的基本概念，由此了解到计算机所以能够自动地工作，是因为运行程序的结果。计算机能够按照程序中的安排去执行相应的指令，才使得计算机看起来工作得非常有序。通过 3.1 节的内容还了解到计算机可直接识别的是机器指令，而用机器指令编写的程序称为机器语言程序。由于机器指令是用二进制编码来表示的，既不直观又难以记忆，因此使得机器指令编写的程序在使用上受到了限制。

为了解决机器语言使用上的不便，人们开始使用容易记忆和识别的符号指令编写程序。汇编语言用与操作功能含义相应的缩写英文字符组成的符号指令作为编程用的语言，因此说汇编语言实际上是一种符号语言，并且是一种面向机器的低级语言。在使用汇编语言编写程序时需要对计算机硬件有一定的了解。

下面分别使用机器语言和汇编语言编写一段小程序，以此观察它们的不同。

机器语言程序	汇编语言程序
0000　B0 09	MOV al, 9
0002　04 08	ADD al, 8
0004　F4	HLT

使用汇编语言编写的程序计算机是不能够直接地识别和执行的，必须经过"翻译"，将汇编语言程序"翻译"成机器语言程序。这个"翻译"是由汇编程序来完成的。汇编程序是由系统预先提供的系统软件之一。汇编不是简单的翻译，而是一个把源文件转换成二进制编码表示的目标文件(.OBJ)的过程。在这个过程中，对源程序进行语法检查(又称扫描)，得到无语法错误的结果后，还要经过连接程序，使目标程序成为计算机可执行文件(.EXE)。汇编语言程序转换成为计算机可运行程序的过程如图 3-9 所示。

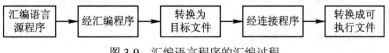

图 3-9　汇编语言程序的汇编过程

3.3.2　伪指令

在指令系统一节中所看到的指令都是在程序运行期间由计算机来执行的指令，在汇编语言源程序中除了这些指令以外，还有伪指令和宏指令。伪指令又称伪操作，是在汇编程序对源程序汇编期间由汇编程序处理的操作。伪指令可用来进行数据定义、分配存储区及指令程序结束等操作。下面对一些常用的伪操作做一简单介绍。

1. 数据定义及存储器分配

伪指令格式：[Variable] Mnemonic Operand;...Operand[;Comments]

其中，Variable 用来表示伪指令的标号，标号通常使用符号地址表示；Comments 为注释，用来说明伪指令的功能；Varable 及 Comments 都为可选项。

格式中的 Mnemonic 为伪指令助记符，在数据定义及存储器分配伪操作中，可用以下几种助记符完成相应的伪操作：

① DB：用来定义字节。

② DW：用来定义字。

③ DD：用来定义双字。

④ DQ：用来定义四个字。

⑤ DT：用来定义十个字节。

下面举例说明各伪操作的实际意义：

　　DATA_BYTE DB 10, 4, 10H

　　DATA_WORD DW 200, 10H, −100

　　DATA_DW DD 5×60, 0FFFDH

　　MESSAGE DB 'HELLO'

以上伪指令分别把字节数据、字数据、双字数据及字符串数据存放在符号地址指定的存储单元中。这些例子还说明这类伪指令中操作数可以是二进制、十进制、十六进制的常数，也可为表达式及字符串常数。对于数值，可以是正数，也可以是负数，经过汇编后的伪指令的结果见图 3-10。由图中的数据排列顺序可以

DATA _ BYTE	0A	DATA _ DW	2C
	04		01
	10		00
DATA _ WORD	C8		00
	00		FD
	10		FF
	00		00
	9C	MESSAGE	48
	00		45
			4C
			4C
			4F

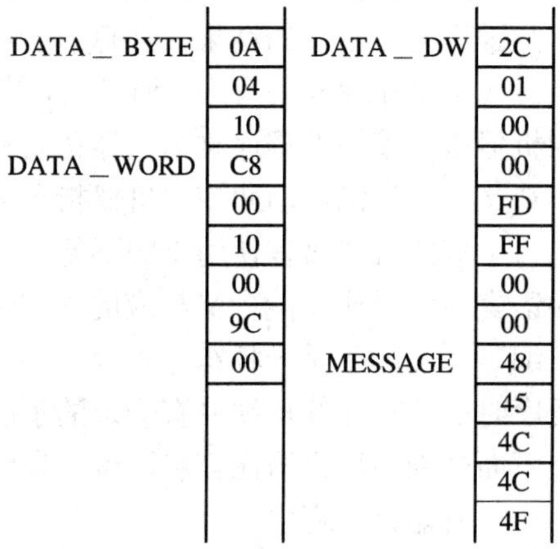

图 3-10　伪指令执行结果

看出，存储单元中的数据均由补码表示，并且对于多字节的数据定义，其高字节存在高地址单元，低字节存在低地址单元。字符串数据存储单元中存入的是对应的 ASCII 码。

伪指令中可使用符号"?"作为操作数，它可以实现保留存储单元，不在其中存入任何数据的操作。其使用见下例：

　　OUTDATA1 DB 　?

　　ARRAY DB 5 DUP ?

上面伪指令中的 DUP 是重复定义子句，使用 DUP 可实现大批重复数据的定义及若干个存储单元的保留。

使用重复子句的伪指令中操作数格式为

　　重复数　DUP (操作数项，…，操作数项)

例：

　　BUFFER DB 100 DUP　(0)

　　BUFFER1 DB 5 DUP (1, ?)

另外，在伪指令中还可以对重复子句进行嵌套，见下面的伪指令：

BUFFER2 DB 2, 2 DUP (1, 2 DUP(2, 3))

以上例子中的伪指令汇编后的结果如图 3-11 所示。

利用伪指令 DW 或 DD 可把变量或标号的地址偏移量或把由地址偏移量及段地址形成的全地址存入存储单元。例：

DW START

DD MESS

其伪指令汇编后的情况如图 3-11 所示。

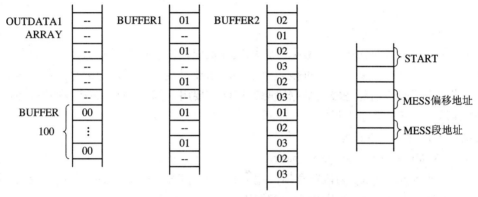

图 3-11　伪指令执行结果

2. 表达式赋值伪操作

伪指令格式：Name EQU Expression

该伪指令用来给表达式赋一个名字。由于在有些程序中多次出现同一表达式，而使用表达式赋值伪操作 EQU 将这一表达式赋名之后，凡是出现表达式的地方都可用赋予的表达式名来代替。特别是当表达式较复杂时，引用表达式名可体现其优势。

伪指令格式中的 Expression 不仅可以是表达式，还可以是常量和各种有效的助记符。例如：

```
COUNT     EQU 10
DATA      EQU 100
DATA1     EQU DATA+100
          INC  COUNT
          ADD      AX, DATA
          MOV      BX, DATA1
```

上面例子中的伪指令说明在使用 EQU 给表达式赋名时，其表达式中仍然可以使用表达式名，但是需要说明的是，表达式名的使用应遵守先定义后使用的规定，否则汇编程序按错误处理。EQU 伪指令在给表达式赋予表达式名时，表达式名是不允许重复定义的。在伪操作指令中使用 "=" 可以实现重复定义表达式名。例如：

```
DATA=100
   ⋮
DATA=200
```

3. 段定义伪指令

80286 的存储器继 8086 之后仍然采用分段管理，即按段来组织程序和利用存储器。在存储器的寻址过程中需要得到存储单元所在段及段内偏移地址，由于源程序或数据在存储器中分别存放在代码段或数据段中，因此对于任何一段程序，在其汇编过程中要求汇编程序将源程序转换为目标程序之前必须明确地定义并赋予一个段名，汇编时根据段名确定段的性质，汇编之后，连接程序可以通过目标模块的有关信息将其连接成一个可执行程序。

段定义伪指令格式：

```
Segment_Name  SEGMENT
        ⋮
Segment_Name  ENDS
```

段定义伪指令可对代码段、数据段、堆栈段及附加段进行定义和赋名。代码段的内容主要是指令及伪指令。数据段、堆栈段及附加段主要是定义数据，分配存储单元等。如何说明哪些段为代码段而那些段为数据段呢？这就需要用伪指令 ASSUME 在代码段中对段和段寄存器的对应关系予以说明。

ASSUME 伪指令格式为

```
ASSUME segment_reg:segment_name[,...'segment_reg: segment_name]
```

格式中的 segment_reg 为段寄存器，用来指定 CS, DS, ES, SS。segment_name 是段名，与 SEGMENT 段定义伪指令相对应地来确定。

下面利用一段程序说明以上伪指令的使用。

```
NAME program
; **************************************
DATA-SEG SEGMENT
            DW 500, 1000
        ⋮
 DATA-SEG     ENDS
; ***************************************
 STACK-SEG SEGMENT
            DW 256 DUP ?
STACK-SEG ENDS
; *****************************************
CODE-SEG SEGMENT
        ASSUME DS: DATA-SEG
            SS: STACK-SEG
START:
    MOV AX, DATA-SEG
    MOV DS, AX                  ; 数据段地址送 DS
    MOV AX, STACK-SEG
    MOV SS, AX                  ; 堆栈段地址送 SS
CODE-SEG ENDS
```

```
;*****************************************
        END START
```

上例源程序代码段中的伪指令 ASSUME 只是用来明确段寄存器与段的对应关系,不具有把段地址装入对应段寄存器的功能, 因此需要使用传送指令将段地址送入对应段寄存器中, 而代码段的段地址不需要使用该方式送入代码段寄存器中。

4. 程序命名及程序结束伪操作

汇编语言源程序要求在开始处用伪指令给程序指定一个名字。

伪指令的格式为

   NAME module-name

或   TITLE text

格式中的 module-name 即为命名的程序模块名。对于格式 TITLE text, 汇编程序将取 text 的前六个字符作为程序模块名,并且规定 text 最多可有 60 个字符。使用 TITLE 伪指令可指定打印时每一页的标题, 以此可从列表文件中看到程序的说明。如果没有使用 NAME 及 TITLE 伪指令对程序命名, 则源程序文件名被用来作程序模块名。就像我们在源程序清单上经常看到的。

程序结束伪指令格式为

   END [lable]

格式中的标号为可选项, 通常用来指示程序开始执行的起始地址。汇编程序在汇编过程中, END 可使其结束。上例中的 START 即为程序开始执行的起始地址标号, 程序模块名为 program。

5. 基数控制伪指令

在汇编语言源程序中, 通常使用十进制数对数据进行描述, 这主要是因为汇编程序默认的基数为十进制, 而在必要的情况下可通过加标识字母来表示二进制(B)、八进制(O)、十进制(D)及十六进制(H)数。例如:

```
    MOV AX, 10D
    MOV BX, 1010B
    MOV EX, 0AH
```

基数控制伪指令 RADIX 可以改变默认的基数, 使之成为 2～16 范围内的任何一种进制。

RADIX 伪指令格式为: RADIX expression

其中, 表达式 expression 的值可以是 2, 8, 10, 16 中的任一数值。当使用伪指令 RADIX 指定某一基数之后, 对于不加标识字母的数值均看做是被指定的基数。例如:

```
    MOV        AX, 10
    RADIX      2
    MOV        AX, 1010
    RADIX      16
    MOV        AX, 0A
    MOV        BX, 12O
```

上例中所传送的数据在伪指令的指定下都为相同的数据, 当给定数据不符合默认基数时，需要加标识字母确认。

6. 指定地址伪操作

在汇编语言程序中可通过伪指令使源程序在汇编过程中将产生的目标代码存放在指定的地址开始的单元中，而这个起始地址最初被保存在地址计数器中。地址计数器在汇编过程中保存的是当前正在汇编的指令地址。

指定地址伪指令格式为

  ORG expression 和　EVEN

ORG 伪指令中的 expression 用来指定存放目标代码的地址，即给地址计数器赋值。

EVEN 伪指令可使下一目标代码字节的地址调整为偶数，这对于字数据的操作提供了便利。

例如：

```
DATA-SEG SEGMENT
        ORG   100H
        DB   'program'
        EVEN
        DW   10, 20, 30, 40, 50
DATA-SEG ENDS
```

汇编之后，'program' 字符串的 ASCII 码被存放在偏移地址 100H 开始的存储单元中，EVEN 伪指令将偏移地址调整为继存放 program 的 ASCII 码之后的偶数地址(即 108H)，从此地址开始存放 DW 伪指令中的字数据。

汇编程序在对源程序的汇编过程中，汇编地址计数器的值除了使用 ORG 伪指令预先指定外，其值将随着数据定义等伪操作而变化，在伪指令中可以直接用 $ 来表示当前地址计数器的值，也可以在指令中使用。

3.3.3　汇编语言程序格式

汇编语言程序是由指令、伪指令及宏指令组成的。将每一条指令又称作为一条语句，汇编语言程序中一条语句完整的格式由以下四项内容组成。

  [name] operation operand [;comment]

其中，name 为名字项，通常为一符号序列；operation 为操作码助记符，可以是指令、伪指令及宏指令名；operand 为操作数，它为操作码提供数据及操作信息，可由一个或多个表达式组成；comment 为语句注释，说明所在语句行的功能，注释也可占用单独一行，常用来说明一段程序的功能，若使用了注释项，则分号"；"是不可缺少的。一条正确的语句其书写非常重要，要求上面四项内容之间必须留有空格，否则会被认为是错误的命令。[ ]为可选项。对于每项内容汇编语言都有规定，只有按规定正确来表示，语句才能正确被汇编及执行。

1. 名字项

名字项由字母 A~Z(a~z)、数字(0~9)及专用字符(?, . , @ , - , $)组成的字符序列构成，最长不超过 31 个字符。要求名字的第一个字符不能为数字，使用含有专用字符"."作为名字时，"."必须是第一个字符。

名字项可用作标号和变量。作为标号表示的是符号地址，其后跟 "："，作为变量表示的是一个数据，其后不跟 "："。标号和变量也可以用 LABLE 和 EQU 伪操作来定义。相同的标号或变量的定义在同一程序中只能允许出现一次。

2. 操作码项

操作码指的是指令、伪指令的操作符部分，是指令系统所明确的助记符，对于宏指令则是在编写程序时决定的。

3. 操作数项

操作数项是根据操作码项的功能而确定的，操作数项可是数据(常数、变量、表达式)，也可以是操作数据的地址、地址表达式，对于表达式和地址表达式，汇编过程都将计算出具体的数值。在表达式中可能出现各种运算的运算符，汇编过程将按照它们的优先级别进行运算。

4. 注释项

这里仅对注释项之作用加以说明，一段完整的程序注释是很重要的，它可使程序思路显得更清楚，特别是模块化程序设计中可通过注释将各模块之功能描述出来。大大增强了程序的可读性。

3.3.4　宏操作指令和条件汇编

宏指令和条件汇编指令实际上也是一种伪指令，比起前面介绍的伪指令，其功能更强些。在源程序中使用宏指令可简化程序。

宏是指源程序中一段具有独立功能的代码，宏指令代表一段源程序，这段源程序由于多次被调用而使用宏定义伪指令将其定义成一条宏指令，并赋给这条宏指令一个名字，这个名字就可以像指令一样在程序中使用。当宏汇编时，宏指令就被自动地展开成为相应的机器代码而插入源程序中的宏调用处。

1. 宏定义和宏调用操作指令

宏定义格式：

　　宏指令名：　　MACRO　　[形参表]

　　　　[语句]　　　宏定义体

　　　　ENDM　　　　宏结束

其中，MACRO 和 ENDM 是一对伪指令，MACRO 是宏定义的定义符，ENDM 是宏定义的结束标志。宏指令名是以 MACRO 的标号形式出现的，当进行宏调用时在语句的操作符部分使用该宏指令名，便可实现宏定义体中的语句所代表的功能。格式中的形参表是可选项。

　　宏调用格式：　　　宏指令名　　[实参数]

宏调用是一种伪操作，由于伪操作是汇编程序处理的操作，因此宏调用指令在汇编过程中对宏定义体作宏展开操作。宏展开就是用宏定义体取代源程序中的宏指令名，并用实参取代宏定义中的形参(要求实参与形参一一对应)的过程。

例如，宏定义：

　　P1 MACRO X1, X2, X3

　　　　MOV　　AX, X1

```
        ADD     AX，X2
        MOV     X3，AX
        ENDM
```
宏调用：
```
    P1 B1，B2，B3
```
宏展开：
```
    MOV  AX，B1
    ADD  AX，B2
    MOV  B3，AX
```

2. 宏指令的嵌套使用

宏指令的嵌套指的是宏定义体内可以包含宏定义或宏定义体内可以包含宏调用。

(1) 宏定义体内包含宏调用。

例如，宏定义：
```
    P1  MACRO     X1，X2，X3
        MOV  AX，X1
        ADD  AX，X2
        MOV  X3，AX
        ENDM
    P2  MACRO     C1，C2，C3，C4
        PUSH      AX
        P1        C1，C2，C3
        MOV  C4，AX
        POP       AX
        ENDM
```
宏调用：
```
        P2 D1，D2，D3，D4
```
宏展开：
```
    PUSH  AX
    P1            D1，D2，D3
    MOV  D4，AX
    POP       AX
```
(2) 宏定义嵌套宏定义。

例如，宏定义：
```
    ST1  MACRO  R1，R2              ；外层宏定义
    R1   MACRO  X，Y，Z             ；内层宏定义
    PUSH      AX
    MOV       AX，X
    ADD       AX，Y
```

```
    MOV     Z，AX
    POP  AX
    ENDM                          ；内层宏定义结束
    ENDM                          ；外层宏定义结束
```
宏调用：
```
    ST1 SUBTRACT，SUB
```
宏展开：
```
SUBTRACT MACRO  X，Y，Z
    PUSH    AX
    MOV     AX，X
    SUB  AX，Y
    MOV     Z，AX
    POP  AX
    ENDM
```

从上面的两个例子中可以看到，宏指令嵌套在使用上应遵守先定义后调用的原则。对于宏定义嵌套宏定义，在汇编时若没有外层宏调用，内层宏调用是不能进行的。

3. 宏指令与子程序的区别

从功能上看，宏指令与子程序有类似的地方，即都可以简化源程序。

子程序不仅可以简化源程序的书写，而且它实实在在地节省了存储空间。子程序的目标代码只有一组，它不需要重复，主程序中有调用子程序的指令时，程序只是转到子程序处执行一次子程序的目标代码，然后再返回主程序继续执行。

宏指令在书写上虽也简化了源程序，但是在汇编过程中，汇编程序对宏指令的处理是把宏定义体的目标代码插入到宏调用处，(宏展开)有多少次调用，在目标程序中就需要有同样次数的宏定义体的目标代码插入，所以说宏指令并没有简化目标程序，也就没有节省目标程序所占用的存储空间。

由于子程序在每一次的调用中需要进行保护断点、现场，返回主程序时要恢复现场。返回断点，因此执行时间长、速度慢。而宏指令在调用时不存在保护断点、现场的问题，因而执行速度快。由此可以说宏指令是以存储空间作为代价提高执行速度的。而子程序是以降低执行速度来节省存储空间的，建议多次调用较短的程序时使用宏指令；多次调用较长的程序时使用子程序。

4. 条件汇编

条件汇编也是汇编语言提供的一组伪操作，伪操作指令中指出汇编程序所进行测试的条件，汇编程序将根据测试的结果有选择地对源程序中的语句进行汇编处理。即汇编程序根据条件把一段源程序包括在汇编语言程序内或者排除在外的操作称为条件汇编。

条件伪操作的一般格式为：
```
    IF  〈表达式〉
    [条件程序块 1]
    [ELSE]
```

[条件程序块 2]
　　　　ENDIF

　　格式中的表达式即是条件，如果满足条件，则汇编条件程序块，若不满足条件，则不汇编条件程序块，有 ELSE 命令，则可对另一条件程序块进行汇编。格式中的表达式是由汇编程序计算的。对于 IF 条件汇编伪指令，表达式的值为零即表明不满足条件，非零则表明满足条件。

　　条件伪操作还有如表 3-10 所示的几种。

表 3-10　几种条件的伪操作

条 件 伪 指 令	功　　　能
IF 表达式	汇编程序计算表达式的值，表达式值非零，则满足条件
IFE 表达式	汇编程序计算表达式的值，表达式值为零，则满足条件
IFDEF　符号	若符号已在程序中定义，或已用 EXTRN 伪指令进行了说明，则满足条件
FNDEF　符号	若符号未定义或未用 EXTRN 说明，则满足条件
IFB　〈自变量〉	若自变量为空，则满足条件
IFNB　〈自变量〉	若自变量不为空，则满足条件
IFIDN〈字符串 1〉，〈字符串 2〉	若字符串 1 和字符串 2 相同，则满足条件
IFDIF　〈字符串 1〉，〈字符串 2〉	若字符串 1 和字符串 2 不相同，则满足条件

　　条件汇编伪操作可用在宏定义体内，也可用在宏定义体外，同时可进行嵌套使用。

　　例如：定义宏指令 FINSSUM，其功能为比较两个数 X 和 Y；若 X > Y，则执行 SUM←X+2*Y，否则执行 SUM←2*X+Y。

```
        SUM DW ?
FINSUM  MACRO X，Y
            IF (X GT Y)                    ; X>Y
            MOV SUM，X+2*Y
            ELSE
            MOV SUM，2*X+Y
                ENDIF
        ENDM
```

3.3.5　汇编语言程序设计

　　程序设计是指为计算机编写能够接受并执行的，且具有实际意义的语句序列。对于汇编语言程序设计，了解指令系统、伪指令及宏指令是最基本的要求，这些内容在前面都已进行了介绍。合理地使用不同的指令进行汇编语言程序的编制仅仅是一个基础，是编出高质量程序的一个方面。然而程序设计的方法可体现出一个程序设计者的思路及运用指令的水平。

　　程序设计是把解决实际问题的方法转化为程序。由于实际问题有简单与复杂之分，因此程序设计就需要根据解决问题的思路，运用一些基本的程序设计方法设计出解决不同问题的程序来。在汇编程序设计过程中，首先要对需解决的问题的过程进行具体的描述，这也是编程的准备阶段。对于较小的程序可以使用程序流程图，对于较大的程序可以采用模块化程序设计方法。无论采用流程图还是模块化的方法设计，都要使用程序设计的基本程序结构来设计程序。基本的程序结构包括顺序结构、分支结构、循环结构及子程序结构。不同的问题可采用不同结构设计，因此需要对各种结构形式有所了解，才能找到解决某一问题的最佳程序设计结构形式。

1. 顺序结构程序设计

顺序结构是一种最简单的程序设计结构形式。采用这种结构只能完成简单的任务程序设计。顺序结构在任何程序中都会出现。下面是一个顺序结构的程序设计例子。

例：计算并完成表达式所规定的操作：$Y = X1 + X2 + X3$。

分析程序设计方法：

(1) 表达式 $Y = X1 + X2 + X3$ 的计算过程可采用顺序执行的方法来完成。首先读入数据 X1、X2、X3；其次计算 X1 + X2 + X3 的和；最后保存结果到指定变量 Y 中。

(2) 根据计算步骤编写汇编语言程序。首先利用伪指令确定存储器的分配，将 X1、X2、X3 定义为字变量；再按照汇编语言源程序结构要求编写源程序。

程序如下：

```
        PROGRAM;
        ;***************************
DATA SEGMENT
DATA1 DW X1, X2, X3, ?
DATA ENDS
        ;***************************
CODE SEGMENT
        ASSUME CS:CODE, DS:DATA
START:
        MOV    AX, DATA
        MOV    DS, AX
        MOV    AX, [DATA1]
        ADD    AX, [DATA1+2]
        ADD    AX, [DATA1+4]
        MOV    [DATA1+6], AX
        HLT
CODE ENDS
        ;***********************
        END START
```

可以看出，上面的源程序是由数据段和代码段两部分组成的，在数据段定义了 X1、X2、X3 为字变量。运行时，应填入具体数值。代码段确定了各段与段寄存器的关系，并且以计算机的基本操作指令，按顺序执行的结构形式将计算机操作过程进行描述，从而完成程序设计的最初阶段任务。一个源程序的编写过程还说明不了程序的正确性，必须经过上机调试，最终得到正确的结果，才能足以说明设计的程序是否符合要求。对于上机调试这里不作讨论。

2. 循环结构程序设计

循环结构程序设计针对的是处理一些重复进行的过程的操作。采用循环结构设计的程序，长度得以缩短，它不仅节省了内存，也使得程序的可读性大大提高了。使用循环结构形式设计程序，通常将循环程序划分为三个部分：

(1) 循环的初始化部分。主要为循环所需的变量赋初值。

(2) 循环体。即程序所要完成的主要工作部分，这一部分的内容是由所要处理的问题来确定的，这一部分的执行结果有可能影响到循环是否继续进行。

(3) 循环控制部分。这一部分主要是以条件表达式的结果作为是否结束循环的条件。若事先知道循环次数，则可采用循环计数控制循环的结束；若事先不知道循环次数，则多采用结果及给定特征作为条件来控制循环的结束。图 3-12 可以帮助我们很好地理解循环结构程序。

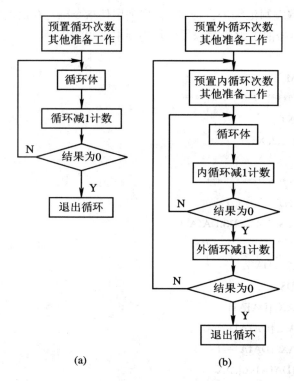

图 3-12　循环程序结构

下面的例子为一个将 100 个字节数据搬家的程序，要求采用循环结构设计该程序。

在编写程序之前要对解决的问题进行分析：

(1) 首先确定程序采用循环结构完成数据搬家操作；

(2) 定义数据单元；

(3) 按顺序将原数据逐一搬家；(该步要求修改原数据地址、目的数据地址及搬家次数)

(4) 搬家程序的控制是以变化的数据个数作为条件的。

程序如下：

```
            MOV     AX，1000H
            MOV     DS，AX
            MOV     BX，1000H
            MOV     DI，1500H
            MOV     CX，100
LOOP:       MOV     AL，[BX]
            MOV     [DI]，AL
            INC     BX
            INC     DI
            DEC     CX
            JNZ     LOOP
            HLT
```

下面再举一个例子说明循环结构程序设计的方法。

假设从 BUF 单元开始为一个 ASCII 码字符串，要求找出其中的最大数送屏幕显示。

程序流程图如图 3-13 所示。程序如下：

```
            DATA    SEGMENT
BUF         DB      'ABCREF873'
COUNT       EQU     $-BUF               ；统计串长度
MAX DB              'MAX='，?/ODH，OAH，'$'
            DATA    ENDS
            CODE    SEGMENT
            ASSUME CS：CODE，DS：DATA
BEG:        MOV     AX，DATA
            MOV     DS，AX
            MOV     AL，0                ；无符号最小数 0→AL
            LEA     BX，BUF              ；串首址偏移量→BX
            MOV     CX，COUNT            ；串长度→CX
LAST:       CMP     [BX]，AL             ；比较
            JC      NEXT
            MOV     AL，[BX]             ；大数→AL
NEXT:       INC     BX
            LOOP    LAST                ；循环计数
            MOV     MAX+4，AL            ；最大数→MAX+4 单元
            MOV     AH，9
            MOV     DX，OFFSET MAX
            INT     21H                 ；显示结果
            MOV     AH，4CH
```

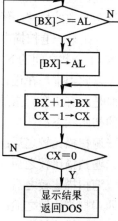

图 3-13 找最大数

```
                INT        21H                          ;返回DOS
      CODE      ENDS
                END BEG
```

上述程序中，ASCII 码应看成无符号数，无符号数的最小值为 0，因此，第一次比较时，把 0 送 AL 寄存器，各个数都和 AL 比较，每次比较后的较大的数放入 AL 寄存器中。N 个数需要比较 N 次，若把第一个数送 AL 作为初始比较对象，那么 N 个数需要比较 N−1 次。

根据循环程序的嵌套层数不同，可以将循环程序的结构分成单循环、双循环和多重循环。上面介绍的例子是单循环的结构，下面举例说明如何进行双重循环的程序设计。

假设需要对无序表中的元素排序。排序的方法很多，冒泡排序是最常用的一种方法。

设从地址 ARRAY 开始的内存缓冲区中有一个数组，要使该数据表中的 N 个元素按照从大到小的次序排列，用冒泡算法显示的过程叙述如下：

从第一个数开始依次进行相邻两个数的比较，即第一个数与第二个数比较，第二个数与第三个数比较……比较时若两个数的次序符合排序要求，则不做任何操作；若次序不对，就交换这两个数的位置。经过这样一遍全表扫描比较后，最大的数放到了表中第 N 个元素的位置上。在第一遍扫描中进行了 N−1 次比较。用同样的方法再进行第二遍扫描，这时只需考虑 N−1 个数之间的 N−2 次比较，扫描完毕，次大的数放到了表中第 N−1 个元素的位置上……以此类推，在进行了 N−1 遍的扫描比较后完成排序。

下面是对有 7 个元素的元序表进行冒泡排序的过程。

表的初始状态：　　　　　　　[43　36　65　95　81　12　25]
第一遍扫描比较之后：　　　　[36　43　65　81　12　25]　95
第二遍扫描比较之后：　　　　[36　43　65　12　25]　81　95
第三遍扫描比较之后：　　　　[36　43　12　25]　65　81　95
第四遍扫描比较之后：　　　　[36　12　25]　43　65　81　95
第五遍扫描比较之后：　　　　[12　25]　36　43　65　81　95
第六遍扫描比较之后：　　　　12　25　36　43　65　81　95

冒泡法最大可能的扫描遍数为 N−1 次。但是，往往有的数据表在第 1 遍(1 < N−1)扫描后可能已经成序。为了避免后面不必要的扫描比较，可在程序中引入一个交换标志。若在某一遍扫描比较中，一次交换也未发生，则表示数据已按序排列，在这遍扫描结束时，就停止程序循环，结束排序过程。

程序如下：

```
      DATA      SEGMENT
      ARRAY     DW  d1, d2, d3, … , dn
      COUNT     EQU($−ARRAY) / 2               ;数据个数
      FLAG      DB-1                            ;交换标志，初值为 −1
      DATA      ENDS
      STACK     SEGMENT PARA STACK, 'STACK'
                DB   1024 DUP(?)
      STACK     ENDS
      CODE      SEGMENT
```

```
                ASSUME  CS：CODE，DS：DATA
SORT：  MOV AX，DATA
        MOV      DS，AX
        MOV      BX，COUNT
LPI：   CMP      FLAG，0              ; 数组已有序?
        JE       EXIT                 ; 是，排序结束
        DEC      BX                   ; 否，置本遍扫描比较次数
        MOV      CX，BX
        MOV      SI，0                ; 置数组的偏移地址
        MOV      FLAG，0              ; 预置交换标志为 0
LP2：   MOV      AX，ARRAY[SI]        ; 取一个数据→AX
        CMP      AX，ARRAY[SI+2]      ; 与下一个数比较
        JLE      NEXT                 ; 后一个数大，转 NEXT
        XCHGAX   ARRAY[SI+2]          ; 逆序，交换两个数
        MOV      ARRAY[SI]，AX
        MOV      FLAG，-1             ; 置交换标志为 -1
NEXT：  ADD      SI，2                ; 修改地址指针
        LOOP     LP2                  ; 循环进行两两数据的比较
        JMP      LP1                  ; 内循环结束，继续下一轮排序
EXIT：  MOV      AH，4CH              ; 排序完成，返回 DOS
        INT      21H
        CODE     ENDS
        END      SORT
```

3. 分支结构程序设计

有时，解决问题的方法随着某些条件的不同而不同，将这种不同条件下处理过程的操作编写出的程序称为分支程序。程序中所产生的分支是由条件转移指令来完成的。汇编语言提供了多种条件转移指令，可以根据实际情况的需要使用不同的转移指令所产生的结果状态选择要转移的程序段，从而对问题进行处理。采用分支结构设计的程序，其结构清晰，易于阅读及调试。

下面是一个采用分支结构设计的程序例子，要求从键盘上输入字符，若为 A～Z，则将其转换为对应的 ASCII 码并显示；若为 0 则结束输入。

首先使用程序流程图将解决问题的思路描述出来，如图 3-14 所示。

程序如下：

```
abc1: MOV      AH，01H         ; 置键盘输入并显示
      INT      21H
```

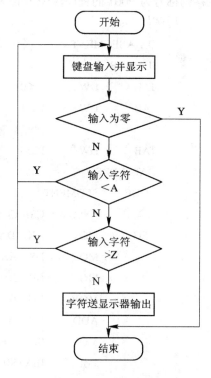

图 3-14 分支程序结构

```
        CMP      AL, 0           ; 输入字符与 0 比较
        JE       abc2            ; 为零则结束
        CMP      AL, 'A'         ; 判断是否小于大写字母 A
        JL       abc1            ; 小于大写字母 A 则返回重新输入
        CMP      AL, 'Z'         ; 判断是否大于大写字母 Z
        JG       abc1            ; 大于大写字母 Z 则返回重新输入
        MOV      DL, AL          ; 将 AL 内容送 DL, 作为输入参数
        MOV      AH.02           ; 置显示输出
        INT      21H             ; 将 A~Z 的字符从显示器输出
abc2:   MOV      AH, 4CH         ; 带返回码结束
        INT      21H
```

在汇编语言程序设计中，常常要使用多分支结构。多分支结构相当于一个多路开关，在程序设计中通常是根据某寄存器或某单元的内容进行程序转移的。

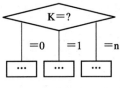

图 3-15　多分支结构

在设计多分支转移程序时，如果分支太多，则平均转移速度太慢。如果用转移地址表实现多分支转移，则可以提高平均转移速度。多分支结构如图 3-15 所示。

例如，设计一个 256 分支的段内程序转移程序。

设 JUMP 单元有一个数 X，若 X=0，则转移到标号为 P000 的程序段；若 X=0，则转移到标号为 P001 的程序段……若 X=255，则转移到标号为 P255 的程序段。

程序如下：

```
DATA SEGMENT
JUMP DB    ?                          ; 某数 X
TAB   DW    P000                      ; 分支程序标号
TAB   DW    P001
           ⋮
TAB   DW    P255
DATA ENDS
CODE   SEGMENT
       ASSUME CS: CODE, DS: DATA
BEG:   MOV    AX, DATA
       MOV    DS, AX
       MOV    BL, JUMP
       MOV    BH, 0
       ADD    BX, BX              ; 2×X→BX 寄存器
       MOV    SI, OFFSET TAB
       JMP    [BX+SI]             ; DS: [BX+SI]→IP 实现转移
P000:  ⋮
```

```
        P001：  ⋮
          ⋮       ⋮
        P255：  ⋮
CODE        ENDS
        END  BEG
```

以上通过例子介绍了汇编语言程序设计中常用的基本结构程序形式，利用这些结构形式的特点以及使用要求，并结合汇编语言提供的指令，可以帮助你设计出适合解决各类问题的汇编语言程序。这些基本结构形式不仅可以单独使用以解决一些简单的问题，还可以联合起来使用以解决一些复杂的问题。另外，在基本结构形式中还有子程序结构，这种结构在很多语言程序中都被采用，在此不作介绍。总之，采用基本结构形式设计方法编写出来的程序称为结构化程序，这样的程序其结构清晰，不仅阅读容易，而且给修改程序、调试程序带来了便利。

本 章 小 结

本章介绍了微型计算机的指令格式、寻址方式和指令系统。通过本章的学习，读者应熟悉指令的格式，了解指令中各个字段的功能；掌握各种寻址方式及其应用，学会有效地址的计算方法；掌握数据传送类指令、算术运算类指令、逻辑运算类指令、移位和串操作类指令、控制转移类指令和处理器控制类指令的基本功能和应用，并利用指令进行简单程序设计。

思考与练习题

1. 什么是寻址方式？一般微处理器有哪几种寻址方式？各类寻址方式有何特点？

2. 对于 80X86/Pentium 系列微处理器，存储器寻址的有效地址和实际地址有什么区别？

3. 80X86/Pentium 系列微处理器存储器的有效地址(EA)由哪几个分量组成？它们可以组合出哪些存储器寻址方式？在各种寻址方式下，如何进行有效地址的计算？

4. 设 BX = 425DH，SI = 3B6EH，位移量 D = 2386H，试计算下列寻址方式下的有效地址(EA)。

(1) 直接寻址；

(2) 基址寻址；

(3) 使用 BX 的间接寻址。

5. 指出下列指令的源操作数字段是什么寻址方式？

(1) MOV EAX, EBX

(2) MOV EAX, [ECX][EBX]

(3) MOV EAX, [ESI][EXD × 2]

(4) MOV EAX, [ESI × 8]

6. 若 SP=2000H，AX=1257H，BX=1948H，试指出下列指令或程序段执行后有关寄存器的内容。

(1) PUSH AX 执行后，AX=_____，SP=_____。

(2) PUSH AX

　　PUSH BX

　　POP DX

执行后，AX=_____，DX=_____，SP=_____。

7. 设 BX=0328H，SI=023CH，则执行 LEA BX，[BX+SI+0F54H]后，BX=_____。

8. 设 BX=6F30H，BP=0200H，SI=0038H，SS=2F00H，[2F238H]=2352H，则执行 XCHG BX，[BP+SI]后，BX=_____，[2F238H] =_____。

9. 设 DS=C000H，[C0010H]=0180H，[C0012H]=2000H，则执行 LDS SI，[10H]后，SI=_____，DS=_____。

10. 按下列要求写出相应的指令段和程序。

(1) 写出两条使 AX 寄存器内容为 0 的指令。

(2) 将 BL 寄存器中的高、低 4 位互换。

(3) 现有两个有符号数 N1、N2，求 N1/N2，商和余数分别送入变量 M1、M2 中。

(4) 屏蔽 BX 寄存器的 b4、b6、b11 位。

(5) 将 AX 寄存器的 b3、b8、b12 位取反，其他位不变。

11. 使用移位指令可以很方便地执行乘以 2 或除以 2 的操作。试用其实现+35 和−27 分别乘以 2 和除以 2 的指令组。

12. 令 BX=00D2H，变量 VALUE 的内容为 63H，则下列指令单独执行后，BX 寄存器的内容为多少？

① XOR BX，VALUE　　　　② AND BX，VALUE

③ ROR BX，1　　　　　　④ OR BX，10F4H

⑤ NOT BX

13. 试将存储单元 2030H 和 2031H 的 16 位内容取反，结果存入 2033H 和 2034H 单元。

14. 试将 HL 寄存器对的内容求补，结果存入 2030H 和 2031H 单元。

15. 试将存储单元 2030H 的内容减去 2031H 的内容，结果存在 2032H 单元。

16. 试将 2030H 单元的内容的高 4 位和 2031H 单元的内容的低 4 位合并成一个字节，并将结果存入 2032H 单元。

17. 假设(2020H)=0A5H，(2021H)=3EH，(2022H)=0FH，试编程序计算@0A5H−3EH+0FH，并将结果存入 2020H 单元。

18. 编写程序，将寄存器 B 和存储单元 2F00H 的内容互换。

19. 编写程序，使主寄存器组和对应的辅助寄存器组的内容相等。

20. 将存储单元 2030H 和 2031H 单元的两个无符号数中的较大者存入 2032H 单元。

21. 试确定 2030H 单元中有多少个 1，并将结果存入 2032H 单元。

22. 假设数据块中的数为 8 位无符号数，找出数据块中的最小元素，数据块的长度存放在 2031H 单元，数据块从 2032H 单元开始存放，找出的最小元素存放在 2030H 单元中。

23. 试将存储单元 2030H 中的内容转换成 ASCII 码并存入存储单元 2031H 中。

24. 有一组无符号数，从存储单元 DATA 开始连续存放，数组的长度存在存储单元 SIZE，编写程序将它们按照由大到小的顺序排序。

第 4 章 存 储 器

存储器是计算机硬件的重要组成部分,用来存储程序和数据。早期的计算机采用冯·诺依曼机结构方案,以运算器为中心。随着 DMA 技术(存储器直接存取技术)的引入,计算机结构改为以存储器为中心,存储器的中心地位得到进一步增强。计算机多处理系统的实现,使单个 CPU 对系统的控制作用下降,内存成为多处理器共享的重要资源。计算机网络的开通,又使存储器,特别是海量的外存储器成为计算机之间进行数据交换、资源共享的重要手段。

本章要点:

- 存储器概述
- 主存储器
- 高速缓冲存储器
- 虚拟存储器
- PC 系列机中的主存储器

4.1 存储器概述

存储器一般指存储信息的硬件器件,存储体系(系统)是指由各具特色、不同类型的存储器构成的相互依存、相互支持的多个层次,以及与此相关的软、硬件。单一品种的存储器不能同时满足计算机系统的各项要求,而存储体系可以较好地做到统筹兼顾,充分发挥整体优势。

4.1.1 存储器的分类

存储器的分类方法很多,常用的分类方法有以下几种。

1. 按存储介质分

用来制作存储器的物质称为介质。按存储介质可以将存储器分为三种:半导体存储器、磁表面存储器和光存储器。

2. 按存取方式分

按照存取方式可将存储器分为随机存取(读/写)存储器、只读存储器、顺序存取存储器和直接存取存储器等。

随机存取存储器(简称 RAM)的任意一个存储单元都可被随机读/写,且存取时间与存储单元的物理位置无关。它一般由半导体材料制成,速度较快,用于内存。

只读存储器(简称 ROM)的内容不能被一般的 CPU 写操作随机刷新，即不能"随便"写，而其内容可随机读出。它一般也由半导体材料组成，用于内存。

顺序存取存储器(简称 SAM)只能按照某种次序存取，即存取时间与存储单元的物理位置有关。磁带是一种典型的顺序存储器。但由于其顺序的特点，以及工作速度慢，它只能用于外存，并作为高速磁盘的外援。

直接存取存储器(简称 DAM)存取数据时不必对存储介质做完整的顺序搜索而直接存取。磁盘和光盘都是典型的直接存取存储器。磁盘的逻辑扇区在每个磁道内顺序排列，邻近磁道紧接排列。读取磁盘中某扇区的内容时，先要寻道定位(此时扇区号跳跃)，然后在磁道内顺序找到相应扇区。

3. 按信息的可保护性分

根据存储器信息的可保护性可将存储器分为易失性存储器和非易失性存储器。

断电后信息将消失的存储器为易失性存储器，如半导体介质的 RAM。断电后仍保持信息的存储器为非易失性存储器，如半导体介质的 ROM、磁盘、光盘存储器等。

4. 按所处位置及功能分

根据存储器所处的位置可将存储器分为内存和外存。位于主机内部，具有总线地址，可以被 CPU 直接访问的存储器，称为内存。由于计算机运行时，内存与 CPU 频繁交换数据，是存储器中的主力军，因此又称主存。位于主机外部，被视为外设的存储器，称为外存。由于外存的数据只有调入内存，CPU 才能应用，起着后备支援的辅助作用，因此又称为辅存。半导体 ROM、RAM 用于主存，磁盘、光盘、磁带等存储器常用于外存。

5. 按制造工艺分

半导体存储器常按制造工艺的不同，而区分为双极型(如 TTL)、MOS 型等类存储器。双极型存储器集成度低、功耗大、价格高，但速度快；MOS 型存储器集成度高、功耗低、速度较慢，但价格低。MOS 型存储器还可进一步分为 NMOS、HMOS、PMOS、CMOS 等不同工艺产品。其中 CMOS 互补型 MOS 电路，具有功耗极低、速度较快的特点，在便携机中应用较广。

4.1.2　存储体系与层次结构

1. 计算机对存储系统的要求

为了组成功能完善、高效运行、安全可靠、价格合理的机器，通用计算机一般对存储系统提出如下要求：

(1) 存储容量要大。由于用户使用微机处理的信息越来越多，而支持软件越来越丰富、复杂，因此一般使用的存储器其容量应达 MB(兆字节)级或 GB(千兆字节)级，甚至更大。Windows 环境下，允许每个用户可以使用 64 TB(兆兆字节)或更大的存储空间。

(2) 读/写速度要快。读/写速度应尽量与不断提高的 CPU 相匹配。目前 CPU 主频已高达几百赫兹，以 200 MHz 为例，时钟周期仅为 0.005 μs。80386 以上计算机都可以在一个时钟周期中完成存储器读/写操作，所以其读/写时间要少于 5 ns。

(3) 价格要低。因存储器容量大,存储器本身以及为该存储器服务的外围电路、部件(如驱动器、刷新电路)等的总价格已是整机价格的几分之一。当前微机应用已进入家庭,价格低更是用户所盼。

(4) 有支持系统启动和开发的能力。系统上电后,可提供支持系统启动和保障基本工作的软件;可提供用户开发的大量随机存取空间。

(5) 具有后备存储能力。用户开发的新程序,需要保留的中间数据等,在机器断电后仍能长久保存。

(6) 安全可靠。机器上电后存储器不读不写是存储单元的主要工作状态,这时,数据应不会自行丢失;受到干扰时存储器不出错,偶尔出错时可纠错或报警等。

2. 存储体系的形成

计算机对存储系统提出了以上 6 条基本要求。其中,希望存储器不出错这一点,目前根本无法做到,现实的要求是尽量少出错,做到平均无故障间隔时间要长。对存储器进行奇偶校验、CRC(循环冗余码)校验等可以发现一些错误,有的还可以改正错误。对于不可改正的 RAM 奇偶错,检测线路视为重大故障,报警后由程序员处理。对于存储器不读不写时,数据不应自行丢失的要求,动态 RAM 必须附加动态刷新电路。

计算机对存储系统提出的其他几条基本要求,是任何一个单一品种的存储器不能同时满足的。

CPU 内部的工作寄存器可读、可写、可存,它实质上也是存储器。由于它留在 CPU 内部,并且与 CPU 速度完全匹配,因此可以把它们视为 0 级存储器。它们的功能很强,但价格高、数量不多。即使在精减指令集计算机 RISC 中,它们的数量有较大增加,但充其量也只有几百个字节,离用户的要求相差甚远。

内存作为独立的存储器可称之为 1 级存储器。它相对 0 级存储器容量大得多,可以作为 CPU 寄存器的后备支持。作为内存主力的 RAM 器件,其容量可达整个内存的 90%以上,在计算机启动后,为用户提供大量随机读/写的空间,使用灵活方便。

若把上述的多种类型的存储器按图 4-1 所示的方式组成存储体系,则它具有三个层次(由于有时把工作寄存器视为 CPU 的一个部分,不作为独立的 0 级存储器,也称此为两个层次)。早期的 PC、PC/XT、PC286 机等都采用这种最基本的体系。

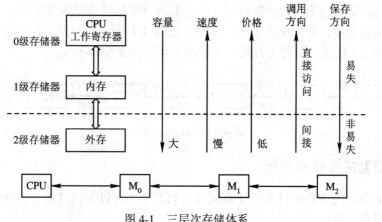

图 4-1 三层次存储体系

3. 层次结构的发展

在早期的计算机中，由于 CPU 主频低，一般内存的工作速度尚可以与 CPU 相匹配。随着电子技术与计算机技术的发展，CPU 和一般内存的速度都得到了提高，但前者的幅度更大。两者速度上越来越大的差异，形成了制约整机速度的"瓶颈"。为解决这一矛盾，近年来发展了高速缓冲存储器(Cache)新层次，从 PC 386 机起装机，从 80486 起 CPU 芯片中封装称为一级(L1)Cache 的高缓。位于 CPU 外部的高缓称为二级(L2)Cache。

由图 4-1 可以看出，Cache 应位于 0 级与 1 级存储器之间，显然其读/写速度比一般内存快，而容量相对要小，价格要高。而一级与二级 Cache 之间亦符合这一规律。内存与 Cache 间、两级 Cache 之间的数据传送由辅助硬件完成，保证了高的调度速度。

现代的计算机需要满足一个用户可以同时进行多项任务，一台机器可以多个用户(通过程序)同时使用的功能，加上支持用户的软件越来越多，每个文件长度越来越大，因而需要海量存储器。若一般外存即使使用大容量的软、硬磁盘，仍嫌不足，则可以在第 2 级存储器外，再延伸第 3 级存储器。廉价的磁带存储器和大容量的光盘等可作为软、硬盘的后援支持。

由以上多个层次构成的多级存储体系如图 4-2 所示。

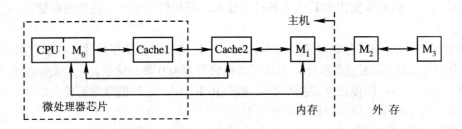

图 4-2　多级存储体系示意图

目前，0 级工作寄存器的容量可达几百个字节、1 级 Cache 的容量可达 16 KB、2 级 Cache 已达 256～512 KB、1 级内存装机已达 64～512 MB，2 级外存为 GB 级，3 级外存理论可达 TB 级。由于采用了较好的软、硬件设计，在高档微机中多级存储体系支持 CPU 对 Cache1 访问的命中率高达 95%以上。这样整个体系可以接近 CPU 的高速度，并获得大容量外存的支持，价格也为用户所能承受，即达到各方面俱佳的整体效果。

多级存储体系中，相邻层次中信息调度仍按图 4-1 所示的方向进行流通。与此相关调度容量则按图 4-3 所示，每向上升高一个层次，容量则减少若干倍。

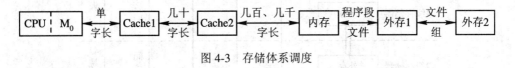

图 4-3　存储体系调度

4.1.3　存储器主要性能指标

存储器的主要性能指标反映了计算机对它们的要求，以上已进行了定性的介绍，下面将对它进行量化说明。

1．存储容量

存储容量是存储器可以存储的二进制信息的数量。这里所说的存储器，可以指大范围的存储体系或一个存储器设备，也可以是一个小规模的存储器芯片。

对大容量的存储器常使用兆字节(MB)，吉字节(GB)等单位表示。对小容量的芯片常使用千字节(KB)等单位表示，有时也使用另一种表示形式：

$$存储单元数 \times \frac{二进制位数}{每个单元}$$

这里的每个单元，是指具有同一地址的存储单位，或称存储字。存储器存储单元的多少或一个机器的存储空间的大小，可以由其地址码的位数确定。若地址码为 n 位，则可译码产生 2^n 个不同的地址码，即有 2^n 个存储单元，则其容量为 2^n 个存储器字长。

2．存取时间与存取速度

存储器存取时间是完成一次存储器读/写操作所需要的时间，故又称读/写时间，对于内存和外存其具体定义有很大的差异。

1）半导体存储器

内存多采用半导体存储器。其读出时间，是指在存储器接到地址信号(随即又接到读控制信号)后，直至单元内容被稳定读出时的时间间隔。存储器的写入时间是指存储器接到地址信号(随即又接到数据信号，写控制信号)后，直至单元被正确写入时的时间间隔。存取时间定义如图 4-4 所示。一般情况下，读出时间大于写入时间。

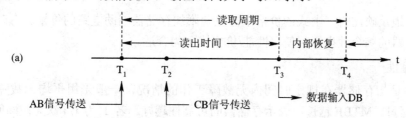

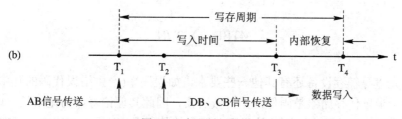

图 4-4 存取时间的定义

存取速度是存取时间的倒数。一般情况下读出速度小于写入速度。

存取周期是连续进行读/写操作所需的最小时间间隔。由于每一次读/写操作后，都需有一段时间用于存储器内部线路的恢复动作，所以存取周期要比存取时间大。CPU 采用同步时序控制方式时，对存储器读、写操作的时间安排，应不小于读取和写存周期中的最大值。这个值也确定了存储器总线传输时的最高速率。

当前常用的半导体存储器存取周期已小于 20 ns，则每秒可多进行 50 M 次总线操作，若总线位宽为 16 位，则传输率可达 800 M 位/秒。

2) 磁盘设备

磁盘读/写不同于内存,是按扇区为传输单位进行操作的。磁盘进行读/写时,首先需将磁头定位在规定磁道上,然后需等到磁盘把对应的扇区移至磁头下方,读/写完成后,尚需要有传送给主机内存的操作时间。整个操作过程由磁道定位时间、磁头等待时间、读/写时间及传送时间等多个部分组成。由于有时磁头已定位在规定磁道上,磁头定位时间为零,有时需从零磁道移至最大磁道处,定位时间最长,所以通常以平均定位时间计算。磁头等待时间亦有类似情况,采用平均值,它等于磁盘旋转半周所需时间。磁盘的读/写时间较容易计算,因为磁盘每旋转一圈就完成一个磁道中全部扇区的读/写。至于传送时间,可简单由传送数据量除以总线传输率来估算。

若磁盘的平均磁头定位时间约 8 ms,则硬盘高速旋转达 200 转/秒时,其平均等待时间为 2.5 ms。两者相加约 10.5 ms,构成了磁盘读/写操作的主要时间开销,使磁盘操作慢。为减少磁头定位时间,常将双面磁盘同一磁道的 0 与 1 面的扇区连续编号,并且采取一次读/写多个扇区的办法。为减少磁头等待时间,硬盘还设置了交叉因子,同一磁道上相邻编号的扇区,彼此间物理上不相邻,而是间隔一定数量的扇区。

3. 价格

为便于比较,价格常用每字节成本或每兆字节成本表示,即

$$C = \frac{价格}{容量}$$

为真实地反映比价,上式的价格中需包含附加存储器辅助电路的价格。有时为更全面地衡量存储器的综合性指标,使用性能/价格比更为合适。

4. 可靠性

可靠性是指存储器在规定时间内无故障工作的情况,一般采用平均无故障时间间隔(MTBF)来衡量。MTBF 越长,表示存储器的可靠性越好。若 T_i 为第 i 次无故障间隔时间,N 为故障数,则

$$MTBF = \sum_{i=1}^{n} T_i / N$$

磁盘、光盘等辅存设备还有其他一些要求,如误码率(产生错误代码的几率)、寿命年限等等。由于半导体存储器是固件,无机械磨损,因此其理论寿命为无限长。由于磁介质的变化和磁头为接触式读/写,因此软磁盘一般只能使用几年。由于高速旋转时有机械磨损,因而硬盘驱动器寿命有限。由于光盘为非接触式读/写,因此信息抗干扰能力强,保持时间长,不易破坏。

4.2　主存储器

主存储器又称内存,通常由半导体存储器构成。通用微型计算机包含只读存储器(ROM),它支持基本的监控和输入/输出管理;包含随机存取存储器(RAM),它面向用户。

近年来，可在线改写的只读 ROM 正逐渐扩展其应用，使计算机功能增强，使用灵活。

4.2.1 概述

主存储器由大量存储器芯片按照一定的规则组合而成。主存储器"挂"在总线上，芯片自然也就"挂"在总线上。

存储器芯片由存储体、地址接口电路、读/写控制接口电路和数据接口电路等部分组成，如图 4-5 所示。

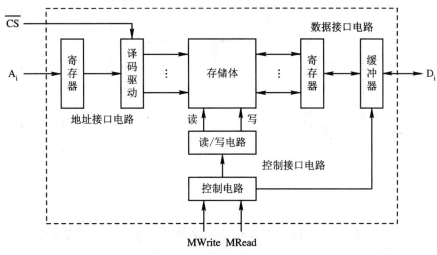

图 4-5　主存储器的基本组成

1. 存储体

存储体是由半导体介质按照一定结构组成的存储单元的组合体。其每一个存储单元中包含若干并行读/写的记忆元件，即若干二进制数据位。这个存储信息的集合体，为便于制造和读/写控制，常组成二维或三维的阵列，所以又称存储体为存储矩阵。它是存储芯片的核心部件，主存储器的其他组成部分，可以理解为为其服务的外围电路。

2. 地址接口电路

地址接口电路用以从外部 AB 总线上接收地址信号，并按照要求去寻址规定的存储器单元。其中地址寄存器锁定地址信号，保证整个操作过程中地址信号稳定不变。假若，CPU 在读/写存储器的过程中，要给出稳定的地址信号，则芯片中的地址寄存器就不可缺少。在正常情况下，地址寄存器的位宽是对存储单元数目 N 取 2 的对数值($\ln N$)。或者反过来说，若已知地址寄存器输入 n 个地址信号，则芯片共有 $N = 2^n$ 个存储单元。

地址译码及驱动电路用来对地址信号进行译码。在片选信号 $\overline{CS}$ 无效时不选中任何一个单元；在片选信号 $\overline{CS}$ 有效时，只选中芯片中的一个相应单元，由译码器输出有驱动能力的选择线，"通知"该单元投入工作。

地址译码结构一般采用两种方式：单译码和双译码。

单译码方式仅有一个译码器。当输入地址信号的数目为 n 时，输出 2^n 根译码线。每条译码驱动线对应连接一个单元。译码驱动线又称(存储)字线，当译码线有效时可实施对该存储字中的各记忆元件同步(并行)读/写操作。

双译码方式需有两个译码器，分成 X 向和 Y 向。当输入全部地址信号后，分成两路分别送至两译码器，译码线 X_i 有效时，选中某一行各单元；Y_i 有效时，选中某一列各单元；X_i、Y_i 同时有效时交叉选中一个单元。双译码结构复杂，但能节省大量译码驱动线。地址译码的两种结构如图 4-6 所示。

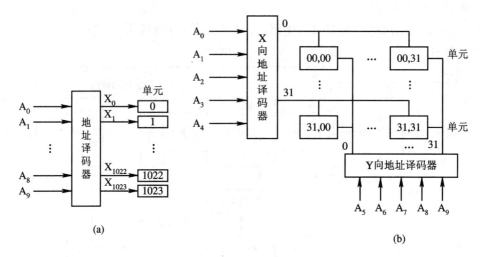

图 4-6　地址译码结构示意图

例：已知某存储器芯片规格为 $1K \times 8$，试比较内部采用两种不同地址译码方式时使用译码驱动线的多少。

解：芯片为 $1K \times 8$，即地址输入线数目 $n = 10$，则

$$单译码方式地址译码驱动线数目 = 2^n = 2^{10} = 1024$$

双译码方式取 X 向、Y 向各 $n/2 = 5$ 位译码，则

$$X 向(Y 向)地址译码驱动线数目 = 2^{n/2} = 2^5 = 32$$

$$双译码方式地址译码驱动线数目 = 2^{n/2} + 2^{n/2} = 32 + 32 = 64$$

两者相比，双译码时地址驱动线的数目减少到单译码的 1/16。

3. 数据接口电路

数据接口电路用以和外部数据总线接口。它包括数据寄存器，用来暂存供输入/输出用的数据；数据缓冲器，用来保证数据通道通断时的缓冲作用，其典型的结构是三态门。图 4-7 给出了 RAM 芯片中缓冲器的双向三态门结构。

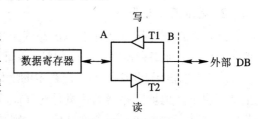

图 4-7　RAM 缓冲器结构

它具有三种工作方式：

(1) 读存储器，此时 T2 导通，T1 截止，数据由 A 到 B 传送。

(2) 写存储器，此时 T1 导通，T2 截止，数据由 B 到 A 传送。

(3) 不读不写，此时 T1，T2 都截止，A 与 B 间高阻隔离，虚"挂"在 DB 总线上。

4. 控制接口电路

控制接口电路接收来自外部 CB 总线的存储器读、写控制信号，完成对选中单元的读、

写及数据缓冲控制。另外，对一些特定的芯片(如动态 RAM)，还要完成对读出信息的检测、放大及再生等工作。

4.2.2 主存储器芯片的基本组成

1. 静态随机存取存储器(SRAM)

静态 RAM 可由双极型或 MOS 等不同工艺制成。双极型静态 RAM 的工作速度快、功耗大、价格高，而 MOS 型静态 RAM 集成度高、价格低、功耗小，但速度较慢。两者的共同之处在于都使用"触发器"作为记忆元件。由于触发器在读出时，不破坏原有信息；在不读不写时，能维持原有信息，由此取名为静态 RAM。其内部线路较为复杂，在此不做进一步介绍。以下仅例举一个具体芯片 2114，对其外部引脚作一说明。

2114 芯片的规格为 1 K×4，即其内部共有 1 K 个单元，每个单元(存储字)有 4 个二进制位，共 4 K 个记忆元件位。可以推知，它有 10 根地址输入线 A_i，4 根双向的数据线 D_i。另外，还有为配合组装大容量的存储器使用的片选线 $\overline{CS}$，以及读/写控制信号线 $\overline{WE}$。这里 $\overline{CS}=0$ 时片选有效，此时当 $\overline{WE}=0$ 时，内部执行写操作；当 $\overline{WE}=1$ 时，内部执行读操作。该芯片的内部存储空间与对外连接示意图如图 4-8 所示。

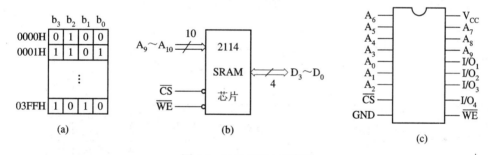

图 4-8　RAM 2114 示意图

2. 动态随机存取存储器(DRAM)

在动态 RAM 中，存储信息的基本电路可以采用四管电路、三管电路和单管电路。基本电路使用的元器件数越少，集成度可做得越高。目前多采用单管电路来作为存储器基本电路。下面仅以单管电路为例介绍 DRAM 存储单元的工作原理。

1) 存储单元电路及存储矩阵

单管动态 DRAM 基本存储电路主要由 1 个 MOS 管 VF_1 和 1 个电容 C_1 构成，如图 4-9 所示。数据信息存储在电容 C_1 上，C_1 是 MOS 管栅极与衬底之间的分布电容。C_1 上存有电荷时，表示存储信息为"1"，否则存储信息为"0"。VF_1

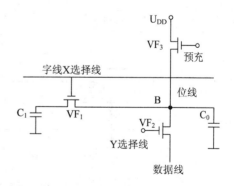

图 4-9　单管动态 DRAM 基本存储电路

为开关管，VF_2 被同一列的各存储单元电路共用，C_0 为位线上对地的寄生电容。

虽然 MOS 管是高阻器件，漏电流小，但漏电流总还是存在的，因此 C_1 上的电荷经一段时间后就会泄放掉(一般约为几毫秒),故不能长期保存信息。为了维持动态存储单元所存储的信息,必须定期对 C_1 补充电荷,这个过程称为刷新。

　　写入时,X 选择线和 Y 选择线置 1。此时 VF_1 和 VF_2 导通,外部信息通过数据线加至位线,然后再通过 VF_1 加至 C_1 上。若数据线上为高电平,则 C_1 充电至高电平;若数据线上为低电平,则 C_1 通过 VF_1 和 VF_2 放电至低电平。

　　读出时,先要进行预充电,VF_3 管栅极加一正的预充电脉冲,使 C_0 上电压充电到 U_B。

$$U_B = \frac{U_1 + U_0}{2}$$

其中,U_1 为 C_1 中存数据"1"的电位,U_0 为存"0"的电位。

　　然后 X 和 Y 选择线置 1,此时 VF_1 导通,若原存数据"1",则 C_1 将通过 VF_1 放电,B 点电位 U_B 将上升;若原存数据"0",则 C_0 将向 C_1 放电,B 点电位 U_B 下降。根据 U_B 的变化方向,就知道读出的是"1"还是"0"。由于电容 C_1 很小,约为 0.1~0.2 pF,所以读出的"0"与"1"信号的电位差很小,需要进行放大。另外在每次读出后,由于 C_1 上的电荷发生了变化,原先的存储内容受到破坏,因而还必须把原来信号重新写入。刷新过程就是读出的信息(不送到数据线上)经放大后再传送给位线进行写入的过程。

　　由单管存储单元电路构成的存储矩阵如图 4-10 所示。

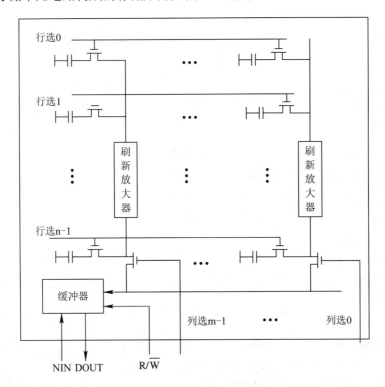

图 4-10　单管 DRAM 构成的存储矩阵

　　在读操作时,根据对行地址(低位地址)译码,使某一条行选择线为高电平,此行选择线使本行上所有的基本存储电路中的开关管导通,于是,使连在每一列上的刷新放大器读取电容 C_1 上的电压值。刷新放大器的灵敏度很高,放大倍数很大,将从电容上读得的电压值转换为逻辑"0"或者逻辑"1"。列地址(较高位地址)产生列选择信号,有了列选择信号,所选中行上的存储单元电路才受到驱动,从而可以输出信息。在读出过程中,选中行上的所有存储单元电路中的电容都受到影响。为了在读出之后仍能保存所存储的信息,刷新放大器对这些电容上的电压值读取之后又立即进行重写。

在写操作时,行选择线为"1",存储单元电路中的开关管处于可导通的状态,如果列选择信号也为"1",则此存储单元电路被选中,于是由数据输入/输出线送来的信息通过刷新放大器和开关管送到电容 C_1。

由上述 DRAM 的工作原理可见,DRAM 具有集成度高、功耗低、价格低等优点。但由于是利用电容的电荷存储效应来存储信息的,因此需要进行定时刷新,并且是破坏性读出,必须进行读后重写操作。

2) 动态存储器刷新

RAM 独特的工作原理决定了必须对其存储内容进行定时刷新。刷新过程就是把原来存储单元中存储的信息读出来,经过放大器放大后再写入该单元。刷新的间隔时间主要取决于存储信息的电容大小。由于集成电路的结构和制作上的原因,这个电容不能做得很大,一般只有 0.1~0.2 pF,因此刷新间隔时间不能太长。另外,当环境温度升高时,电容的放电会加快,所以两次刷新之间的间隔时间是随温度而变化的,一般到 1~100 ms。在 70℃ 情况下,典型的刷新间隔时间为 2 ms。虽然进行一次读/写操作实际上也进行了刷新,但是,由于读/写操作本身是随机的,因此,并不能保证所有的 RAM 单元都在 2 ms 中可以通过正常的读/写操作来刷新。为此,必须安排专门的存储器刷新时间来完成对动态 RAM 的刷新。

3. DRAM 内存条简介

在 PC 中,通常是由若干个 DRAM 芯片组成的模块做成小电路插件板形式,PC 主板上有自相应的插座,便于扩充存储容量和更换模块。这种插件板通称为内存条,广泛使用的有多种规格,如早期的 72 线(Pin)单排直插式存储模块(SIMM, Single In-Line Memory Module),168 线双排直插式存储模块(DIMM, Double In-Line Memory Module),以及现在使用最广泛的 184 线的双排直插式存储模块。

1) EDO RAM (Extended Data Output RAM)——扩充数据输出随机存储器

EDO 模式的存储器是在 386 时代的快速页面模式随机存储器(FPM)基础上进行了一些改进,它允许将一次访问中的读数据过程延续到下一个访问周期的初始化阶段(下一列地址给出以及对它译码期间)。这个阶段的重复,取消了读操作与输出数据之间的间隔,使外部数据设备易于采样被锁存的数据,即使整个时序压缩也能满足要求,因而缩短了内存的有效访问时间。存取时间可达 60 ns。这种存储模式曾流行于 486 及早期的 Pentium 微机。

2) SDRAM(Synchronous DRAM)——同步动态随机存储器

SDRAM 是动态存储器系列中使用最广泛的高速、高容量的存储器之一,其内部存储体仍然是标准的 DRAM 存储体结构,只是在工艺上进行了改进,使其功耗更低、集成度更高。与传统的 DRAM 相比,SDRAM 在存储体的组织方式和对外操作上作了重大改进。在对外操作上,能够与系统时钟同步操作。处理器访问 SDRAM 时,SDRAM 的所有输入/输出信号均在系统时钟 CLK 的上升沿被存储器内部电路锁定或输出。也就是说,SDRAM 的地址信号、数据信号以及控制信号都是 CLK 的上升沿采样或驱动的。这样做的目的是为了使 SDRAM 的操作在系统时钟 CLK 的控制下,与系统的高速操作严格同步进行。在 SDRAM 进行响应(如行/列选择、地址译码、数据读出或写入、数据放大)期间,因对 SDRAM 的操作时序都是确定的,处理器或其他主控器可照常安全地执行其他任务,不必单纯地等待,从而避免因读/写存储器产生的等待状态,以此来提高存储器的访问速度。SDRAM 对内的组织结构采用了可并行操作的流水线结构。它的存储体可分为多组结构,各组可同时或独立工作,也可串行或交替工作。它的流水作业有多种操作模式,这些模式直接由有关引脚信号和地址信号确定。

3) DDR SDRAM(Dual Rate SDRAM)——双倍数据传输速率 SDRAM

DDR SDRAM 最早是由三星公司于 1996 年提出,由日本电气、三菱、富士通、东芝、日立、德州仪器、三星及现代等八家公司联合订立的内存规范,并得到了 AMD、VIA 与 Sis 等主要芯片组厂商的支持。它是 SDRAM 的升级版本,因此也称为 SDRAM II。DDR SDRAM 是目前微机上的主流内存条。

DDR 内存最大的特点是在时钟的上、下沿都能进行数据传输,所以相对于 SDRAM (SDRAM 仅能在上升沿传输数据)来说能将内存的传输速率提高一倍,工作频率即使在 133 MHz 时(等效频率 266 MHz),其带宽也能达到 133 MHz × 2 × 64 bit ÷ 8 ÷ 1024 = 2.1 GB/s。在速度的区分方面,DDR 内存问世之初是根据其工作频率来标记的,比如工作在 100 MHz 或 133 MHz 的 DDR 分别被称为 PC200、PC266(100 × 2、133 × 2)。不过由于 Intel 力推的 RDRAM 内存的运行频率很高,被命名为 PC700、PC800,而主推 DDR 内存的厂商觉得这样的名称好像让人觉得 DDR 和 RDRAM 相差很多,因此到后来便改用理论上的最大数据传输率作为速度标记,比如 133 MHz 的 DDR 内存的理论最大带宽为 2.1 GB/s,就将其标记为 PC2100。DDR 内存沿袭了 SDRAM 内存的制造体系,其制造成本只比普通 SDRAM 高一点点,远远小于 RDRAM。对于制造商来说,只要对生产设备稍加改进就能生产 DDR 内存,而且也不存在专利方面的问题,因此所有的内存生产商都支持 DDR 内存。

4. 只读存储器(ROM)

只读存储器 ROM 是主存的重要部分之一,用于存放微程序、监控程序、固定程序、字母符号、汉字符号点阵等系统级信息。其基本组成仍如图 4-5 所示,只是存储体部分由具有固定信息的记忆元件矩阵组成。各类记忆元件都等效于简单的开关。接通的"开关"信息视为"1",断开的"开关"信息视为"0",或者是取相反的逻辑值。

ROM 因制造工艺和功能的不同,一般将 ROM 分为普通 ROM、可编程 ROM(PROM)、可擦写可编程 ROM(EPROM)和电擦除可编程 ROM(E^{2}PROM)等。

5. 闪速存储器(Flash Memory)

只读存储器的特点是在不加电的情况下,其中的信息可以长期保持。而闪速存储与 E^{2}PROM 类似,除信息可以长期保持之外,也可在线擦除与重写。目前其集成度已做得很高,价格也已很低,因此在很多的应用领域已经替代了 EPROM 和 E^{2}PROM。

闪速存储器的基本单元电路如图 4-11 所示,与 E^{2}PROM 类似,也是由双层浮空栅 MOS 管组成。但是第一层栅介质很薄,作为隧道氧化层,写入方法与 E^{2}PROM 相同。在第二级浮空栅加正电压,使电子进入第一级浮空栅,读出方法与 EPROM 相同。擦除方法是在源极加正电压利用第一级浮空栅与源极之间的隧道效应,把注入至浮空栅的负电荷吸引到源极。由于利用源极加正电压擦除，因此各单元的源极连在一起，这样，快擦存储器不能按字节擦除，而是全片或分块擦除。按照擦除和使用方式，闪速存储器目前主要有整体擦除闪速存储器、对称型块结构闪速存储器和带自举块闪速存储器三类。

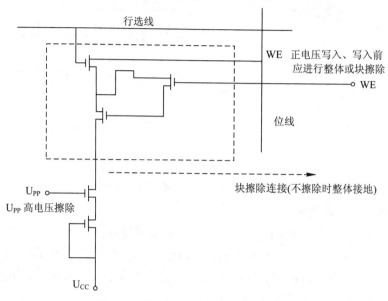

图 4-11　闪速存储器基本单元等效电路

4.2.3　存储器与微处理器的接口

在不同的计算机系统中，主存储器与 CPU 的连接可能有多种形式。从基本工作原理上讲需要从以下四个方面来考虑。

1. 系统模式

从整个计算机系统的组成规模上考虑可以分为最小系统模式、较大系统模式和专用存储总线模式三种情况。

(1) 最小系统模式。在最小系统模式下往往将微处理器与半导体存储器制作在一块插卡上，构成 CPU 卡，作为模块组合系统中的核心部件，或者作为多机系统中的一个节点。在最小系统模式中，将 CPU 芯片与存储器芯片直接相连，如图 4-12(a)所示。

CPU 输出地址线直接与存储器地址输入线相连，数据线也直接与存储器芯片相连，CPU 的读/写控制信号 R/$\overline{\text{W}}$ 与存储芯片的读写端相连。在这种系统中由于所需存储容量不大，往往采用 SRAM 芯片，省去了刷新控制逻辑。

(2) 较大系统模式。在具有一定规模的计算机系统中一般都设置了一组或多组系统总线，用来连接外围设备。系统总线中包含了地址线、数据线和控制线。CPU 通过数据收发缓冲器、地址锁存器、总线控制器等接口芯片与系统总线相连。如果主存容量较大，或者因速度匹配及其他控制问题，需要配置较复杂的控制逻辑，就要把存储器设计成专门的模块，然后将主存储器模块挂接到系统总线上，如图 4-12(b)所示。

(3) 专用存储总线模式。如果系统规模较大，系统总线上挂接模块很多，则为了提高 CPU 对主存储器的访问速度，可在 CPU 与主存之间建立一组专门的高速存储总线。CPU

通过这组专用总线访问存储器，以保证其高速性能。

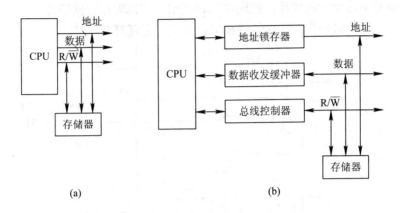

图 4-12　CPU 与主存储器的连接模式

2. 速度匹配与时序控制

在早期的计算机中，CPU 的内部操作与访问存储器操作采用统一的时钟节拍控制，即以一次访问存储器所需时间为一个基本节拍，CPU 内部操作也是每个节拍执行一步。随着计算机运行速度的不断提高，特别是 CPU 的速度提高非常快，远远高于主存速度，这时采用统一的节拍控制就不利于 CPU 性能的有效发挥。

目前在计算机中对 CPU 内部操作和访问存储器操作分别设置不同的时间周期。在 CPU 内部将操作时间划分为时钟周期，每个时钟周期完成一步操作，如一次相加，或一次数据传送。根据 CPU 的处理速度来设置较高的时钟频率，以适应 CPU 的高速操作。CPU 通过系统总线访问存储器时，一次访问占用一个总线周期。

在同步方式下，一个总线周期可由数个时钟周期组成。总线周期的长度是固定的，在设计时考虑到了一般的存储器操作速度的要求。如果存储器速度较慢，在规定的总线周期中不能完成读/写操作，则可在总线周期中插入等待周期。

有些系统采用的是异步方式访问存储器，它可根据实际需要来确定总线周期的长短，当存储器完成操作时发出一个就绪信号 READY，CPU 收到此信号后即可结束本次总线周期。另外，在高速系统中还采取了一种覆盖并行地址传送技术，即在现行总线周期结束之前，提前送出下一总线周期的地址与操作命令。

3. 数据通路匹配

数据总线一次能并行传送的数据位数，称为总线的数据通路宽度，常见的有 8 位、16 位、32 位、64 位等。大多数主存储器采用的是按字节编址，每次访问读/写 8 位。而 CPU 的数据总线的宽度可能不是 8 位，这时就存在主存与数据总线之间的宽度匹配问题。

例如，Intel 8088 CPU 是一个准 16 位芯片，在 CPU 内部一次处理 16 位数据，也可一次处理 8 位数据。对外的数据通路宽度为 8 位，因此它与按字节组织的主存储器连接时就很简单，每个总线周期读/写一个字节。而 Intel 8086 CPU 是一个 16 位的芯片，内部与外部的数据宽度都是 16 位。在标准的访问存储器方式下，一个总线周期可以存取一个字(两个字节)，先送出偶地址单元的地址，然后同时读/写偶单元和奇单元中的数据，其中偶单元的数据送数据总线的低 8 位，奇单元的数据送数据总线的高 8 位。这样的字称为规则字。如果传送的一个字不是从偶数单元开始，则这样的字称为非规则字，这时就需要安排两个总线周期。

为了实现 8086 对存储器的访问，需要将存储器分为两个存储体。一个存储体的地址编码都是偶数，称为偶地址(低字节)存储体，它与数据总线的低 8 位相连。另一个存储体的地址编码都为奇数，称为奇地址(高字节)存储体，它与高 8 位数据总线相连。如图 4-13 所示，地址线 $A_{19} \sim A_1$ 同时送往两个存储体。每个存储体都有一个选择信号输入端 SEL。体现地址码奇偶性的最低位地址 A_0 连接到偶地址存储体，即 A_0 为 0 时选中该体。CPU 输出一个高字节使能信号 $\overline{BHE}$ 时连接到奇地址存储体。

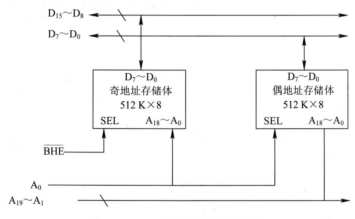

图 4-13 8086 的存储器配置与连接

当存取规则字时，地址线送出一个偶地址并让 $\overline{BHE}$ 信号有效。这时两个存储体都被选中，分别读出高、低字节。当存取非规则字时，就要执行两次存储器访问，占用两个总线周期。先送出偶地址，但不发 $\overline{BHE}$ 信号，偶地址存储体被选中，从中读出低字节数据，然后在下一个总线周期，发出一个奇地址，并发出 $\overline{BHE}$ 信号，则奇存储体被选中，从中读出高字节数据。

上述数据通路的匹配方式可以推广到数据通路宽度更高的系统中，如同时存取 4 B，数据总线一次传送 32 位，同时也能进行字节存取。

4. 有关主存的控制信号

一般来说，存储芯片本身只需要最基本的控制命令，如 $R/\overline{W}$、CS(片选)，或者为实现地址的分时输入将片选分解为 RAS 与 CAS。为了实现对存储器的选择、容量扩展与速度匹配，系统总线可能引申一些控制与应答信号。不同的系统总线有其自身的约定，规定一些与主存相关的控制信号，从而在某种程度上影响主存储器的整体组织与存取方式。

4.2.4 大容量存储器的组织

目前，半导体存储器芯片集成度越来越高，容量越来越大，但计算机的内存空间更加巨大，加之多数动态 RAM 为减少引脚数目，常采用位片结构(即芯片存储单元数量很多，但位线仅 1 根)，因此如何利用已有芯片，组成大容量的存储器仍是必须掌握的技能。

在组织存储器之前，首先要建立存储空间的概念。存储空间是由地址、数据和控制信号组成的三维空间。总线主控部件(如 CPU)读存储器时,访问的是存储器的读单元空间;写存储器时,访问的是存储器的写空间。对 ROM 而言,它只存在读空间;对 RAM 而言,它的任一单元既可读,又可写,可以理解为有两个同样大小的读、写空间。为简便起见,今后只给出一个统一的读/写空间,但是必须把握 ROM 只能读出这一原则。

在存储器读/写空间里,使用二维参数,纵向表示不同单元的地址编号,横向表示同一单元的各位,每位中存储着数据。各存储器芯片用编号 N#区分。每个存储器芯片,在存储空间定位时,其起始单元地址上面加横线表示上限;其末尾单元地址下面加横线表示下限。存储空间见图 4-14。

图 4-14 所示为 64 KB 的存储空间,即共有 0000H~FFFFH 64 K 个地址,每个单元存储一个字节(b_0~b_7 位)信息。0#芯片规格为 4 K × 8,安置在 0000~0FFFH 的地址空间中。

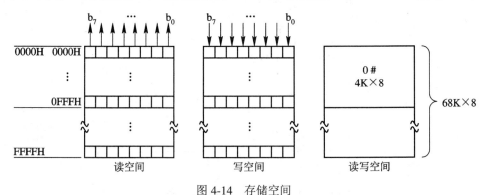

图 4-14　存储空间

1. 存储器的字长扩展

现有一些存储器芯片的存储字长较短,不能满足机器存储字长的要求,如 2114 字长 4 位,无法单独构成字节单元,4116 字长 1 位,无法单独满足 16 位字长的要求等。此时可以采用多个同样芯片地址线完全并联,而数据位线串接编号的方法扩展字长。上述的 2114、4116 芯片按图 4-15 的组织形式可完成相应的字扩展,分别需同类芯片 2 片及 16 片。

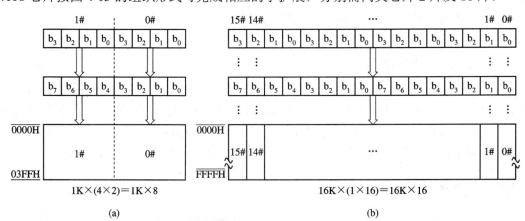

图 4-15　存储芯片的字长扩展

在理解了存储空间的组织方法后,可着手具体线路的连接,即:构成同一存储字的各芯片对应地址线完全并联,数据位串编,使用统一的片选线、读/写控制信号线等。图 4-16

给出了 2114 的连接方法。图中,地址总线(AB)、数据总线(DB)和控制总线(CB)分别接到 CPU 的地址总线、数据总线和控制总线上。

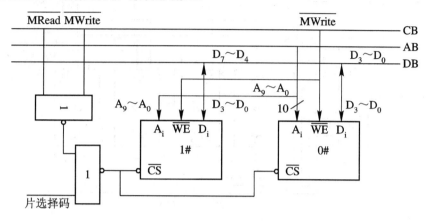

图 4-16 2114 的字节扩展线路连接示意图

图中由于 $\overline{\text{MWrite}}$(写存储器控制信号)和 $\overline{\text{MRead}}$(读存储器控制信号)不能同时有效(非写即读、非读即写),原则上可以使用 $\overline{\text{MWrite}}$ 一个信息的 0、1 电平分别进行对存储器的写、读操作控制。

但是,有些情况下要相对复杂些,例如在 PC 机中总线操作还包括对 I/O 接口的操作。当进行 I/O 操作时, $\overline{\text{MWrite}}$ 及 $\overline{\text{MRead}}$ 两信号同时无效(均为 1),不再能简单地用一个 $\overline{\text{MWrite}}$ 操作信号来完成写、读存储器两种操作,需在片选信号 $\overline{\text{CS}}$ 中加入存储器操作信息。这样 $\overline{\text{CS}}$ 实际上明确指向了存储器地址空间,可使读/写操作准确无误。

2. 存储器的单元扩展

现有一些芯片的存储字长已满足要求,但存储单元较少,需要扩展,如 EPROM 芯片 2716 规格为 2 K×8,需组成 8 K×8 的存储器,就属于这类问题。从图 4-17 的存储空间图中,可以知道需 4 片 2716,它们彼此的地址互相串联衔接,相对应的数据位线并联。由此,也比较容易得到相应的线路连接图,如图 4-18 所示。地址总线(AB)、数据总线(DB)和控制总线(CB)分别接到 CPU 的地址总线、数据总线和控制总线,地址译码可以使用 74LS138、74LS139、74LS154 等译码器芯片构成。关于译码器的功能与使用,在数字逻辑电路课程中都已经做过详细介绍。

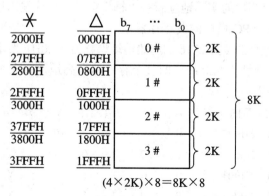

图 4-17 2716 单元扩展的存储空间

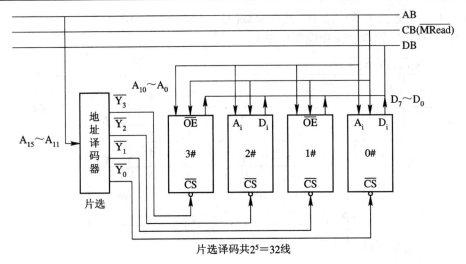

图 4-18　2716 单元扩展的电路连接图

在线路连接过程中最为困难的是各片选信号 $\overline{CS}$ 的选择，下面举例予以说明。

例： 设机器中 AB 总线为 16 位，寻址 6 K 个单元，要求从 0000H 地址起安排 4 片 2716 共 8 KB 的 EPROM。

解： 2716 规格为 2 K × 8，则芯片内部寻址地址为 11 位，取 $A_{10} \sim A_0$ 信号。

各芯片的片选信号应由 AB 总线的 5 位高地址($A_{15} \sim A_{11}$)确定。线路中使用了一个译码器，其输出译码驱动线 $\overline{Y_i}$ 为低电平有效。各芯片连接的地址译码信号可具体安排如下：

片选译码	芯片序号	A_{15}	A_{14}	A_{13}	A_{12}	A_{11}	地址范围
$\overline{Y_0}$	0#	0	0	0	0	0	0000H～07FFH
$\overline{Y_1}$	1#	0	0	0	0	1	0800H～0FFFH
$\overline{Y_2}$	2#	0	0	0	1	0	1000H～17FFH
$\overline{Y_3}$	3#	0	0	0	1	1	1800H～1FFFH

四个芯片的具体连接如图 4-18 所示。

图 4-18 中的片选地址译码器有 5 个输入信号($A_{15} \sim A_{11}$)，共 32 根片选译码输出 $\overline{Y_{31}} \sim \overline{Y_0}$，每根线可寻址 2 KB 空间。机器的 64 KB 存储器空间可分成 32 个 2 KB 大小的空间，每根译码线 $\overline{Y_i}$ 指向其中一块并具有确切的首、尾地址。一旦芯片的 $\overline{CS}$ 片选端连接到某个具体的译码线 $\overline{Y_i}$，则该芯片的实际地址就被"框"定了。片选线用以实现芯片在存储空间中的定位，其作用类似于 PC 机中的段寄存器。

例： 如果将上例扩展后的 4 片 2716 的起始地址调整为 2000H，要求重新选择片选译码线。

解： 由于新的起始地址为 2000H，即整个存储器向高地址方向平移了 8 K 个单元，则必须重取片选译码线如下：

芯片序号	地址范围	A_{15}	A_{14}	A_{13}	A_{12}	A_{11}	片选译码
0#	2000H～27FFH	0	0	1	0	0	$\overline{Y_4}$
1#	2800H～2FFFH	0	0	1	0	1	$\overline{Y_5}$
2#	3000H～37FFH	0	0	1	1	0	$\overline{Y_6}$
3#	3800H～3FFFH	0	0	1	1	1	$\overline{Y_7}$

3. 存储器的综合扩展

在很多情况下，大容量的、完备的存储器，需要由几种不同类型的存储芯片组成，既要字长扩展，又要单元扩展，既有明确的地址安排要求，而又不允许地址全部连续。这就要求具有综合应用上述扩展技术的能力。

例：某一微机系统，CPU 字长 8 位，地址信号线 16 根。上电复位后，程序计数器 PC 指向 0000H 地址的内存单元。要求使用 2716 EPROM 芯片(规格为 2 K × 8)组成 4 KB 的 ROM 存放系统监控程序，并预留 4 KB 的用户 ROM 空间；使用 2114SRAM 芯片(规格为 1 K × 4)组成 8 KB 系统及用户 RAM。

解：① CPU 字长 8 位，地址信号线 16 根，则内存空间为 64 K × 8，即 64 KB；

② 复位后(PC) = 0000H，则此地址处应存放监控程序 ROM。4 KB ROM 应由两片 2716 单元扩展组成，若连续存放其地址范围为 0000H～0FFFH。

③ 设预留用户 4 KB ROM 空间的地址与上述 ROM 地址相连，则其地址范围为 1000H～1FFFH。

④ 8 KB RAM 的组成由下式计算：

$$\frac{8K \times 8}{1K \times 4} = \frac{8K}{1K} \times \frac{8}{4} = 8 \times 2 = 16 \text{ 片}$$

即共需 16 片，其中每 2 片字长扩展至 8 位为 1 组，8 组(每组 1 K × 8)单元扩展至 8 KB。由于系统对 RAM 地址无明确要求，可按地址连续接排的简化原则，确定其范围为 2000H～3FFFH。

由此，可画出芯片的存储空间分配示意图，如图 4-19 所示。

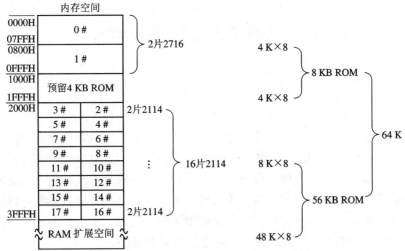

图 4-19 微机系统内存空间分配示意图

根据图 4-19，可进行具体的线路连接。连接方法类似于图 4-18，地址总线(AB)、数据总线(DB)和控制总线(CB)分别接到 CPU 的地址总线、数据总线和控制总线上，地址译码可以使用 74LS138、74LS139、74LS154 等译码器芯片构成。其中较复杂的问题仍在于如何组织好片选信号的译码。总的原则是要将 AB、CB、DB 三个总线部分中所有与存储器操作有关的信号，都与存储器联系起来。

例：若有一微机系统(如单片机等)，其原始数据基本要求与上例中的微机系统相同，

但附加了一个条件——它的程序存储空间与数据存储空间是各自独立的(称哈佛结构)。现重新设计如下:

解: ① 该微机系统有两个存储空间,一个是程序存储的读空间,一个是数据存储的读/写空间,ROM 芯片存放在程序存储器空间,RAM 芯片存放在数据存储器空间,无地址冲突。

②、③ 同上例的安排。

④ 基本同上例的安排。由于 RAM 有自己单独的地址空间,因此可以自由安排首址。若选择 0000H 为首址,则其范围为 0000H~1FFFH。

由此可画出该系统存储空间分配图如图 4-20 所示。

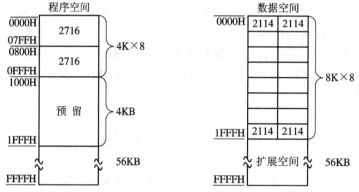

图 4-20   独立的程序、数据存储空间

早期 PC 机使用每 8 片 64 K × 1 的 6164 DRAM 芯片组成 64 KB 的一个存储体,然后 4 个体(共 32 片)组成 256 KB,作为主板基本内存,其采用的就是综合扩展技术。

4.3   高速缓冲存储器(Cache)

4.3.1   Cache 的原理

Cache 的工作原理是基于程序执行时对存储器的访问倾向于聚集性或成簇性,经过一段时间,成簇可能发生转移,但很快程序又是主要对着新簇完成存储器访问的。通常程序执行时多为顺序执行方式,即执行完当前指令后,紧接着执行存储地址相邻的下一条指令。遇到转移或调用指令,在完成转移和调用后,又进入顺序执行方式。指令地址连续分布的特点,加上循环程序段和子程序段的重复执行,对这些地址的访问自然具有时间上集中分布的倾向。这种对局部范围内的存储器地址频繁访问,而对范围以外的地址访问甚少的现象称为程序访问的局部性。同样,数据访问也存在局部性。

4.3.2   Cache 的工作过程

在存储系统的层次结构中引入 Cache 是为了解决 CPU 与主存之间的速度差异,提高 CPU 工作效率。Cache 是缓冲接口技术在存储体系中的一个具体应用。Cache 中存放着主存内容的一部分副本。80486 芯片内部的一级 Cache 存放着数据和指令的混合体(即统一的读/写存储空间)。Pentium 机芯片内的 Cache 则采用哈佛结构,即指令和数据分别存储在各自的独立空间里,类似于图 4-20 所示。

当 CPU 读取指令或数据时，首先访问 Cache，若有关信息已在 Cache 中，称为读命中，可直接从 Cache 中取用。若不命中，则从主存中取出，同时取出与该指令或数据地址相邻若干单元内容(称为一页)写入 Cache。由于局部访问原理的存在，CPU 下次访问 Cache 时，就会命中。

严格来说，命中并不指所需要的具体指令或数据已在 Cache 中，而是指存放它们的存储器单元地址已在 Cache 中，CPU 按地址去获取信息。主存向 Cache 发送页面内容时，将原有的地址信息也一并输入，通俗地说，对 CPU 而言 Cache 无独立的总线地址、无固定的总线地址。

当 CPU 向 Cache 写入数据内容时，有几种不同的方法。

1) 遍写

CPU 访问命中时将内容同时写入 Cache 和主存，这对于多个处理器共用一个主存时，数据及时共享提供了方便。

2) 回写

CPU 访问命中时将内容只写入 Cache，在规定的时候(如调出 Cache)将修改过的内容写入主存。它的好处是运算中间的结果可只写入 Cache，方便 CPU 调度更改，只有最后结果才写入内存，减少了不必要的操作。目前 Pentium 机多采用此种方式。

3) 写未命中时，直接写主存

在读未命中时，需调入被访问单元所在的新页主存副本。当 Cache 存储空间有空闲时，可直接调入；当 Cache 已满时，需要按照一定的调度方法先将其中一页(块)调出 Cache 后，再调入。从 80486 芯片起，开始采用了 LRU(最近最少使用)算法自动更新，即最近使用过的指令和数据保留，而长期未用到的被自动替换出去。

为进一步提高 CPU 访问 Cache 的命中率，可适当加大 Cache 容量，进一步改善程序和数据结构，加强预测判断以及采用更好的优化调度算法等。

在两级 Cache 中，页(块)大小不同，显然两级 Cache 一次调度单元数量多，而且其页多，容量大。两级 Cache 间及 Cache 与主存的调度算法和读/写操作，全由辅助硬件完成，速度快。图 4-21 给出了 Cache 的逻辑结构。

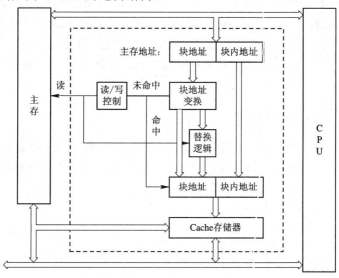

图 4-21　Cache 的逻辑结构

4.4　虚拟存储器

4.4.1　虚拟存储器概述

在存储系统的层次结构中，主存可由两级容量远大于自己的辅存(磁盘、磁带等)作后援支持。在 CPU 访问主存命中率高的情况下，整机可达到接近主存的工作速度，并且享有大的存储容量。但是在 PC 机发展过程中，出现过一些新的矛盾。PC 系列机的实址方式只允许使用 1 MB 主存(内存)空间，而用户程序却越来越长，数据越来越多，大大降低了 CPU 访问主存的命中率。实际上 386、486、586 机内存空间高达 4 GB(有的 586 机可达 64 GB)，大量的物理空间被闲置。另外，计算机主频越来越高，功能越来越完善，用它服务于一个一般用户的一个普通任务，早已是绰绰有余。如何充分利用高档 PC 机的资源，使它"同时"服务于多个用户，或者一个用户的多个任务，这一问题在 Windows 操作系统引入 PC 机后得到了较好的解决。

原先只在较大规模计算机中采用的虚拟存储技术，从 PC 286 机起开始引入微机。虚拟存储器是虚拟存储技术的一个具体应用。当任一用户或同一用户不同任务的程序和数据很长时，可以先存放在辅存中。程序执行时，先调一部分到主存，让 CPU 执行和处理，然后将其调出，再调度其他部分。在实址方式时，这种调入、调出的管理工作由用户程序员编程安排。在 PC 机中，辅存只能作为 I/O 设备来对待，CPU 不能直接访问其中的具体内容。例如，文件存于 C 盘的 16 扇区中，人们不能直接指定其中的第 100 个字节处的程序指令投入工作。由此，程序员编程安排工作将很繁琐、枯燥。

虚拟存储器允许用户把主存、辅存视为一个统一的虚拟内存。用户可以对海量辅存中的存储内容按统一的虚址编排，在程序中使用虚址。当程序运行，CPU 访问虚址内容时，发现已存于主存中(命中)，可直接利用；若发现未在主存中(未命中)，则仍需调入主存，并存在适当空间，有了实址后，CPU 可以真正访问使用。上述过程虽未改变主存，辅存的地位、性质，但最重要的是原由程序进行的调度工作改由计算机系统的硬件和软件(操作系统)统一管理，自动进行，辅存相对用户是透明的，大大方便了用户。用户在 PC 机虚拟保护工作方式下，允许使用高达 64 TB 海量存储器空间，可以多任务、多个用户"同时"使用计算机。

4.4.2　虚拟存储器的基本结构

PC 286 起开始设置虚拟保护工作方式，对虚拟存储器采取二维的页式地址格式。PC386及以上机的虚拟保护方式中，对虚拟存储器常采取三维的段、页式地址格式。它们的虚拟地址格式如下：

二维页式：

虚页号	页内地址

三维页式：

虚段号	虚页号	页内地址

为简明起见，这里只介绍页式虚拟存储器的原理实现。

PC 286 机实际(物理)内存空间 16 MB，支持虚拟存储空间 4 GB。为调度方便，虚存空间和实存空间都划分为若干等长的页面。设每个页面长 64 KB，其页内地址使用 16 位二进制表示。286 机实存空间可划分 256 个页面，实页号需 8 位二进制表示；虚存空间可划分为 16 384 个页面，需用 14 位二进制表示。为统一仍使用 16 位二进制，余留 2 位用于保护级别(0～3 共 4 级)。这样一个虚存地址由两个 16 位逻辑地址组合而成，例如：

虚页面编号：　┌─────────────────────┐
　　　　　　　　│ 0110011100101   │
　　　　　　　　└─────────────────────┘

虚页内地址：　┌─────────────────────┐
　　　　　　　　│ 1111100010111   │
　　　　　　　　└─────────────────────┘

由于规定虚实页内使用相同的偏移量地址，即页内地址一样，因此今后不再区分。图 4-22 给出了虚拟存储器的基本结构。

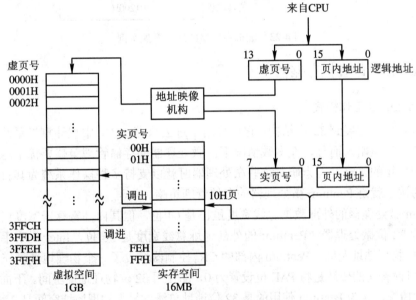

图 4-22　虚拟存储器基本结构

在用户指令执行时，页内地址送入 16 位的偏移量寄存器，而虚页面编号送入段寄存器。此后由段寄存器中取出 14 位虚页面编号，查询由操作系统和硬件支持的地址映像机构中的页目录表。若表中登录该页面已调入内存(命中)，则给出相应内存的实页面号，随之确定了该实页面的首址，再加上页内偏移量从而确定了指令中访问对象的实际地址。实际地址是指总线地址，即可从 AB 总线给出明确信息的地址。若页目录表中未登录(未命中)，则该虚页面内容仍在辅存，可按表中用户预留的信息，到相应辅存的对应区域，将页面读入内存，交付用户使用。

图 4-23 给出了虚拟存储器的地址变换的具体实例。

图中用户在指令中使用了两个逻辑地址：虚页号 3FFCH、页内地址 1200H。经查表后该页面内容不在内存，且内存已满。操作系统依据 LRU (Least Recently Used 近期最少使用策略)算法指定将内存中 10H 页的内容先调回外存，再将虚页号 3FFCH 中的内容调入内存 10H 页，并随即在页目录表上登录该页已调入内存，并注明存入 10H 号实页。接下来，地址计算机构将实页号首址与页内偏移量地址相加，得到 24 位的实际地址 101200H，CPU 按该地址完成用户的访问。

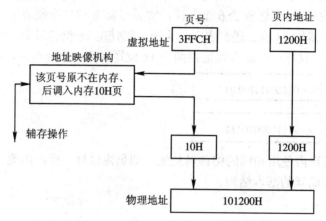

图 4-23　虚拟存储器的地址变换实例

4.4.3　Pentium 的虚拟存储器

1. Pentium 的工作模式

自从微处理器进展到 32 位结构，它已采用了过去只有在大、中型计算机系统才能见到的先进存储管理策略，而且，在多数情况下，微处理器的存储管理策略要优于这些大、中型系统最初采用的策略，因为研制这些微处理器时就以支持多种操作系统为其目标之一。一个典型的例子就是 Pentium 微处理器的存储管理策略。

Pentium 微处理器的外部数据总线宽度虽已是 64 位，但其内部寄存器宽度仍是 32 位，故应认为是 32 位微处理器。Pentium 的外部地址总线宽度是 36 位，Intel 说明手册说明它也支持 32 位物理地址空间。Pentium 内部的 CR_4 控制器增设了一个物理地址扩充允许 PAE 位(b_5 位)。目前普遍的做法是将 PAE 位设置为 0，即使用 32 位物理地址空间。下面的介绍也是针对这种情况，认为 Pentium 使用的是 32 位地址总线，最大物理地址空间是 $2^{32}=4$ GB。

Pentium 的存储管理硬件基本上与 80386、80486 相同，只是有某些改进。Pentium 也支持三种工作模式：实地址模式、受保护的虚拟地址模式和虚拟 8086(V86)模式。

1) 实地址模式

实地址模式也简称为实模式，这是自 8086 一直延续继承下来的 16 位模式。逻辑地址形式为段：偏移，二者均是 16 位。将段名所指定的段寄存器的内容乘以 16(即左移 4 位)，得到 20 位段基址，加上 16 位偏移即得 20 位物理地址。

实模式使用 $A_{19}\sim A_0$ 的 20 根地址线，最大物理地址空间 1 MB。最高物理地址为 FFFFF(H)，若段基地址加上偏移计算出的物理地址超过 20 位，则超出位被丢弃，即出现地址环绕现象。例如 FFFF：FFFF，计算出地址为 10FFEF，实际送出的物理地址为 0FFEF。

MS-DOS 操作系统(运行于实模式时的)、Windows 3.x 和它们的 16 位应用程序采用实模式。

2) 受保护的虚拟地址模式

受保护的虚拟地址模式(Protected Virtual Address Mode)简称为保护模式。这是 80386

才具备并一直延续下来的 32 位模式。Pentium 的存储管理部件 MMU 设有分段部件(SU)和分页部件(PU)，允许 SU、PU 单独工作或同时工作。于是保护模式又细分为如下三种模式。

(1) 分段不分页模式。此时虚拟地址(或逻辑地址)由一个 16 位的段选择符和一个 32 位偏移地址组成。段选择符的最低 2 位与保护机构打交道，高 14 位用于指定具体段。一个进程可以拥有的最大虚拟地址空间是 $2^{14+32} = 2^{46} = 64$ TB。

由 SU 将二维的分段虚拟地址转换成一维的 32 位线性地址，对于分段不分页模式，这也就是它的物理地址。分段不分页的好处是，无需访问页目录表和页表，地址转换速度快；另外，对段提供的一些保护定义可以一直贯通到段的单个字节级。缺点是涉及大容量段的滚进滚出，耗时大，内存管理粗糙，有失灵活性。

(2) 分段分页模式。这是一种在分段基础上添加分页存储管理的模式。即将 SU 转换后的 32 位线性地址看成由页目录、页表和页内偏移三个字段组成，由 PU 完成两级页表的查找并将其转换成 32 位物理地址。此模式下一个进程可拥有的最大虚拟地址空间与分段不分页模式相同，也是 64 TB。这是一种兼顾分段分页两种优点的虚拟地址模式，受到 UNIX System V 和 OS/2 操作系统的偏爱。

(3) 不分段分页模式。这个模式下 SU 不工作，只是 PU 工作。程序也不提供段选择符，一般由寄存器提供的 32 位地址被看成是由页目录、页表和页内偏移三个字段组成。由 PU 完成虚拟地址到物理地址的转换。进程所拥有的最大虚拟空间是 $2^{32} = 4$ GB，虽然虚拟空间减小了，但也够用了。这种纯分页的虚拟地址模式，也称为平展地址模式(Flat Address Mode)，简称平展模式。整个程序仍然可以分成代码段、数据段和堆栈段，但都在一个固定的大段内，用同一个段起始地址和同一段界限。它也能提供保护机制，而且将虚拟存储器看成是线性分页地址空间，比分段模式具有更大的灵活性。Windows NT、Windows 95/98/2000/XP 操作系统均采用了这种模式来支持 32 位应用程序的运行。

3) 虚拟 8086 模式

这是一种在 32 位保护模式下支持 16 位实模式应用程序运行的特殊保护模式，简称 V86 模式。自 80386 开始具备并一直延续到 Pentium。在这种模式下系统可建立多个 8086 虚拟机，每个虚拟机都认为自己是唯一运行的机器，安全地运行以实模式编写的 16 位应用程序。这样在 32 位保护模式的操作系统管理下，系统可同时运行 32 位应用程序和 16 位应用程序。当然，这种"同时"是以 CPU 切换完成的。CPU 中 EFLAG 寄存器的 VM 位(b17 位)即为 V86 模式位，已经工作在保护模式下的 CPU，若 VM=1，则 CPU 运行 V86 模式，否则运行一般保护模式。这种相互切换由任务转换或中断来完成。

V86 模式也是将段寄存器的内容乘以 16 作为段的基地址，再加上 16 位偏移量而得到访问存储器的线性地址，这与实模式形成物理地址的方式相同。但此时没有实模式的地址环绕现象，即允许 10FFEF 这样的线性地址出现。换句话说，V86 模式具有 1 MB + 64 KB 的线性存储空间。

4) 系统管理模式

Pentium 除了上述三种主要工作模式外，还从 80486 继承下来一种称为系统管理模式(System Management Mode，SMM)的新模式。通过软件或测到某种硬件条件时，可由其他模式进入 SMM。SMM 对其他模式总是隐藏的，从而允许处理器在 SMM 模式下以软件完成某种功能(这些对应用软件甚至对操作系统都是隐藏的)。最早引用这个模式是为了笔记本电脑的电源管理模式,在 CPU 没有实质工作进行时系统降低电源功耗,此时就是以 SMM 模式来保护现场的。现在,SMM 又增添了新功能,能对实际不在系统的硬件予以虚拟化。

2. 保护模式的分页地址转换

保护模式的分段情况与 80486 的段式映像类似,这里不再作介绍。无论是分段分页模式下经 SU 送来的 32 位线性地址,还是不分段分页模式下由程序直接给出的 32 位线性地址,都经分页部件 PU 转换成 32 位物理地址。

Pentium 有两种分页方式。一种是 4 KB 的页,使用页目录表、两极页表进行地址转换,这是从 80386/80486 继承下来的分页方式。另一种是 Pentium 新增的分页方式,页为 4 MB 大小,使用单级页表进行地址转换。

下面只介绍 4 MB 分页方式,最后介绍 Pentium 的转换后援缓冲器(TLB)。

1) 4 MB 分页方式

页面(页框)大小为 4 MB 的分页方式使用单级页表,减少了一次主存访问,地址转换过程加快了。此方式下,32 位线性地址分为高 10 位的页面(号)和低 22 位的页内偏移两个字段。32 位地址模式下,全系统只有一张页表,由控制寄存器 CR_3 指向。此页表有 1 K 个表项,每项 4 字节(32 位)。

注意:此时页表项的 b_7 位为 1,此位称为页大小(Page Size, PS)位,b_7 位为 0 则表示是 4 KB 页。CPU 以线性地址高 10 位为索引(x4)查找 CR_3 指向的表时,若读取表项内容的 b_7 位为 0,则知道这是一个页目录表,需要第二次访问主存才能得到 4 KB 页的页框基地址。

4 MB 分页方式的地址转换过程如图 4-24 所示。可以看到,除存取控制位之外,两种分页方式的页表项中都有 P、A、D 三位。P 位为存在位,若该位为 1,表示此页面已装入主存;若该位为 0,对此页面的访问将引发缺页(或称页故障)。A 位为访问过位,此页装入主存之后被访问过,A 位置为 1,否则该位置为 0。D 位为"脏"位,即修改过位,该页被替换时,若为 1,则需将此页写回磁盘,否则弃之即可。

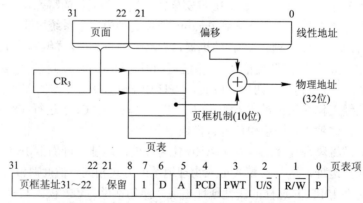

P=出现位;R/$\overline{W}$=读/写位;U/$\overline{S}$=用户/监督位;PWT=页写直达位;
PCD=页Cache禁止位;A=访问位;D="脏"位

图 4-24　Pentium 4 MB 分页方式地址转换

另外,页表项中还有 PCD(页 Cache 禁止)和 PWT(页写直达)两位,用于控制页是否禁止 Cache 以及采用的是写直达法还是写回法。Pentium 有两个输出引脚 PCD 和 PWT,其生成逻辑如图 4-25 所示。

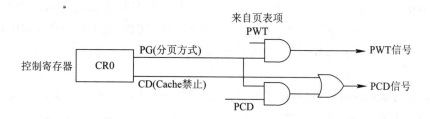

图 4-25 PCD、PWT 信号生成逻辑

这两个信号既用于对片外(L2)Cache 的控制,也在 CPU 内部使用,以控制片内(L1)Cache 的状态转换以及写修改方式。

2) 片内的 TLB

与 80486 相同的是,Pentium CPU 中也使用了 TLB 技术,输入的是线性地址(页面号),命中时直接得到物理地址(页框号)。

前面曾介绍过 Pentium CPU 芯片内部使用物理地址的一级 Cache,它分为 8 KB 的指令 Cache 和 8 KB 的数据 Cache。它们都是两路组相联结构,其中指令 Cache 是只读的。实际上,它们都含有 TLB,以援助虚拟地址到物理地址的加快转换。

指令 Cache 中的 TLB,支持 4 KB 分页方式或以 4 KB 为增量的 4 MB 页面方式,共有 32 项,是 4 路组相联结构,单端口。数据 Cache 中有两个分开的 TLB,一个是支持 1 KB 分页方式的 64 项的 TLB,一个是支持 4 MB 分页方式的 8 项的 TLB,两个 TLB 都是 4 路组相联的结构,并且都是双端口的,能够同时为两次数据访问的地址转换提供两个互不相关的物理地址。

两类 Cache 中的 TLB 的项替换采用的是一种伪 LRU 算法,以硬件来实现。即每组使用 r_0、r_1、r_2 三个 LRU 位,类似于 80486 片内 4 路组相联 Cache 的实施情况。

注意:TLB 和一级 Cache 都是高速缓冲器,都依赖程序访问的局部性原理,结构和操作有很多相似之处。但是,它们的操作也有显著的不同之处。TLB 接受的是访问存储器的虚拟地址,若 TLB 命中则可立即得到访问主存的物理地址,若 TLB 未命中则要访问主存中页表以完成地址转换,并替换 TLB 一项。而 Cache 接受的是访问主存的物理地址,若 Cache 命中则可立即得到此地址单元的内容,若 Cache 未命中则要以此地址访问主存取得所需的操作数,并替换 Cache 一行。

如果 TLB 和一级 Cache 接连命中,那么 CPU 中的执行部件只要给出操作数的逻辑地址,则立即可得到操作数。地址转换和取数据都在 CPU 内部完成,指令执行非常迅速,足可见 TLB 在 Cache 中所起到的重要作用。Pentium 正是以这种方式支持指令流水线的高速运行的。

在 Pentium CPU 中多处使用 TLB 技术,规模不同,结构相近,原理相同,输入的都是线性地址,命中时直接输出物理地址,充分体现了 CPU 对操作系统和流水线技术的支持。

4.5 半导体存储器新技术

1. 带高速缓存动态随机存储器(CDRAM,Cached DRAM)

CDRAM 是日本三菱电气公司开发的专有技术,通过在 CDRAM 芯片上集成一定数量的高速 SRAM 作为高速缓冲存储器 Cache 和同步控制接口来提高存储器的性能。这种芯片使用单一的 +3 V 电源，低压 TTL 输入/输出电平。CDRAM 目前有 4 MB 和 16 MB 版本，其片内 Cache 为 16 KB，与 128 位内部总线配合工作，可以实现 100 MHz 的数据访问。

2. Direct Rambus 接口动态随机存储器(DRDRAM，Direct Rambus DRAM)

从 1996 年开始，Rambus 公司就在 Intel 公司的支持下制定出新一代 RDRAM 标准，这就是 DRDRAM。它与传统 DRAM 的区别在于引脚定义会随命令而变。同一组引脚线可以被定义成地址，也可以被定义成控制线。其引脚数减少为正常 DRAM 的 1/3。当需要扩展芯片容量时，只需要改变命令，不需要增加芯片引脚。这种芯片可支持 400 MHz 外频，再利用上升沿和下降沿两次传输数据，可以使数据传输率达到 800 MHz。同时通过把单个内存芯片的数据输出通道从 8 位扩展成 16 位，这样在 100 MHz 时就可以使最大数据输出率达到 1.6 GB/s。

3. 双倍数据传输率同步动态随机存储器(DDR DRAM，Double Data Rate DRAM)

在同步动态读写存储器 SDRAM 的基础上，采用延时锁定环技术提供数据选通信号对数据进行精确定位，在时钟脉冲的上升沿和下降沿都可传输数据。这样在不提高时钟频率的情况下，使数据传输率提高一倍。因为 DDR DRAM 需要新的高速时钟同步电路和符合 JEDEC 标准的存储器模块，所以主板和芯片组的成本较高，一般只能用于高档服务器和工作站上。例如，Geforce 256 显卡大量采用了 DDR DRAM，显示效果有明显提升。

4. 虚拟通道存储器(VCM，Virtual Channel Memory)

VCM 是由 NEC 公司开发的一种新兴的"缓冲式 DRAM"。该技术将在大容量 SDRAM 中采用。它集成了所谓的"通道缓冲"，由高速寄存器进行配置和控制。在实现高速数据传输的同时，VCM 还维持着与传统 SDRAM 的高度兼容性。因此通常也把 VCM 内存称为 VCM SDRAM。在设计上，系统不需要作大的改动，就能提供对 VCM 的支持。VCM 可以从内存前段进程的外部对所集成的这种"通道缓冲"进行读写操作。对于内存单元与通道缓冲之间的数据传输，以及内存单元的预充电和刷新等内部操作，VCM 要求它独立于前段进程进行，即后台处理与前台处理可同时进行。因为专为这种"并行处理"创建了一个支撑构架，所以 VCM 能保持一个非常高的平均数据传输速度，同时不用对传统内存构架进行大的更改。

5. 快速循环动态存储器(FCRAM，Fast Cycle RAM)

FCRAM 由富士通和东芝联合开发，数据吞吐速度可达普通 DRAM/SDRAM 的 4 倍。FCRAM 将目标定位在需要极高内存带宽的应用中。FCRAM 最主要的特点是行、列地址同时访问，而不像普通 DRAM 那样，以顺序方式进行(先访问行数据，再访问列数据)。FCRAM 的开发计划自 1999 年 2 月初便已开始，按照富士通和东芝的协议，它们将联合开发 64 MB，128 MB 和 256 MB 的 FCRAM。但与 VCM，RDRAM 技术不同的是，FCRAM 面向的并不是 PC 机的主内存，而是诸如显示内存等其他存储器。在制造工艺上，由于采用的是 0.22 μm 工艺，因此使芯片面积减少，在相同的硅晶片上，可生产出更多的颗粒，从而有效提高了这种内存的产量。

6. 闪速存储器(Flash Memory)

Flash 存储器是 1983 年由 Intel 公司首先推出，商品化于 1988 年。就其本质而言，Flash 存储器属于 EPROM 类型，在不加电的情况下能长期保持存储的信息。Flash 存储器之所以被称为闪速存储器，是因为用电擦除且能通过公共源极或公共衬底加高压实现擦除整个存储矩阵或部分存储矩阵，速度很快，与 EPROM 擦除一个地址(一个字节或 16 位字)的时间相同。

Flash 存储器既有 MROM 和 RAM 两者的性能，又有 MPROM 和 DRAM 一样的高密度、低成本和小体积。它是目前唯一具有大容量、非易失性、低价格、可在线改写和较高速度几个特性共存的存储器。同 DRAM 比较，Flash 存储器有两个缺点：可擦写次数有限和速度较慢。所以从目前看，它还无望取代 DRAM，但是它是一种理想的文件存储介质，特别适用于在线编程的大容量、高密度存储领域。

由于 Flash 存储器的独特优点，在一些较新的主板上采用 Flash ROM BIOS，会使得 BIOS 升级非常方便，在 Pentium 微机中已把 BIOS 系统驻留在 Flash 存储器中。

Flash 存储器亦可用作固态大容量存储器。由于 Flash Memory 集成度不断提高，价格降低，使其在便携机上取代小容量硬盘已成为可能。

7. 同步动态存储器(SDRAM，Synchronous DRAM)

SDRAM 是同步动态存储器，又称为同步 DRAM。SDRAM 基于双存储体结构，内含两个交错的存储阵列，当 CPU 从一个存储体或阵列访问数据的同时，另一个已准备好读写数据。通过两个存储阵列的紧密切换，读取效率得到成倍提高。理论上速度可与 CPU 频率同步，与 CPU 共享一个时钟周期。SDRAM 不仅可用作主存，在显示卡专用内存方面也有广泛应用。对显示卡来说，数据宽带越宽，同时处理的数据就越多，显示的信息越多，显示质量也就越高。SDRAM 也将应用于一种集成主存和显示内存的结构——共享内存结构(UMA)。许多高性能显示卡价格昂贵，就是因为其专用显示内存成本极高。UMA 技术利用主存做显示内存。不再需要增加专门的显示内存，因此这种结构在很大程度上降低了系统成本。

4.6 外 存 储 器

外存储器是指与微型机通过接口相连接的存储器。通常，微型机的内存比较小，而外存容量较大，但前者速度快而后者速度慢。目前，常用的外存包括硬磁盘、光盘及存储卡等。

4.6.1 硬磁盘

硬磁盘(简称硬盘)是目前微型机(PC)系统配置中必不可少的外存。在硬盘驱动器中，磁头和盘片是非接触式的。主轴驱动系统使盘片高速旋转，通常达 3600 r/min，从而在盘片表面产生一层气垫，磁头便浮在这层气垫上。磁头与盘片间具有 μm 级的空隙。

目前硬盘适配器提供两种最常用的接口总线标准：一种是 IDE 集成驱动器电子接口；另一种是 SCSI 小型计算机系统接口。这两种标准总线接口也在不断地升级，以适应发展的需要。

4.6.2　光盘

1. LV(Laser Vision)激光视盘

LV 是最早研制成功并投放市场的光盘，它上面记录的是模拟电视信号，其中模拟图像信号和模拟半音信号均经过调频后记录在光盘上。LV 后来被 LD(Laser Disc)所代替。现在普遍称这种光盘为 CD 或镭射影碟。

2. 音频 CD 和 MD

音频 CD 就是人们常说的激光唱盘，它将音频以模拟方式记录。MD 也是一种音频激光唱片，它的尺寸比 CD 更小。

3. CD-G(Compact Graphic)

这种激光盘又称为卡拉 OK 盘，它利用音频 CD 盘上的剩余通道来记录画面、文字等信息。在播放音乐的同时，可以产生静止的画面和歌词文字。

4. CD-V(Compact Disc Video)

CD-V 与 LD 类似，能播放活动图像和音乐，是对 LD 系统的扩充和改进。CD-V 盘上的立体声不再是模拟的而是数字信号。盘上的视频信号是模拟信号，而音频信号是数字信号。

5. CD-DA(Compact Disc Digital Audio)

CD-DA 是全数字化音响激光唱盘的标准。CD-DA 首先对音频信号进行采集、编码，然后对二进制编码进行 8 到 14 位调制并记录在光盘上。

6. CD-ROM(Compact Disc Reed Only Memory)光盘只读存储器

CD-ROM 主要用作计算机的外部存储器。现在 CD-ROM 光盘包括全数字化文字、声音、图形、动画及视频影像。CD-ROM 是只读的，且容量大，可随机读出，用于存储文本、程序、声音、图像等，其应用广泛。

7. CD-I(Compact Disc Interractive)交互式光盘

利用 CD-I 播放系统可以实现人机对话。这是一套独立的 CD-ROM 标准，主要针对家庭教育、娱乐电子产品的目标进行设计和开发。

8. Photo CD

Photo CD 是以数字方式将彩色照片存放在光盘上的一种手段。用户可以在计算机的显示器或电视上欣赏高清晰的彩色照片。

9. CD-R (Compact Disc Recordable)可记录光盘

这种光盘允许写一次，写入的数据可以永久性地保存下来，写入的数据可以多次读出。CD-R 一旦有数据写入，就变成了 CD-ROM。

10. VCD(Video Compact Disc)

VCD 又称为影碟。VCD 上的信号是按照 MPEG-1 标准进行压缩处理并进行记录的。

记录在 VCD 光盘上的图像和伴音信号可以在 VCD 播放机或 CD-ROM 驱动器上播放。

11. DVD(Digital Video Disc)数字视盘

DVD 是一种全新的以 MPEG-2 为标准的数字视盘,具有高质量的图像画面。DVD 视盘的记录容量比 CD-ROM 大几倍到几十倍,播放时间可达几小时。

12. MO(Magneto-Optical)磁光盘

MO 与以上所描述的光盘不同,它具有可读写功能和大的存储容量,因此它既具有硬盘的多次读写及容量大的功能,又具备光盘防磁及可靠性高的特点。

本 章 小 结

本章明确了存储器在当前计算机结构中的中心地位。多种类型、多个品种的存储器只有组成相互支持、相互依存的多层次结构,才能发挥整体优势,兼顾计算机对存储器提出的多种要求。存储器芯片由存储矩阵和接口电路组成。内存使用半导体存储器,RAM 与 ROM 需配套使用。在一般情况下,大容量内存需多个芯片使用扩展技术连接组成。两级 Cache 的引入提高了整机运行速度。PC 机在 Windows 支持下,运行于虚拟保护方式,发挥了高档微机固有的优势,服务于多任务、多用户。

思 考 与 练 习 题

1. 计算机对存储系统的要求有哪些?

2. 多层次的存储体系是怎样形成的? 当前计算机的存储体系共有哪些层次?

3. 若多层次存储体系的高端一级 Cache 处可获得 95% 的访问命中率,试评价整个体系的技术性能。

4. 按存取方式对存储器进行分类,有哪几种主要类型? 相应的典型存储器是什么?

5. 主存储器的主要技术指标有哪些? 是如何定义的?

6. 叙述主存储器的基本组成。

7. 半导体只读存储器有哪几种类型? 各自的适用环境如何?

8. 新型的快速擦写只读存储器有哪些特点?

9. 静态 RAM 与动态 RAM 有哪些异同点? 各自的适用环境如何?

10. 一个 8 K×8 的 SRAM 芯片应有_____根地址信号引脚,_____根数据信号引脚,其存储体系共有_____个二进制记忆元件。

11. 使用 64 K×1 的 DRAM 芯片共_____片,可组成 64 KB 的存储器,需采用_____扩展连接方法。

12. 使用 4 K×8 的 SRAM 芯片共_____片,可组成 64 K×8 的存储器,需采用_____扩展连接方法。

13. 已知 PC 系列机实址工作方式时只使用低地址 1 MB 空间,现从 0 地址起配置 640 KB 的存储器,若使用 64 K×1 的 DRAM,并一字节另加奇偶校验 1 位,则共需多少片该规格的芯片？试使用存储空间示意图来说明存储器扩展连接的方法。

14. 同上题，若各存储字节单元连续编址，试写出每个芯片的寻址范围。

15. 引入高速缓冲存储器的目的是什么？其理论依据是什么？

16. 提高 CPU 访问 Cache 的命中率的办法有哪些?

17. 什么是虚拟存储器？引入虚拟存储器的作用如何?

18. 虚拟存储器中的逻辑地址怎样转化为物理地址?

第 5 章　接口与总线技术

输入/输出设备是计算机系统的重要组成部分，计算机通过它们与外围设备进行数据交换。把外围设备同微型计算机连接起来的电路称为外设接口电路，简称外设接口。总线是计算机各种功能部件之间进行信息传输的公共通道，通过总线将计算机各部件连接起来，从而构成完整的计算机系统。

本章要点：

- 输入/输出及其接口
- 输入/输出传送方式
- 总线的基本知识
- 微型计算机的总线标准
- 外部通信总线

5.1　输入/输出及其接口

输入/输出接口是计算机主机与输入/输出设备之间进行信息交换的桥梁，其功能的强弱对计算机系统的总体性能具有较大的影响。本章主要介绍 I/O 接口的功能与组成、I/O 端口的编址方式和 I/O 接口的控制方式，以及 I/O 接口的地址译码电路设计方法与编程控制。最后简单介绍在现代微型计算机系统中广泛使用的两种多功能芯片组。

5.1.1　I/O 接口的基本概念

输入/输出(简称 I/O)是指计算机主机与外部设备之间进行的信息交换。在计算机中实现与外部设备交换信息的部分称为输入/输出系统，简称 I/O 系统。一般 I/O 系统包括 I/O 接口、I/O 设备和与 I/O 有关的软件。

计算机与外围设备进行数据交换称为输入/输出，外围设备与主机连接以实现数据传送的控制电路称为输入/输出接口电路。

一般的输入/输出设备都是机械的或机电相结合的部件，它们相对于高速的中央处理器来说，速度要慢得多。并且不同的外设其信号形式和数据格式各异。为了把外设与主机连接起来，就需要有 I/O 接口，以实现它们之间的速度匹配、信号匹配和某些控制功能。对于小型、中型以上的计算机，常常是在设计计算机主机时将接口部件一起设计出来，因此通常它们专用于某个计算机系统。而对于微型计算机来说，设计微处理器 CPU 时，并不设计它与外设之间的接口部件，而是将输入/输出设备的接口设计成完全独立的部件，使它们成为通用的接口芯片，通过它们可以将各种类型的外设与 CPU 连接起来构成完整的微型计算机系统。

不同 I/O 设备对应了不同的 I/O 接口。计算机在与 I/O 设备进行信息交换时，它直接控制的是 I/O 接口，然后再由 I/O 接口与 I/O 设备进行信息的交换，因此，计算机的输入/输出操作被分为多级传送。为增加通用性，I/O 接口电路一般均具有可编程功能，通过程序设置使其具有不同的功能，实现与多种设备的连接。

5.1.2 I/O 接口的功能

不同的 I/O 接口具有不同的功能，一般来说，I/O 接口应具有以下功能：

(1) 转换信息格式。例如正负逻辑之间的转换，串行数据与并行数据之间的转换，模拟信号与数字信号之间的转换等。

(2) 提供联络信号。为了协调 CPU 与 I/O 设备之间的数据传送，需要设置一些表示 I/O 设备状态的信息(如设备"准备就绪"、"忙"等)及表示微机输出的数据是否准备好的信息(如"启动"，"停止"等)。

(3) 缓冲与锁存数据。为了协调微机与 I/O 设备在定时或数据处理速度上的差异，使两者之间的数据交换变得同步，有必要对传输的数据信息或地址信息加以缓冲或锁存。

(4) 信号特性匹配。由于微机中所采用的信号电平一般为 TTL 电平，而不同的 I/O 设备其信号电平有较大的差异(有的是正负地电压，有的是 3 V 电压)。且有的 I/O 设备的负载比较重，微机的输出信号不能直接驱动，为使微机同 I/O 设备之间能进行正确的信息传输，接口电路必须提供相应的电平转换和驱动功能。

(5) 译码选址。在一个微机系统中，往往存在有多个不同的 I/O 设备，为了区分不同的设备，外设接口必须提供地址译码以及选择不同外设的功能。

在一个 I/O 接口中也设置有多个寄存器，它们用来存放不同的信息，如输入数据、输出数据、I/O 设备的状态、CPU 的控制命令等等。为了方便 CPU 对它们的访问，需要使用不同的识别码来区分，这种识别码称为端口地址。I/O 接口能够对 CPU 送来的端口地址进行译码，实现对各个寄存器的访问。

(6) 中断管理。在 I/O 接口中设置中断管理逻辑，能对外设进行中断管理，如建立中断请求，进行中断排队，提供中断识别码等。

(7) 提供时序及其他控制功能。在接口电路中一般还应具有时钟发生电路，以满足微型计算机和各种外设对时序方面的要求。由于设备种类较多，因此某些外部设备还需要增加部分特殊的控制电路。

5.1.3 CPU 与 I/O 设备之间的接口信息

CPU 与 I/O 设备之间交换的信号可以分为数据信息、状态信息和控制信息三类。

1) 数据信息

微机中的数据按照微机字长可分为 8 位、16 位、32 位和 64 位等，大致可分为三种基本类型。

数字量：数字量在计算机中一般是以二进制形式表示的数字或字符。例如，由键盘、光电输入设备输入的信息，由微机输出到打印机、显示器、绘图仪等输出设备的信息。

模拟量：模拟量是指在时间上连续变化的量，如温度、压力、流量、位移、电流、电压等都是模拟量信息。

开关量： 开关量是指只有两个状态的信息量，如电路的开与关、阀门的打开与关闭、电机的运转与停止等等。这些量只需要用一位二进制数即可表示。一个字长为 8 位的计算机，一次输出可控制 8 个开关量。

2) 状态信息

状态信息是用来表示输入/输出设备当前工作状态的信息。微机通过检查这些状态信息，可以了解 I/O 设备的工作情况，以能够实时准确地与 I/O 设备进行数据交换。如输入时，有输入设备是否准备好(Ready)的状态信息，在输出时，有输出设备是否有空(Empty)或是否忙(Busy)的状态信息。

3) 控制信息

控制信息是微处理器向外设发出的控制命令信息。控制命令主要用于 I/O 设备的工作方式设置、设备的启动与停止等。

5.1.4　I/O 接口的组成与分类

在每个 I/O 接口中都包含多个表示不同信息的端口，在硬件上通过一组寄存器来实现。CPU 和外设进行数据传输时，各类信息在接口中存入不同的寄存器，一般称这些寄存器为 I/O 端口，每个端口有一个端口地址。存放来自主机的数据或者送往主机的数据且起缓冲作用的寄存器叫数据端口。存放外设或者 I/O 接口本身状态的寄存器，称为状态端口。CPU 通过对状态端口的访问可以检测外设和 I/O 接口当前的状态。用来存放 CPU 发出的命令，以便控制 I/O 接口和设备动作的寄存器叫命令端口。

图 5-1 所示是一个典型的 I/O 接口，其中包括了数据端口、状态端口和控制端口。每个端口对应一个 I/O 地址。从硬件上看，端口可以理解为寄存器。CPU 用 I/O 指令对其直接访问。其中数据端口可以是双向的，可以实现输入或输出操作。状态端口为输入端口，只有输入操作，控制端口为输出端口，只有输出操作。有时状态端口和控制端口两个端口合用一个端口地址，再用 I/O 读信号或 I/O 写信号来分别选择访问。

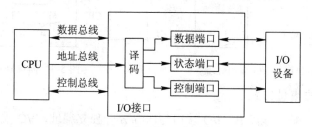

图 5-1　典型 I/O 接口框图

I/O 接口可以分为多种类型，并且可以从不同的角度进行划分。

按数据传送格式可以分为并行接口和串行接口。并行接口是指 I/O 接口与 I/O 设备之间以并行方式传送数据信息。而串行接口是指 I/O 接口与 I/O 设备之间采用串行方式传送数据信息。按时序控制方式可以分为同步接口和异步接口。同步接口与 CPU 之间的数据传送采用统一的时序信号控制，它可以是 CPU 提供的时序信号，也可以是专门的系统在线时序信号。按信息传送的控制方式可以分为中断接口和 DMA 接口。在中断接口中设置有专门的中断控制逻辑，与 CPU 之间采用中断方式进行数据传送。在 DMA 接口中设置有 DMA

控制逻辑，与主机之间采用 DMA 方式进行数据传送。

5.1.5　I/O 端口的编址方式

CPU 对外设的访问实质上是对外设接口电路中相应端口的访问。I/O 端口的寻址方式有两种，即 I/O 指令寻址和存储器映像 I/O 寻址。在微型计算机中，一个 I/O 接口中包含了多个端口，每个端口要分配相应的端口地址。常用的 I/O 端口的编址方法有 I/O 端口与内存统一编址和 I/O 端口独立编址两种方式。

1. I/O 端口与内存统一编址方式

在这种编址方式中，将 I/O 端口的地址与内存的地址统一编址，即将一个 I/O 端口视为一个存储单元，把内存的一部分地址分配给 I/O 端口。此时，用于 I/O 端口的内存地址存储器就不能再使用。这样，计算机系统的地址空间一部分留做端口地址使用，而剩下的地址空间才作为内存使用。

在 I/O 端口与内存统一编址的方式下，由于将 I/O 端口看做是内存单元，因此，原则上说，指令系统中用于内存的指令都可以用于输入/输出操作，不需要设置专门的输入/输出指令，这给使用者提供了极大的方便。但由于 I/O 端口占用内存地址，因此减少了内存可用范围，而且在程序中也不易区分是访问内存的指令还是用于输入/输出的指令。

I/O 端口与内存统一编址方式的硬件结构及地址空间分配如图 5-2 所示。这种寻址方式的特点是：存储器和 I/O 端口共用一个地址空间；I/O 端口读、写命令通过 $\overline{MEMR}$ 和 $\overline{MEMW}$ 来实现，所有访问存储器的指令都可用于 I/O 端口，包括存储器的算术逻辑运算指令。

简单外设接口框图如图 5-3 所示。

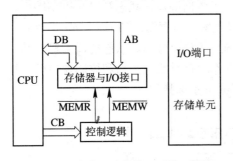

图 5-2　存储器映像的 I/O 端口寻址

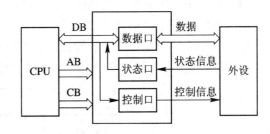

图 5-3　简单外设接口

2. I/O 端口独立编址方式

在 I/O 端口独立编址方式中，I/O 端口与内存分开独立编址，I/O 端口和内存各自都有一套独立的地址空间，相互不会影响。I/O 指令寻址方式是此种编址方式的典型应用，它又称"专用的 I/O 端口寻址"方式。这种寻址方式的特点是：存储器和 I/O 端口在两个独立的地址空间中，I/O 端口的读、写命令由 $\overline{IOR}$ 和 $\overline{IOW}$ 来控制，访问 I/O 端口用专用的 IN 指令和 OUT 指令。

I/O 指令寻址方式的优点是：I/O 端口的地址码一般比同系统中存储单元的地址码短，译码电路较简单；存储器同 I/O 端口的操作指令不同，程序比较清晰；存储器和 I/O 端口的控制电路结构相互独立，可以分别设计。它的缺点是：需要专门的 I/O 指令，这些 I/O 指令一般没有存储器访问指令丰富，所以程序设计的灵活性较差。

例如，在 8086/8088 CPU 中，I/O 端口的地址范围从 0000H～FFFFH 共 64 KB。它们相互独立，互不影响。这是由于 CPU 在访问内存和 I/O 端口时，使用了不同的控制信号来加以区分。8086 CPU 的 IO/$\overline{\text{W}}$ 控制信号为 0 时，表示地址总线上传送的是一个访问内存的地址；当它为 1 时，则表示地址总线上是一个有效的 I/O 端口地址。

内存与端口独立编址，有各自的寻址空间，需设置专门的输入/输出指令，因此，访问内存和实现 I/O 操作的指令是不一样的，很容易辨认。但用于 I/O 操作的指令功能比较弱，有些操作必须先从 I/O 端口输入到 CPU 的寄存器，然后再用其他指令实现。

5.2　输入/输出传送方式

在微机系统中，大量数据在 CPU、存储器和 I/O 接口之间传送。数据传送过程中的关键问题是数据传送的控制方式。微机系统中数据传送的控制方式有：程序控制方式、中断控制方式、DMA(直接存储器存取)方式和 I/O 处理机方式。I/O 处理机方式在微机系统中用得不多，这里不作介绍。

5.2.1　程序控制输入/输出方式

程序控制数据传送分为无条件传送和查询传送，这类传送方式的特点是以 CPU 为中心，数据传送由 CPU 控制，通过预先编制好的输入或输出程序实现数据的传送。这种传送方式的数据传送速度较低，传送时要经过 CPU 内部的寄存器，同时数据的输入/输出响应也较慢。

1. 无条件传送方式

无条件传送方式是假设输入接口数据已经准备好，或者输出设备是空闲的，此时 CPU 无需查询状态，直接用 IN 和 OUT 指令完成与接口之间的数据传送。

采用无条件传送方式的接口电路如图 5-4 所示。

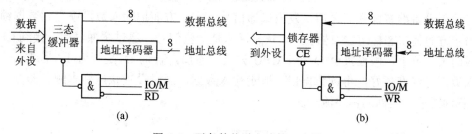

图 5-4　无条件传送方式接口电路

输入时，由于数据保持时间比 CPU 的处理时间长，因此输入端必须用输入缓冲器与 CPU 的数据总线相连。CPU 执行输入指令时，I/O 读信号 IO/$\overline{\text{M}}$ 和 $\overline{\text{RD}}$ 有效，来自输入设备的数据到达数据总线，传送给 CPU。显然，CPU 执行输入指令时，要求外设的数据已经准备好，否则就会出错。

输出时，由于外设速度较慢，因此要求接口有锁存功能，即 CPU 送给外设的数据应该在接口中保持一段时间。CPU 执行输出指令时，I/O 写信号 IO/$\overline{\text{M}}$ 和 $\overline{\text{WR}}$ 有效，CPU 输出的信息经过数据总线进入输出锁存器，输出锁存器保持这个数据，直到外设取走。显然，

CPU 在执行输出指令时，必须保证锁存器是空闲的。

无条件传送是最简便的传送方式，它所需的硬件和软件都较少。

2. 查询传送方式

当 CPU 与外设工作不同步时，很难确保 CPU 在执行输入操作时，外设一定是"准备好"的；而在执行输出操作时，外设一定是"空闲"的。为保证数据传送的正确进行，采用查询传送方式。

利用查询方式输入数据之前，CPU 要查询输入数据是否准备好；利用查询方式输出数据之前，CPU 要查询输出设备是否空闲。只有确认外设已经具备了传送条件后，才能用 IN 和 OUT 指令完成数据传送。

与无条件传送相比，采用查询方式的接口电路要复杂些，它要提供 CPU 查询的电路。

1) 查询式输入

图 5-5 是查询式输入的接口电路，该电路有两个端口寄存器，即状态口寄存器和数据口寄存器。

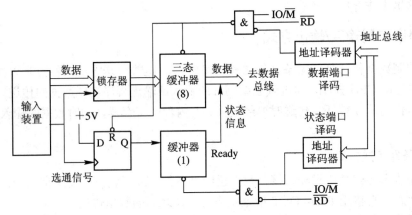

图 5-5　查询式输入的接口电路

当输入设备准备好数据之后，发出选通信号。它一方面把输入数据锁存到数据锁存器中，另一方面使状态标志触发器置 1。状态标志是一位信号，通过缓冲器后，接到 CPU 数据总线的某一位上，假设接至 D_7 位。CPU 先读状态口，查询 D_7 是否为 1。若 $D_7 = 1$，表示输入数据已经准备好，再读数据口，取走输入数据，同时设置状态标志触发器复位。图 5-6 是查询式输入数据的程序流程图。

图 5-6　查询式输入数据的流程图

查询输入的程序段如下：

```
SCAN:    IN    AL，状态口地址
         TEST  AL，80H
         JZ    SCAN
         IN    AL，数据口地址
```

2) 查询式输出

图 5-7 是查询式输出接口电路，它的状态口和数据口合用一个地址。

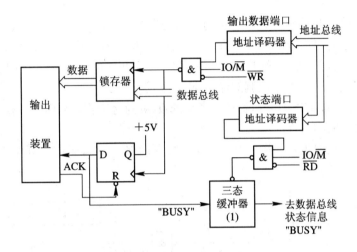

图 5-7　查询式输出接口电路

当输出设备空闲时，状态标志触发器清 0，CPU 输出数据之前，先读取状态信息。假设"忙"、"闲"标志接至数据线 D_0 位，当 $D_0 = 0$ 时，表示输出设备空闲，CPU 再对数据口执行输出指令。数据口选中信号一方面把输出数据写入锁存器，一方面使状态标志触发器置 1，通知输出设备。当输出设备取走当前数据后，向接口发出确认信号 ACK，使状态标志触发器清 0，表示输出设备空闲。

图 5-8 为查询式输出数据的程序流程图。

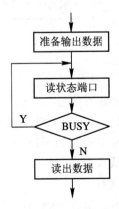

图 5-8　查询式输出数据的流程图

查询输出的程序段如下：

```
SCAN:    IN      AL，状态口地址        ; 取状态信息
         TEST    AL，01H             ; 测"忙"、"闲"标志
         JNZ     SCAN               ; 忙，转移
         MOV     AL，某数
         OUT     数据口地址，AL        ; 空闲，输出数据
```

5.2.2　中断控制的输入/输出方式

中断控制的输入和输出方式，也称为中断传送方式，即外设的输入数据准备好或接收数据的锁存器为空时，便主动向 CPU 发出中断请求，使 CPU 中断原来执行的程序(主程序)，转去执行为外设服务的输入或输出操作，服务完毕，CPU 再继续执行原来的程序。严格来说，中断传送方式也属于程序控制的输入/输出方式。

中断传送方式中，CPU 和外设(甚至多个外设)可同时工作，从而大大提高了 CPU 的效率和控制程序执行的实时性。

中断传送时的接口电路如图 5-9 所示。它有两个端口，即数据口和中断控制口，它们合用一个口地址。

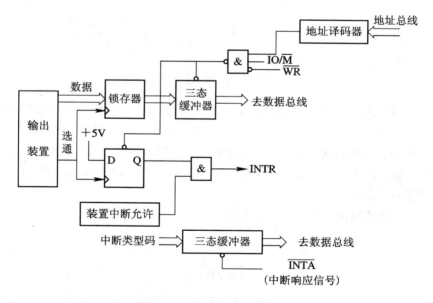

图 5-9　中断传送方式接口电路

当输入设备数据准备好后，发出选通信号，该信号把数据存入锁存器，同时使 D 触发器置 1，发出中断请求。若中断是开放的，则 CPU 接收了中断请求信号后，就在现行指令执行完后，暂停正在执行的程序，发出中断响应信号。由外设将一个中断矢量放到数据总线上，CPU 就转入中断服务程序完成读取或输出数据，同时清除中断请求标志。中断处理完毕，CPU 返回被中断的程序继续执行。

中断传送方式的接口电路中，为了增强中断的灵活性，常常设置中断允许触发器，该触发器受 CPU 控制。当向端口写 01H 时，中断允许触发器置 1，这样，如果输入设备数据

准备好，接口就可以发出中断请求了。如果向端口写入 00H，则中断允许触发器清 0，禁止向 CPU 提出中断请求。

5.2.3　直接存储器存取方式

中断传送方式中，通过 CPU 执行程序来实现数据传送，故实际传送一个字节仍需要几十到几百微秒。这对于高速 I/O 设备以及成组交换数据的情况，例如磁盘与内存之间的信息交换，速度显得太慢了。为此，提出一种设想，用硬件实现在外设与内存之间直接数据传送，而不通过 CPU。这样，数据传送速度的上限就取决于存储器的工作速度。这种方式称为直接存储器存取(Direct Memory Access，简称 DMA)方式。

DMA 方式的数据交换不是由 CPU 执行一段程序来完成的，而是由硬件来实现的。数据交换过程由单独的 DMA 控制器来控制，CPU 不介入。实际上，CPU 和 DMA 控制器是共享一个存储器的两个独立的处理单元，只不过 DMA 控制器是一个特别简单的处理单元，且不受程序控制，当 DMA 和 CPU 同时要求访问内存而发生冲突时，为不丢失数据，通常赋予 DMA 控制器以较高的优先权，以便及时响应高速设备所提出的传送数据的请求，而 CPU 推迟指令的执行。为实现这种传送方式而设计的专用控制芯片称为 DMA 控制器 (DMAC)。例如 Intel 公司的 8237A。

5.3　总 线 概 述

5.3.1　总线的基本概念

众所周知，微型计算机是一个信息处理系统，各部件之间相互传送着大量的信息。因此，系统与系统之间，插件与插件之间以及同一插件的各个芯片之间需要用通信线路连接起来。所谓总线，是指计算机中多个部件之间公用的一组连线，是若干互连信号线的集合，由它构成系统的插件间、插件的芯片间或系统间的标准信息通路。

在微型计算机系统中，按照总线的规模、用途及应用场合，可将总线分为以下三类。

1. 芯片总线

芯片总线又称元件级总线。这是构成一块 CPU 插件或用微处理机芯片组成一个很小系统时常用的总线，用于各芯片(如 CPU 芯片、存储器芯片、I/O 接口芯片等)之间的信息传送。按照传送信息的类别，可将芯片总线分为传送地址、传送数据和传送控制信息的三类总线，简称为地址总线、数据总线和控制总线。

2. 内总线

内总线又称为系统总线。它是微型计算机系统内连接各插件板的总线，用于插件与插件之间的信息传送。

3. 外总线

外总线又称通信总线，用于微型计算机系统与系统之间或微型计算机系统与外部设备之间的通信。

内总线与外总线除地址总线、数据总线和控制总线外，还包括电源总线、地线和备用线(为用户扩展功能用)。

三类总线在微型计算机系统中的位置及相互关系如图 5-10 所示。

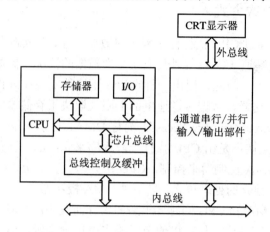

图 5-10 由三类总线构成的微机系统

5.3.2 信息的传送方式

计算机中信息是通过总线进行传送的，信息在总线上有三种传送方式：串行传送、并行传送和并串行传送。

1. 串行传送

当信息以串行方式传送时，只使用一条传输线，且用脉冲传送。具体地说，是在传输线上按顺序传送表示一个数码的所有二进制位的脉冲信号，每次一位。通常第一个脉冲信号表示数码的最低有效位，最后一个脉冲表示数码的最高有效位，如图 5-11(a)所示。

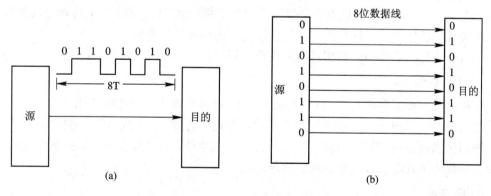

图 5-11 串行传送与并行传送

串行传送时，可能按顺序连续传送若干个 0 或若干个 1，如果编码时用有脉冲表示 1，无脉冲表示 0，那么当连续出现几个 0 时，则表示某段时间间隔内传输线上没有脉冲信号。为了确定传送了多少个 0，必须采用某种时序格式，以便使接收设备能加以识别。通常采用的方法是指定"位时间"，即指定一个二进制位在传输线上占用的时间长度。显然，"位时间"是由同步脉冲来体现的。

假定串行数据是由"位时间"组成的，那么传送 8 位需要 8 个位时间。如果接收设备在第 1 个位时间和第 5 个位时间分别接收到一个脉冲，而其余的 6 个位时间没有收到脉冲，那么就表示收到的二进制信息是 00010001。

串行传送时，被传送的数据需要在发送部件进行并行－串行变换，而在接收部件又需要进行串行－并行变换。

串行传送的主要优点是只需要一条传输线，这一特点对于长距离传输显得特别重要。不管传输的数据量多少，都只需一条传输线，因此成本比较低廉。串行传送是外总线中常用的传送方式。

2. 并行传送

采用并行方式传送二进制信息时，每个数据位都需要一条单独的传输线。信息由多少个二进制位组成，机器就需要多少条传输线，从而让各二进制信息 0 或 1 在不同的线上同时进行传送。

图 5-11(b)给出了并行传送的示意图。如果要传送的数据由 8 位二进制组成，那么就使用由 8 条线组成的扁平电缆，每条线分别代表二进制数的不同。例如，假设图中最上面的线代表最高有效位，最下面的线代表最低有效位，那么图中的 0 或 1 表示正在传送的数据是 01010110。

并行传送时，所有的位同时传送，所以并行传送方式的速度比串行传送的速度快得多。并行传送是微机系统内部常用的传送方式。

3. 并串行传送

并串行传送方式是并行传送方式与串行传送方式的结合。当信息在总线上以并串行方式传送时，如果一个数据字由两个字节组成，那么传送一个字节时采用并行方式，而字节之间采用串行方式。例如，有的微型计算机中，CPU 中的数据用 16 位并行运算。但由于 CPU 芯片引脚数的限制，出入 CPU 的数据总线宽度是 8 位。因此，当数据从 CPU 中出入数据总线时，以字节为单位，采用并串行方式进行传送。

显然，采用并串行传送信息是一种折中的办法。当总线宽度(即传输线根数)不是很宽时，采用并串行方式传送信息可以使问题得到很好地解决。

5.3.3　总线通信协议

通信协议是实现总线裁决和信息传送的手段，通常分为同步方式和异步方式。

1. 同步方式

总线上的部件通过总线进行信息交换时用一个公共的时钟信号进行同步，这种方式称为同步通信。

在同步方式中，由于采用了公共时钟，每个部件何时发送或接收信息都由统一的时钟规定，在通信时不要附加时间标志或来回应答信号。所以，同步通信具有较高的传输频率。

由于同步方式对任何两个设备之间的通信都给予同样的时间安排，故适用于总线上各部件之间的距离以及各部件的数据出入速度比较接近的情况。就总线长度而言，必须按距离最长的两个传输设备的传输延迟来设计公共时钟，以满足最长距离的要求；就部件速度来说，必须按速度最慢的部件来设计公共时钟，以适用最慢部件的需要。

2. 异步方式

如果总线上各部件之间的距离和设备的速度相差很大，势必降低总线的效率，在这种情况下往往采用异步方式。

异步方式允许总线上的各个部件有各自的时钟。部件之间进行通信时没有公共的时间标准，而是在发送信息的同时发出该部件的时间标志信号，或用应答方式来协调通信过程。

异步方式又分为单向方式和双向方式两种。单向方式不能判别数据是否正确传送到对方，故大多采用双向方式，即应答式异步方式。图 5-12 是一种"全互锁异步通信方式"的示意图。

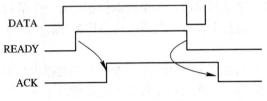

图 5-12　全互锁异步通信方式

在这种方式中，发送部件将数据(DATA)送到总线上，延迟一定时间后发出"READY"信号，通知对方数据已在总线上。接收部件以"READY"信号作为选通脉冲接收数据，并发出"ACK"信号作回答，表示数据已接收，同时在收到"READY"信号下降沿后随即结束"ACK"信号。发送部件收到"ACK"信号后可以撤除数据，以便下一次传送。

在全互锁异步通信方式中，依据传输情况的不同，"READY"信号和"ACK"信号的宽度会变化。传输距离不同或各部件速度快慢不一时，信号的宽度也不同，即呈"水涨船高"式地变化，从而圆满地解决了通信中存在的问题。

全互锁异步通信方式可靠性高，能够适用于速度不同的部件之间的通信，对总线的长度也没有严格的要求，因而得到广泛的应用。

5.4　总　线　标　准

总线是微机中各模块之间传送信息的通道，各模块分时共享总线。为了方便微机系统的扩展及各厂家产品的互换或互连，国际上根据微机的发展制定了许多总线标准，如 PC 总线标准、ISA 总线标准、EISA 总线标准、PCI 总线标准等。

5.4.1　PC 总线

PC 总线是最早的微机系统总线，又称为 XT 总线，其数据线宽度为 8 位，地址线宽度为 20 位。PC/XT 总线以 CPU 时钟作为总线时钟，可支持 4 通道 DMAA(1 片 8237)、8 级硬件中断(1 片 8259)、3 个 16 位定时/计数通道(1 片 8253)、两个 RS-232C 串行接口(1 片 8250)和 1 个 CENYRONICS 并行接口(1 片 8255)。另外，还提供 14.318 MHz 的 OSC 信号。

这种结构的特点是：

(1) 系统中的所有部件都通过 PC 总线与微处理器相连，一旦微处理器发生变化，总线也要改变。

(2) 外围支持模块均是单功能的芯片，而且集成度低、芯片数目多、状态分散。

PC/XT 机是采用 8088 微机处理器构造的第一代通用微机，该机采用了 PC 总线，微处理器作为系统的核心，通过 PC 总线对系统中的其他部件进行控制与数据交换。

5.4.2　ISA 总线

ISA 总线数据传输率(即总线带宽)为 8 MB/s 或 16 MB/s，主要用于 IBM PC/XT、AT 及其兼容机上。在早期的 PC 机中，ISA 总线应用非常广泛，大多数计算机主板上只提供 ISA 插槽。随着技术的进步，ISA 总线已逐渐被淘汰。现在，大多数 PC 机主板上只保留了一个 ISA 插槽，有些较新型的主板上甚至已不再提供 ISA 插槽。

ISA 插槽有 62 根引脚，用于插入 8 位的插卡；8/16 位的扩展插槽除了具有一个 8 位 62 线的连接器外，还有一个附加的 36 线连接器，这种扩展 I/O 插槽既可支持 8 位的插卡，也可支持 16 位插卡。ISA 总线的主要性能指标如下：

(1) I/O 地址空间为 0100H～03FFH；

(2) 24 位地址线可直接寻址的内存容量为 16 MB；

(3) 8/16 位数据线；

(4) 62+36 引脚；

(5) 最大位宽 16 位(bit)；

(6) 最高时钟频率 8 MHz；

(7) 最大稳态传输率 16 MHz/s；

(8) 中断功能；

(9) DMA 通道功能；

(10) 开放式总线结构，允许多个 CPU 共享系统资源。

ISA 插槽外形如图 5-13 所示。

图 5-13　ISA 插槽外形

5.4.3　EISA 总线

ISA 总线对于 286 和 386 SX 等微型计算机系统来说是方便的，但对于 386 DX 以上档次的具有 32 位地址和数据宽度的微型计算机系统来说，因其数据总线和地址总线宽度不够而影响了 32 位微处理器性能的发挥。为此，Compaq、HP、AST 等九家公司联合在 ISA 的基础上，于 1998 年推出了为 32 位微型计算机设计的"扩展工业总线标准"(Extended Industry Standard Architecture)，即 EISA 总线。

EISA 总线可支持 80486 及以前的 X86 CPU，但它不支持 Pentium 及以后的各类的新型微处理器，因为从 Pentium 开始的处理器已使用 64 位数据总线，而 EISA 总线并不支持

64 位数据总线。

EISA 总线主要具有以下几个特点:

(1) 可支持 CPU 等总线主控制器 32 位寻址能力和 l6 位、32 位的数据传送能力,对数据宽度具有变换功能。

(2) 扩展和增强了 DMA 仲裁和传输能力,使 DMA 的数据传输率最高可达 33 MB/s。EISA 总线与系统主板交换数据的速率比 ISA 快 4 倍。

(3) 可通过软件实现系统主板和扩充板的自动配置功能,无需借助 DIP 开关。EISA 系统和 ISA 系统不同,任何挂接到 EISA 总线上的接口卡必须经配置后才能被系统所识别。EISA 系统的配置是通过运行专门的软件(EISA Configuration Software,ECS),将 EISA 总线上各设备的情况记录在一片 8 KB × 8 的 SRAM 中,使系统对这些 EISA 资源进行有效的管理和使用。这个 SRAM 如同 ISA 系统中的 CMOS 一样,需要使用电池供电,以保持其中内容不丢失,一旦遇到信息丢失,或有新的 EISA 设备加入时,需要重新进行配置。

(4) 可管理多个总线主控器,并使用突发方式对系统存储器进行读/写访问。两个总线主控器之间通过 EISA 总线也可以进行数据交换。另外,EISA 的总线主控器可不占用 DMA 通道。而 ISA 总线对于每一个总线主控器都要使用一个 DMA 通道。

(5) 可用程序来控制中断请求,采用边沿触发或电平触发方式。

(6) EISA 总线插槽既可插 ISA 插卡,又可插 EISA 插卡。在插 EISA 卡时使用 32 位数据线,可达到 33 MB/s 传输率。

EISA 的主要性能指标有:

(1) 开放式结构,EISA 和 ISA 兼容,现有的 ISA 扩充板可以用于 EISA 总线上;

(2) 32 位地址宽度,直接寻址范围为 4 GB;

(3) 32 位数据线;

(4) 最大时钟频率 8.3 MHz;

(5) 最大传输率 33 MB/s。

EISA 总线连接器(插头、插槽)的尺寸大小与 ISA 总线连接器大致相同,所不同的是插头和插槽都分成两层:上层为 ISA 连接点,其结构和引脚信号定义均与 ISA 总线完全兼容,这就使 ISA 标准扩充卡可方便地用于 EISA 系统中,就像在 ISA 系统中使用一样。下层为 EISA 连接点,用于扩展方式,它同上层联合起来构成 32 位 EISA 总线。

对于不同的 EISA 总线扩充槽,它的 I/O 地址是不同的。如对于第 6 个总线扩充槽,它的 I/O 地址为 1XXX6;但为保持与 ISA 的兼容,每个 EISA 总线扩充槽都支持 0H~3FFH 的 I/O 地址访问。

5.4.4 PCI 总线

PCI 总线是一种与 CPU 隔离的总线结构,并能与 CPU 同时工作。这种总线适应性强、速度快、数据传输率为 133 MB/s,适用于 Pentium 以上的微型计算机。

PCI 是一种先进的局部总线,不依附于某个具体处理器,其总线插槽的外形如图 5-14 所示。从结构上看,PCI 是在 CPU 和原来的 ISA 系统总线之间插入的另一级总线,具体由一个桥接电路实现对这一层的管理,并实现上下之间的接口以协调数据的传送。管理器提供了信号缓冲,使之能支持 10 种类型的外设接口,并能在高时钟频率下保持性能。PCI 总线也支持总线主控技术，允许智能设备在需要时取得总线控制权，以加速数据传送。

图 5-14 PCI 总线插槽外形

一个 PCI 接口包括一系列的寄存器，它们位于 PCI 接口上的一个小容量的存储器中，其中包含了 PCI 接口的信息，根据这些寄存器中的信息，计算机就可以把 PCI 接口自动配置到系统中。这个特性被称为即插即用(PnP)特性，这也是 PCI 总线在最新的计算机系统中变得如此流行的原因之一。PCI 总线的主要性能与特点如下：

(1) 总线时钟频率 33 MHz/66 MHz；

(2) 最大数据传输率在时钟频率为 33 MHz 时是 133 MB/s(32 位)或 266 MB/s(64 位)；

(3) 时钟同步方式；

(4) 总线宽度 32 位/64 位；

(5) 能自动识别外设(即插即用功能)；

(6) 具有与处理器和存储器子系统完全并行操作的能力；

(7) 支持 64 位寻址能力；

(8) 完全的多总线主控能力。

为了满足系统对总线带宽的需求，Intel 推出的新一代 PCI 总线规范称为 PCI-X，主要适用于 133 MHz 总线时钟频率的台式机主板。更新型的 PCI-X2.0 可适用于总线时钟频率为 533 MHz 的新型主板。PCI-X 与传统 PCI 总线的比较见表 5-1。

表 5-1 PCI-X 总线与传统 PCI 总线的比较

类 型	PCI-32	PCI-64	PCI-X	PCI-X2.0
支持外设数量	6(共享)	6(共享)	4	未发布
总线时钟频率/MHz	33	33/66	66/100/133	266/533
数据传输速率/MB/s	133	266/533	533/800/1066	2100/4200
时钟同步方式	与 CPU 及时钟频率有关	与 CPU 及时钟频率有关	与 CPU 及时钟频率无关	与 CPU 及时钟频率无关
总线位宽/b	32	64	64	64
工作电压	3.3V/5V	3.3V/5V	3.3V	3.3V
引线脚数	84	120	150	未发布

除此之外，Intel 还准备推出一种称为 Mini PCI 的总线标准。Mini PCI 对原来的 PCI 总线在控制线路上和功能上做了改进，减小了外形尺寸，使之适用于便携式计算机。

5.4.5　PCI-E 总线

1. PCI-E 总线概述

虽然 PCI 的优点很多，但多媒体技术的出现使得 PCI 的局限性逐渐显现出来。用户往往要求微型计算机能够提供更强大的多媒体能力，例如，在当前的主流多媒体 PC 上，用户往往同时具有声卡、网卡、3D 图形加速卡、视频采集卡及 IEEE 1394 接口卡等设备。这些设备工作时的数据流量基本为 125 MB/s，其中 IEEE 1394 接口卡的数据流量为 50 MB/s。而台式微型计算机中 PCI 总线所能提供的最大宽度为

$$33\text{ MHz(规定工作频率)} \times 32\text{b(总线位宽)} = 1056\text{ Mb/s} = 132\text{ MB/s}$$

显然，仅千兆位网卡产生的数据便足以独占整个 PCI 总线的宽度。这便使得 PCI 总线面临一个非常尴尬的处境——3D 图形加速卡、千兆位以太网卡、IEEE 1394、移动对接设备及其他附件的飞速发展，以及它们所需要的更大带宽已经使 PCI 总线不堪重负，再也无法及时处理这些设备所发送的并发/多路数据流，PCI 总线已逐渐成为当前微型计算机性能的瓶颈。

为了解决这个问题，人们开始把一些数据流量非常大的 I/O 工作从 PCI 中剥离出来，由一个专用接口来负责。要彻底解决 PCI 的瓶颈效应，必须从根本改变总线设计，采用一种新的总线来彻底取代 PCI。由 Intel 等公司开发的 PCI Express(原名 3GIO，第三代 I/O 总线)就是为满足这一需求而推出的一种新型的高速串行 I/O 互连接口。

PCI Express 是一种串行总线，其最大数据传输速率为 8.2 GB/s。与 PCI 相比，PCI Express 的导线数量减少了将近 75%，但它提供的速度却几乎达到 PCI-X2.0 的两倍，而且很容易进行扩充。在 PCI 总线上，PCI 对所有设备都是平等对待的，所有设备共享同一总线资源，而 PCI Express 采用的是点对点技术，它能够为每一个设备分配独享的通道，彻底消除了设备之间由于共享资源带来的总线竞争现象。按照 PCI Express 规范，每个设备最多可以通过 64 根 PCI Express 连接线和其他设备建立连接，这 64 根线中每根的传输速率约为 26 MB/s，每个连接占用的带宽可在 1 根、2 根、4 根、8 根、16 根或 32 根连接线之间进行定义，以实现更高的集合速度。例如，用户可以使用单线连接得到 26 Mb/s 的传输速度，使用 8 线连接得到 1.66 GB/s 的传输速度，使用 32 线连接得到 6.6 GB/s 的传输速度等。通过增添更多通道可以轻松扩展带宽。

PCI Express 在点对点架构基础上为高速接入设备提供了一种全新的控制单元——交换器。交换器的作用主要是对高速 PCI Express 设备之间的点对点通信进行管理和控制。举例来说，如果一块网卡发出的数据需要传送给另一块网卡，那么数据通过交换器可以直接在两块网卡之间传递，不需要再通过系统 I/O 桥进行交换，从而节省了系统 I/O 传输宽度。该技术与 DMA 相比更具优势，可以保证与系统其他部分之间良好的透明性，系统内存和处理器可以自由执行其他操作而不受任何影响。

PCI Express 的主要技术指标如表 5-2 所示。

表 5-2　PCI Express 的主要技术指标以及与 PCI 的比较

	PCI-32	PCI-X1.0	PCI Express
支持外设数量	6	4	64(单线)
总线时钟频率/MHz	33	66/100/133	2500
最大数据传输速率/(MB × s⁻¹)	133	1066	8200
时钟同步方式	与 CPU 及时钟频率有关	与 CPU 及时钟频率无关	内建时钟
总线位置	32 位并行	64 位并行	串行
工作电压	3.3V/5V	3.3V	未发布
引线脚数	84	150	40

2．PCI Express 的系统结构

PCI Express 的系统结构采用了和 OSI 网络模型相关类似的分层模型，不过 PCI Express 只有五层，而不是 OSI 的七层。PCI Express 兼容 PCI 寻址模型，确保了它能够在无需作任何更动的前提下继续支持现有的应用程序和驱动程序。图 5-15 所示为 PCI Express 的分层结构。

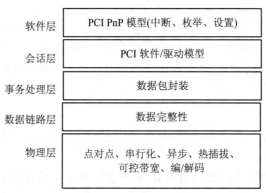

图 5-15　PCI Express 的分层结构

PCI Express 的分层结构自上而下由软件层、会话层、事务处理层、数据链路层和物理层组成，其配置采用在 PCI 即插即用规范中定义的标准机制。软件层产生的读/写请求被事务处理层采用数据包封装协议传送给各种 I/O 设备。数据链路层为这些数据包增加顺序号和 CRC 校验码以实现高度可靠的数据传输机制，为高层提供一个无差错的数据传输链路。物理层实现数据编/解码和多个通道数据拆分/解拆分操作，每个通道都是全双工的，可提供 2.5 Gb/s(200 MB/s)的传输速率。

目前，PCI Express 还正在开发中，它要得到广泛的认可需要各行业的支持。PCI Express 主要应用领域包括台式机、服务器、通信和嵌入式应用。

5.5　外部通信总线

5.5.1　USB 通用串行总线

USB(Universal Serial Bus)通用串行总线是 1995 年以 Intel 公司为主，IBM、Compaq 及

DC 等公司共同推出的一种新型接口，目前在微型计算机中被广泛使用。USB 通用串行总线的主要优点是：

(1) 连接简单。用户无需进行任何硬、软件设置(如 I/O 地址、中断号 IRQ 等)，只需将外设直接连到 USB 接口即可使用，连接外设时也不需要关闭电源，真正做到了"即插即用"。

(2) 数据传输速率高。数据传输速率为 1.5 MB/s～12 MB/s，USB 2.0 可达到 480 MB/s，通过 USB Hub (集线器)最多可连接 127 个外设。USB 允许的最大电缆长度为 5 m，可以利用 USB Hub 级连的方式延长连接电缆的长度，但最多只能使用 5 级级连，最大连接长度可达 30 m。

(3) 通用性好。因得到众多计算机硬、软件厂商的广泛支持，市面上有很多 USB 产品及软件供用户选择。

一个 USB 系统的组成包括 USB 硬件和 USB 软件。

1. USB 硬件

(1) USB 主控制器(USB Host Control)：主要负责执行由控制器驱动程序发出的传输命令，完成数据的并/串转换，建立 USB 传输。

(2) USB 设备(USB Device)：是指能够通过 USB 接口直接连接到计算机上的外部设备，可分为集线器(Hub)设备和功能(Function)设备两类。集线器设备是指该设备本身还可以再连接其他 USB 设备；功能设备是指该设备不能再连接其他 USB 设备，如常用的数码相机、USB 鼠标、USB 接口扫描仪等。

2. USB 软件

(1) USB 总线驱动程序：提供对 USB 芯片的支持，通常由计算机主板生产商、OS 开发商提供。

(2) USB 设备驱动程序：提供对 USB 设备的支持，通常由 USB 设备生产商提供。

3. USB 接口的物理、电气特性

目前，微型计算机中常用的是 4 个引脚的 USB 接头，其接口外形是长方形的，如图 5-16 所示。其中，V_{CC} 用于提供 +5 V 电源；D(+)为信号正端；D(−)为信号负端；GND 为电源地。

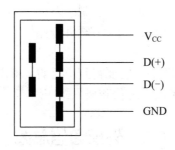

图 5-16　4 针 USB 接头

由于 USB 接口能够向外设提供电源(4.75 V～5.25 V，最大电流 500 mA)，因此 USB 设备的供电方式有两种：设备自带电源和由 USB 总线提供电源。

USB 设备与计算机(或 USB Hub)的连接方式如图 5-17 所示。

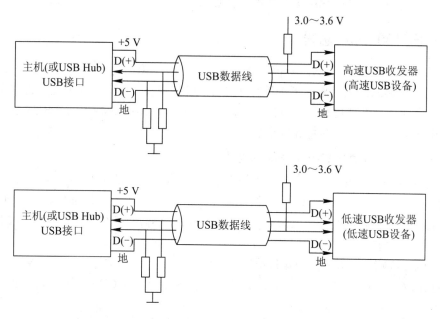

图 5-17 USB 设备与主机/USB Hub 的连接

从图 5-17 中可以看出,高速 USB 设备在 D(+)上有一个上拉电阻,低速 USB 设备在 D(-)上有一个上拉电阻,这个上拉电阻可以用来识别 USB 设备的速度。当没有设备连接到 USB 端口时,D(+)和 D(-)的电压接近零。当 D(+)和 D(-)的电压都上升到 2.5 V 以上并持续 2.5 μs 以上时,说明设备已经连接到 USB 端口。当 D(+)和 D(-)的电压都下降到 0.8 V 以下, 并持续 2.5 μs 以上时,说明设备已经与 USB 端口断开连接。

4. USB 总线数据的传输类型

USB 数据流类型有四种:控制信号流、块数据流、中断数据流和实时数据流。与此对 应的数据传输类型也有四种:

(1) 控制(Control)传输。主要用来传输主机与 USB 设备间的控制命令,包括设备控制 命令、设备状态查询及确认命令。控制传输通常有 2 或 3 个阶段:Setup 阶段 、Data 阶段 (也可以没有)和 Status 阶段。在 Setup 阶段,主机送命令给 USB 设备,在 Data 阶段传输 Setup 阶段所需的数据,在 Status 阶段返回状态信号给主机。

(2) 批(Bulk)传输。主要用来传输对时间要求不高,但有较高正确率要求的大批量数据, 如扫描仪、数码相机等通常就是以这种方式进行数据传输的。批传输可以是单向的,也可 以是双向的。

(3) 中断(Interrupt)传输。该方式适用于数据量较小的传输,如键盘、鼠标等数据的传 输。中断传输只能是单向的,且数据的传输方向只能是从设备到主机。

(4) 同步(Isochronous)传输。适用于传输实时数据,数据传输速率固定,对出错的数据 不进行纠错,如视频图像、数据声音通常用这种传输方式。同步传输可以是单向的,也可 以是双向的。

随着越来越多的计算机和外设公司提供对 USB 标准的支持,现在 USB 接口已成为 PC

机的一个标准接口，Windows 平台已全面支持 USB 接口，Apple 平台现也支持 USB 接口，将来会有更多的外设通过 USB 接口连接到计算机。

5.5.2　IEEE1394 串行总线

IEEE 1394 是 1993 年由 Apple 公司首先提出的，IEEE(Institute of Electrical and Electronic Engineers，电气与电子工程师协会)在 1995 年 12 月将其作为一个正式工业标准推出，全称 1394 高性能串行总线标准(IEEE 1394 High Performance Serial BUS Standard)，并与 USB 一起作为一种新的总线标准加以推广。

1. IEEE 1394 高性能串行总线的主要特点

(1) 通用性强。IEEE 1394 不仅连接的设备数量多(通过级连，最多可连接 63 个外设)，而且种类广泛，不仅可连接传统的外设(如硬盘、光驱、打印机和扫描仪等)，还可以连接相当多的新外设(如数码相机、视频电话、DVD 播放器等)，甚至还可以连接 VCR、BTV 及音响等家用电器。

(2) 数据传输率高。IEEE 1394 目前能够达到的最高数据传输速率为 400 MB/s，现正在进行新的 IEEE 1394 版本的开发，其最高数据传输速率可达 1 GB/s，这样高的数据传输速率能够满足相当多高速外设的需求。

(3) 实时性强。IEEE 1394 的数据传输速率高，而且采用同步传输，因此能保证传输数据的实时性，这对视频图像和声音的传输是非常重要的。在开始同步传输前，首先计算能否保证所要传输数据的实时性，若不能，则不允许传输，因此一旦开始进行数据传输，就能保证数据传输的实时性。

(4) 连接简单、使用方便。IEEE 1394 采用设备自动配置技术，使用时可以在不断电的情况下插入/拔出外设，即 IEEE 1394 支持外设的热插拔。另外 IEEE 1394 能够直接向被连接的外设提供 4~10 V、15 A 的直流电源，连接的外设可不必再外接电源。

2. IEEE 1394 连接设备的方式

IEEE 1394 既可用于设备间的连接，也可用于内部总线的连接，不同连接环境之间可用 IEEE 1394 桥接器进行桥接。

1) 电缆连接

用两对信号线和一对电源线连接不同的设备。两对信号线中一对用来发送数据，另一对用来接收数据。各种设备连接起来后不能形成环形回路，即连接只能采用非环状拓扑结构。电缆连接支持三种数据传输速率：100 MB/s、200 MB/s 和 400 MB/s。在电缆环境下设备的地址识别码是 64 位的，其中高 16 位构成串行总线的结点标识(Node ID)，16 位的结点标识又分为两个子域。高 10 位用于标识总线(Bus ID)，因此可寻址的总线数为 $2^{10}=1024$；低 6 位用于标识 IEEE 1394 总线上的不同结点(Physical ID)，因此每一根 IEEE 1394 总线最大能连接的结点数为 $2^{6}=64$。由于 Bus ID 和 Physical ID 这两个域的全 1 有特殊用途，因此实际能用的 Bus ID 和 Physical ID 最大范围分别是 1023 和 63，每个结点内的最大寻址空间为 $2^{48}=256$ TB，连接在 IEEE 1394 总线上的每个结点都有一个唯一的地址，因此可单独对 IEEE 1394 总线上的每个结点(设备)进行操作。IEEE 1394 的地址结构如图 5-18 所示。

Node ID	结点内空间地址
Bus ID Physical ID	

图 5-18 IEEE 1394 地址分配

电缆连接的基本形式如图 5-19 所示。

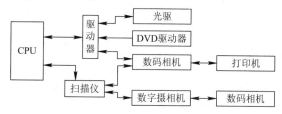

图 5-19 IEEE 1394 电缆连接设备

2) 内部总线连接

将 IEEE 1394 的连接线分布在计算机主板上，用来连接位于主板上的各功能部件。在该方式下能达到的数据传输速率为：125 MB/s、25 MB/s 和 50 MB/s。每个部件的物理地址由主板上的插槽位置来确定，其连接方式如图 5-20 所示。

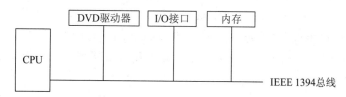

图 5-20 IEEE 1394 内部总线连接方式

3) IEEE 1394 桥接器

IEEE 1394 电缆连接与 IEEE 1394 总线连接是不相同的，因此这两种连接方式是不能直接相连接的，要连接这两种不同的连接方式，需要桥接器，即 IEEE 1394 桥接器。桥接器的主要功能是从一种连接环境接收数据包，转换为接收方所需的数据包格式，并转发。其连接形式如图 5-21 所示。

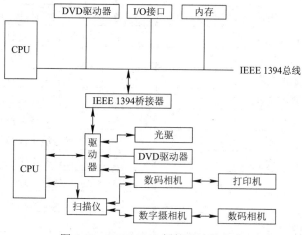

图 5-21 IEEE 1394 桥接器连接方式

IEEE 1394 支持同步和异步两种数据传输方式，异步方式把数据传输到一个确定的地址；同步方式是用广播方式来传输数据的。

IEEE 1394 总线的工作过程大致是：首先对 IEEE 1394 总线进行初始化，当 IEEE 1394 总线初始化完成后，总线上的每个节点(设备)获得一个唯一的节点标识 Node ID；接着启动设备寻找能实现串行总线协议(Serial Bus Protocol)的结点并对其进行初始化；然后开始同步或异步的注册，之后就可以进行数据传输了。

5.5.3　RS-232C 串行总线

为了不同厂商的计算机和各种外围设备串行连接的需要，制定了一些串行物理接口的标准。其中，最著名和广泛采用的就是 RS-232C。

RS-232C 是美国电子工业协会(EIA，Electronic Industry Association)于 1962 年公布，并于 1969 年修订的串行接口标准。它已经成为国际上通用的标准。1987 年 1 月，RS-232C 经修改后，正式改名为 EIA-232D。由于标准修改的并不多，因此，现在很多厂商仍用旧的名称。

早期人们借助电话网进行远距离数据传送而设计了调制解调器 Modem，为此就需要有关数据终端与 Modem 之间的接口标准，232C 标准在当时就是为此目的而产生的。目前，RS-232C 已成为数据终端设备(DTE，Data Terminal Equipment)，如计算机，与数据通信设备(DCE，Data Communication Equipment)，如 Modem 的接口标准，不仅在远距离通信中要经常用到它，就是两台计算机或设备之间的近距离串行连接也普遍采用 232C 接口。

1. RS-232C 的引脚

RS-232C 使用一个 25 针的连接器，其引脚排列、名称见表 5-3 所示。在这 25 个引脚中，20 个引脚作为 RS-232C 信号，其中有 4 个数据线、11 个控制线、3 个定时信号线、2 个地信号线；另外，有 2 个引脚保留，3 个引脚未定义。图 5-22 所示为 25 针连接器 DB-25 的外形图。另外，图 5-23 中还给出了在 AT 机上使用的 9 针连接器及其对应的引脚。

表 5-3　RS-232C 引脚

引脚号	名　称	引脚号	名　称
1	保护地	14	次信道发送数据
2	发送数据(TXD)	15	发送器时钟(TXC)
3	接收数据(RXD)	16	次信道接收数据
4	请求发送(RTS)	17	接收器时钟(RXC)
5	清除发送(CTS)	18	未定义
6	数据装置准备好(DSR)	19	次信道请求发送
7	信号地(GND)	20	数据终端准备好(DTR)
8	载波检测(CD)	21	信号质量检测
9	保留，供测试用	22	振铃指示(RI)
10	保留，供测试用	23	数据信号速率选择器
11	未定义	24	终端发送器时钟
12	次信道载波检测	25	未定义
13	次信道清除发送		

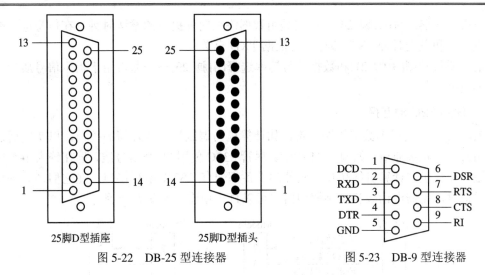

25脚D型插座   25脚D型插头

图 5-22 DB-25 型连接器   图 5-23 DB-9 型连接器

从表中可知，232C 接口中实际包括两个信道：主信道和次信道。次信道为辅助串行通道提供数据控制和通道，但其传输速率比主信道要低得多。除了速率低之外，次信道跟主信道相同，但通常较少使用；如果要用的话，主要是向连接于通信线路两端的 Modem 提供控制信息。下面我们介绍主信道的信号定义。

发送数据(TXD)——串行数据的发送端。

接收数据(RXD)——串行数据的接收端。

请求发送(RTS)——当数据终端准备好送出数据时，就发出有效的 RTS 信号，通知Modem 准备接收数据。

清除发送(也称允许发送)(CTS)——当 Modem 已准备好接收数据终端的数据时，发出CTS 有效信号来响应 RTS 信号。所以 RTS 和 CTS 是一对用于发送数据的联络信号。

数据终端准备好(DTR)——通常当数据终端一加电，该信号就有效，表明数据终端准备就绪。它可以用做数据终端设备发给数据通信设备 Modem 的联络信号。

数据装置准备好(DSR)——通常表示 Modem 已接通电源、连到通信线路上，并处在数据传输方式，而不是处于测试方式或断开状态。它可以用作数据通信设备 Modem 响应数据终端设备 DTR 的联络信号。

信号地(GND)——它为所有的信号提供一个公共的参考电平，相对于其他信号它的电压为 0。

保护地(机壳地)——这是一个起屏蔽保护作用的接地端，一般应参照设备的使用规定，连接到设备的外壳或机架上，必要时要连接到大地。

载波检测(CD)——当本地 Modem 接收到来自远程 Modem 正确的载波信号时，由该引脚向数据终端发出有效信号。该引脚也缩写为 DCD。

振铃指示(RI)——自动应答的 Modem 用此信号作为电话铃响的指示，在响铃期间，该引线保持有效。

发送器时钟(TXC)——控制数据终端发送串行数据的时钟信号。

接收器时钟(RXC)——控制数据终端接收串行数据的时钟信号。

终端发送器时钟(引脚 24)——它是由数据终端向外提供的发送时钟，在信号电平的中间跳变。它和发送时钟 TXC 都与发送数据 TXD 有关。

信号质量检测(引脚 21)和数据信号速率选择(引脚 23)——通常用于指示信号质量和选择传输速率。

2. RS-232C 的连接

RS-232C 广泛用于数字终端设备，如计算机与调制解调器之间的接口，以实现通过电话线路进行远距离通信，如图 5-24 所示。尽管 232C 使用 20 个信号线，但在绝大多数情况下，微型计算机、计算机终端和一些外部设备都配有 232C 串行接口。在它们之间进行短距离通信时，无需电话线和调制解调器，可以直接相连，如图 5-25 所示。

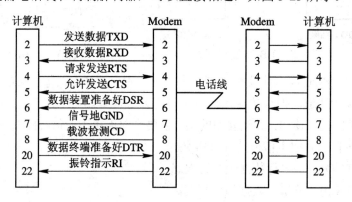

图 5-24　使用 Modem 的 232C 接口

图 5-25(a)是最简单的只用三线实现相连的通信方式。很明显，为了交换信息，TXD 和 RXD 应当交叉连接。因为不使用联络信号，所以程序中不必使 RTS 和 DTR 有效，也不用检测 CTS 和 DSR 是否有效。

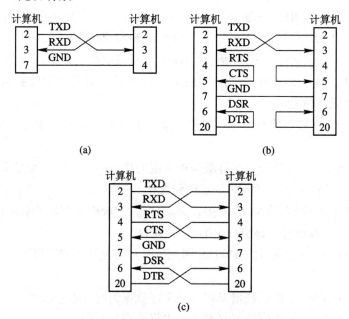

图 5-25　不用 Modem 的 232C 接口

图 5-25(b)中 RTS 和 CTS 互接,这是用 RTS 信号来产生 CTS 信号,以满足全双工通信的联络控制要求。请求发送端接到允许发送信号,表明请求传送是被允许的。同样,DTR 和 DSR 互接,用数据终端准备好信号产生数据装置准备好信号。

图 5-25(b)虽然使用了联络信号,但实际上通信双方并未真正相连。图 5-25(c)是另一种利用 232C 直接互连的通信方式,通信更加可靠,但所用连线较多,不如前者经济。由于上述连接不使用调制解调器,因此也称为零调制解调器连接(Null Modem)。其中图 5-25(b)和图 5-25(c)是系统 ROM BIOS 提供的异步通信 I/O 功能调用 INT 14H 所支持的。

3. RS-232C 的电气特性

为了保证数据正确地传送,设备控制准确地完成,有必要使所用的信号电平保持一致。为满足此要求,RS-232C 标准规定了数据和控制信号的电压范围。由于 232C 是在 TTL 集成电路之前制定的,因此它的电平不是 +5 V 和地。它规定:高电平为 +3～+15 V,低电平为 –3～–15 V。在实际应用中,常采用 ±12 V 或 ±15 V。232C 可承受 ±25 V 的信号电压。另外,要注意 232C 数据线 TXD 和 RXD 使用负逻辑,即高电平表示逻辑 0,用符号 SPACE(空号)表示;低电平表示逻辑 1,用符号 MARK(传号)表示。其他控制线均为正逻辑,高电平有效,为 ON 状态;低电平无效,为 OFF 状态。

由于发送器/接收器芯片使用 TTL 电平,但 232C 却使用上述 EIA 电平,因此为满足 EIA 电气特性,必须在发送器/接收器与 232C 接口之间使用转换器件。如 SN75150、MC1488 芯片完成 TTL 电平到 EIA 电平的转换,而 SN75154、MCI489 芯片可完成 EIA 电平到 TTL 电平的转换。图 5-26 所示为其连接示意图。

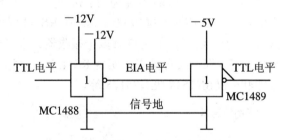

图 5-26 EIA 和 TTL 电平的转换

5.5.4 RS-422、RS-423 和 RS-485 总线标准

RS-232C 串行接口标准规定最大负载电容为 2500 pF,这个电容限制了传送距离(若采用 150 F/m 的多芯电缆,则传送距离为 15 m)和传送速率(不超过 20 000 b/s)。此外,RS-232C 串行接口标准信号是单端收发,抗共模干扰功能差也是影响传送距离的一个重要因素。为了实现在更远距离和更高速率上直接串口通信,ELA 先后又制定了 RS-423、RS-422 和 RS-485 串行接口标准。这些标准具有如下特点:

(1) 与 RS-232C 保持兼容。

(2) 改善接口的电气特性。

(3) 支持更高传输速率。

(4) 支持更远传送距离。

1. RS-423 标准

RS-423 标准是一种单端信号发送、差分信号接收的串口电路标准。该标准规定信号参照电平为地。一个信号线上只允许有一个发送器，但允许有多个接收器。由于 RS-423 标准采用了差分电路接收信号，因而提高了抗共模干扰能力、传送距离和传送速率。例如当传输距离为 12 m 时，最大数据传输速率可达到 100 kb/s；若传输距离为 1200 m 时，传输速率为 1 kb/s。图 5-27 给出了 RS-423 标准的接口电路示意图。

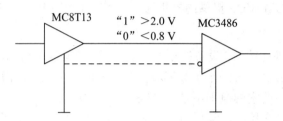

图 5-27　RS-423 标准的接口电路示意图

2. RS-422 标准

RS-422 标准是一种平衡方式信号发送、差分信号接收的电路标准。该标准规定一个信号传送需要两条传输线。当传输线 AA′ 电平比传输线 BB′ 电平高 200 mV 时，表示逻辑"1"；当传输线 AA′ 电平比传输线 BB′ 电平低 200 mV 时，表示逻辑"0"。图 5-28 给出了 RS-422 标准的接口电路示意图。RS-422 标准采用了平衡信号传送，提高了抗共模干扰能力，传送距离和传送速率也大大提高。例如当传输距离为 12 m 时，最大数据传输速率可达到 10 Mb/s；若传输距离为 1200 m 时，传输速率为 90 kb/s。在 RS-422 标准的接口电路中，一个信号的传输线上只允许有一个发送器，但允许有多个接收器。发送器输出为 ±2～±6 V，接收器输入电平可低到 ±200 mV。许多公司推出了实现 RS-422 电气标准的平衡驱动器/接收器集成芯片，如 MC3487/3486 和 SN75174/SN75175 等。

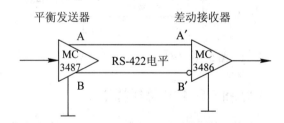

图 5-28　RS-422 标准的接口电路示意图

3. RS-485 标准

RS-485 标准也是一种平衡方式信号发送、差分信号接收的电路标准。该标准与 RS-422 标准兼容，但扩展了 RS-422 标准的功能，如允许在一个信号传输线上有多个发送器和多个接收器。RS-485 标准的信号传输距离和传送速率与 RS-422 标准接近。例如，当传输距离为 15 m 时，最大数据传输速率可达到 10 Mb/s；若传输距离为 1200 m 时，传输速率为 100 kb/s。同样，有许多公司推出了实现 RS-485 电气标准的平衡驱动器/接收器集成芯片。图 5-29 给出了 RS-485 标准的接口电路示意图。

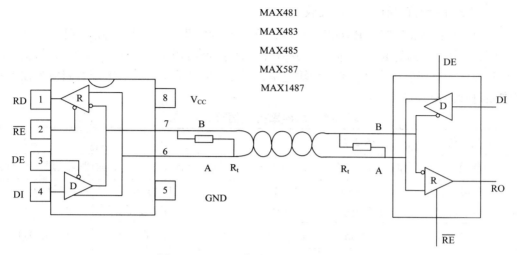

图 5-29　RS-485 标准的接口电路示意图

目前，RS-485 标准在工业和商业通信网络系统应用很多，如工业集散控制系统、数据采集系统和商业 POS 系统等。基本接口方案分半双工通信和全双工通信模式。其连接示意图分别见图 5-30(a)、(b)。

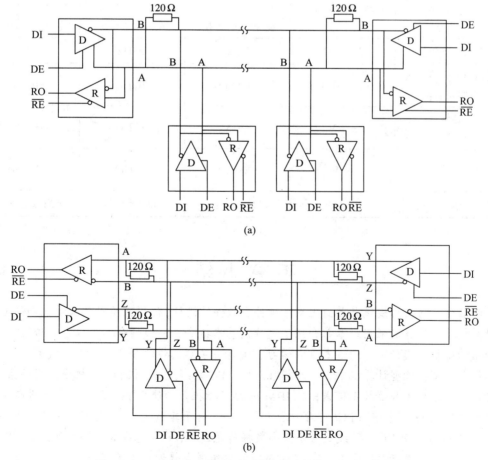

图 5-30　RS-485 半双工/全双工通信模式的接口电路示意图

4. 几种串行通信接口标准的比较

上面提到的 RS-232C、RS-423、RS-422 和 RS-485 串行通信接口标准在通信领域中都有广泛的应用，特别是 RS-485 标准已成为目前最有前途的串行通信接口标准。这里就这几种串行通信接口标准在传输距离、传输速率、信号电平以及驱动器/接收器数目等方面的特性参数进行比较，见表 5-4。

表 5-4　几种串行通信接口标准的比较

特性参数	RS-232C	RS-423	RS-422	RS-485
工作模式	单端发送,单端接收	单端发送,差分接收	平衡发送,差分接收	平衡发送,差分接收
在一对传输线上允许驱动器和接收器数目	1 个驱动器 1 个接收器	1 个驱动器 10 个接收器	1 个驱动器 10 个接收器	32 个驱动器 32 个接收器
最大电缆长度	15 m	1200 m(1 kb/s)	1200 m(90 kb/s)	1200 m(100 kb/s)
最大数据传输速率	20 kb/s	100 kb/s(12 m)	10 kb/s(12 m)	10 kb/s(15 m)
驱动器输出(最大电压值)	±25 V	±6 V	±6 V	−7～+12 V
驱动器输出(信号电平)	±5 V(带负载) ±15 V(不带负载)	±3.6 V(带负载) ±6 V(不带负载)	±2 V(带负载) ±6 V(不带负载)	±15 V(带负载) ±5 V(不带负载)
驱动器负载阻抗	3～7 kΩ	450 Ω	100 Ω	54 Ω
驱动器电源开路电流(高阻抗态)	U_{max}/300 Ω	±100 μA	±100 μA	±100 μA
接收器输入电压范围	±15 V	±10 V	±12 V	−7～+12 V
接收器输入灵敏度	±3 V	±200 mV	±200 mV	±200 mV
接收器输入阻抗	2～7 kΩ	4 kΩ(最小值)	4 kΩ(最小值)	12 kΩ(最小值)

本 章 小 结

标准化的通用总线能大大简化系统硬件和软件的设计，使得系统结构模块化和标准化，为计算机系统所普遍采用。本章介绍了总线的基本概念、总线的分类、信息的传送方式以及通用的微机总线标准。通过本章的学习，读者应了解总线的分类；了解总线通信协议的基本概念；掌握微型计算机中常用的标准总线。PC 总线是 PC 机和 XT 机中采用的系统总线标准，仅适用于 8 位数据传送；从 IBM PC/XT 微机开始使用 ISA 总线，以便进行 16 位的数据传送；EISA 是 IBM PC/AT 微机使用的总线，由于其稳定的性能，目前仍有部分 386、486、586 微机采用 EISA 总线；为了提高数据传送速率，PCI 总线成为高速外设与 CPU 之间的桥梁；通用串行总线和 RS-232C 在串行数据传送中起到重要的作用。

思考与练习题

1. 简述输入/输出接口的组成及作用。

2. 基本的输入/输出方式有哪几种? 各有何特点?

3. 什么是总线? 微型计算机中为什么要采用总线结构?

4. 根据微型计算机系统的不同层次上的总线分类, 微型计算机有哪几类总线?

5. EISA 总线有何特点?

6. PCI 总线有何特点? 是否与 ISA 兼容?

7. 简述 RS-422 标准的主要特点。

8. 试比较 RS-232、RS-422、RS-423、RS-485 四种串行通信接口标准。

第 6 章　中　断　技　术

中断技术是现代计算机系统中十分重要的功能。最初，中断技术引入计算机系统，只是为了解决快速的 CPU 与慢速的外部设备之间传送数据的矛盾，随着计算机技术的发展，中断技术不断被赋予新的功能，如计算机故障检测与自动处理、实时信息处理、多道程序分时操作和人机交互等。中断技术在微机系统中的应用，不仅可以实现 CPU 与外部设备并行工作，而且可以及时处理系统内部和外部的随机事件，使系统能够更加有效地发挥效能。

本章要点：

🖥 中断技术

🖥 *80X86/Pentium* 中断系统

🖥 可编程中断控制器

🖥 DMA 控制器

6.1　中　断　技　术

中断技术是计算机的一种重要技术，中断技术源于输入、输出，它是计算机内部管理的一种重要手段。它的作用之一是使异步于主机的外部设备与主机并行工作，从而提高整个系统的工作效率。

6.1.1　中断概述

某种事件发生时，为了对该事件进行处理，CPU 中止现行程序的执行，转去执行处理某种事件的程序(俗称中断处理程序或中断服务程序)，待中断服务程序执行完毕，再返回断点继续执行原来的程序，这个过程称为中断，如图 6-1 所示。

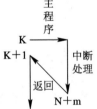

图 6-1　中断过程示意图

以外设提出交换数据为例，当 CPU 执行主程序到第 K 条指令时，外设如果提出交换数据的请求，CPU 响应外设交换数据的请求，转入中断状态，执行中断服务程序。在完成中断服务后恢复原来程序，即从第 K + 1 条指令(断点处)继续执行。这样，便产生了保护现场和恢复现场的要求。所以当 CPU 转入中断处理程序时，首先应保留中断时的断点地址 K + 1 和 CPU 寄存器状态(即保护现场)，当数据交换完毕，再返回断点地址 K + 1(恢复现场)，继续执行原程序。中断处理程序的大致流程如图 6-2 所示。

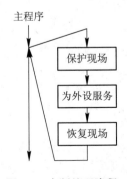

图 6-2　中断处理流程

采用中断技术，能实现以下功能：

(1) 分时操作。计算机配上中断系统后，CPU 就可以分时执行多个用户的程序和多道作业，使每个用户认为它正在独占系统。此外，CPU 可控制多个外设同时工作，并可及时得到服务处理，使各个外设一直处于有效工作状态，从而大大提高主机的使用效率。

(2) 实时处理。当计算机用于实时控制时，计算机在现场测试和控制、网络通信、人机对话时都会具有强烈的实时性，中断技术能确保对实时信号的处理。实时控制系统要求计算机为它们服务是随机发生的，且时间性很强，要求做到近乎即时处理。若没有中断系统则这点是很难实现的。

(3) 故障处理。计算机运行过程中，往往会出现一些故障，如电源掉电、存储器读出出错、运算溢出，还有非法指令、存储器超量装载、信息校验出错等等。尽管故障出现的概率较小，但是一旦出现故障将使整个系统瘫痪。有了中断系统，当出现上述情况时，CPU就转去执行故障处理程序，自行处理故障而不必停机。中断系统能在故障出现时发出中断信号，调用相应的处理程序，将故障的危害降低到最低程度，并请求系统管理员排除故障。

6.1.2　中断源

引起中断的原因或发出中断请求的来源，称为中断源。通常中断有以下几种：

(1) 外部设备请求中断。一般的外部设备(如键盘、打印机、A/D 转换器等)在完成自身的操作后，向 CPU 发出中断请求，要求 CPU 为它服务。

(2) 故障强迫中断。计算机在一些关键部位都设有故障自动检测装置。如运算溢出、存储器读出出错、外部设备故障、电源掉电以及其他报警信号等，这些装置的报警信号都能使 CPU 中断，进行相应的中断处理。

(3) 实时时钟请求中断。在控制中常遇到定时检测和控制，为此常采用一个外部时钟电路，并可编程控制其时间间隔。当需要定时时，CPU 发命令使时钟电路开始工作，一旦到达规定的时间，时钟电路发出中断请求，由 CPU 转去完成检测和控制等工作。

(4) 数据通道中断。数据通道中断也称直接存储器存取(DMA)操作，如磁盘、磁带机或 CRT 等直接与存储器交换数据所要求的中断。

(5) 程序自愿中断。CPU 执行了特殊指令(自陷指令)或由硬件电路引起的中断是程序自愿中断。用户调试程序时，程序自愿中断检查中间结果或寻找错误所在，如断点中断、单步中断等。

6.1.3　中断分类

按中断处理方式，中断可分为简单中断和程序中断。简单中断采用周期窃用的方法来执行中断服务，有时也称数据通道或 DMA。程序中断不是窃用中央处理机的周期来进行中断处理，而是中止现行程序的执行转去执行中断服务程序。

按中断产生的方式，中断可分为自愿中断和强迫中断。自愿中断，即通过自陷指令引起的中断，或称软件中断，例如程序自愿中断。强迫中断是一种随机发生的实时中断。例如外部设备请求中断、故障强迫中断、实时时钟请求中断、数据通道中断等。

按引起中断事件所处的地点，中断可分为内中断和外中断。外部中断也称为外部硬件实时中断，它由发至 CPU 某一引脚上的信号引起。内部中断，或称软件指令中断，是为了处理程序运行过程中发生的一些意外情况或为调试程序而提供的中断。

6.1.4 中断处理

中断处理过程包括:

(1) 识别中断源。当 CPU 响应外部设备的中断请求后,必须要识别出是哪一台外设请求中断,然后再转入对应于该设备的中断服务程序。CPU 识别请求中断的设备的过程称为中断源的识别。利用程序来查询设备的请求中断状态,从而确认出应该服务的设备号,并转入相应设备号的中断服务程序,这种方法称为软件查询技术识别中断源。CPU 利用识别中断指令,可识别出硬设备排队优先的设备,并取回占有优先权的设备的编码(或称设备地址),CPU 根据设备地址转入相应的中断服务程序。因此,回送的设备地址称为中断向量地址,它指出 CPU 应该转入哪个中断服务程序,这称为硬件识别中断源。

(2) 判别中断优先权。一般而言,一个系统中有多个中断源。当某一时刻出现两个或多个中断源提出中断请求时,中断系统应能判别优先权最高的中断请求。在处理完优先权最高的中断请求后,再去响应其他较低优先级的中断请求。中断源的优先权是根据它们的重要性事先规定好的。

(3) 中断嵌套。当 CPU 响应某一中断源的请求,正在执行中断处理时,若有优先权级别更高的中断源发出中断申请,则 CPU 要能中断正在执行的中断服务程序,响应高优先级中断。在高优先级中断处理完后再返回继续执行被中断的中断服务程序,即能实现中断处理程序的嵌套。如果一个系统中有三个中断源,优先权的安排为:中断 1 为最高,中断 3 为最低,则中断处理如图 6-3 所示。

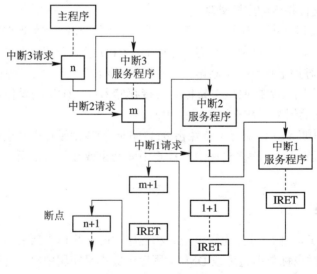

图 6-3 中断嵌套示意图

(4) 中断与返回。当某一中断源发出中断请求时,CPU 能决定是否响应该中断请求。若允许响应该中断请求,CPU 必须在现行的指令执行完后,把断点处的 PC(即下一条应执行的指令地址)、各个寄存器的内容和标志位的状态,压入堆栈保留下来(称为保护断点和现场)。然后转到需要处理的中断源的服务程序入口,同时清除中断请求触发器。中断处理完毕,再恢复被保留下来的各个寄存器和标志位的状态(称为恢复现场),最后恢复 PC 值(称为恢复断点)，使 CPU 返回断点，继续执行主程序。

6.1.5 中断优先权

如果系统中有多个中断源，就要考虑其优先权问题。通常，多个中断源的中断请求信号都是送到 CPU 同一引脚上申请中断服务的，这就要求 CPU 能识别出是哪些中断源在申请中断，同时比较它们的优先权，从而决定先响应哪一个中断源的中断请求。另外，当 CPU 正在处理中断时，也可能要响应更高级的中断请求，并屏蔽同级或较低级的中断请求，这些都需要分清各中断源的优先权。

在有些微机系统中，中断源的优先级可以由用户根据轻重缓急安排。中断优先级排队一般可采用软件优先级排队和硬件优先级排队两种方法。

1. 软件优先级排队

软件优先级排队是指各个中断源的优先权由软件安排，与硬件电路关系不大。图 6-4 所示电路是一种配合软件优先级排队使用的电路，图中各中断源的优先权不是由硬件电路安排，而是由软件安排的。

图 6-4 中若干个外设的中断请求信号相"或"后，送至 CPU 的中断接收引脚(如 INTR)。这样，只要任一外设有中断请求，CPU 便可响应中断。

在中断服务子程序前可安排一段优先级的查询程序，即 CPU 读取外设中断请求状态端口，然后根据预先确定的优先级级别逐位检测各外设的状态，若有中断请求就转到相应的处理程序入口。其流程如图 6-5 所示。

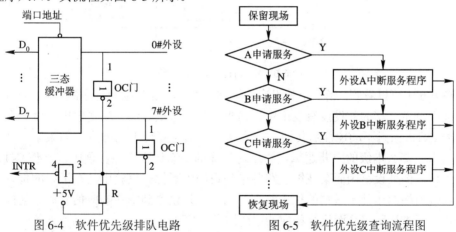

图 6-4 软件优先级排队电路　　　　图 6-5 软件优先级查询流程图

查询的顺序反映了各个中断源的优先级的高低。显然，最先查询的外设，其优先权级别最高。这种方法的优点是节省硬件，优先级安排灵活；缺点是查询需要耗费时间，在中断源较多的情况下，查询程序较长，可能影响中断响应的实时性。

2. 硬件优先级排队

硬件优先级排队是指利用专门的硬件电路或中断控制器对系统中各中断源的优先权进行安排。

1) 硬件优先级排队电路

链式优先权排队电路是一种简单的中断优先权硬件排队电路，如图 6-6 所示。采用该方法时，每个外设对应的接口上连接一个逻辑电路，这些逻辑电路构成一个链，称为菊花链，由该菊花链来控制中断响应信号的通路。

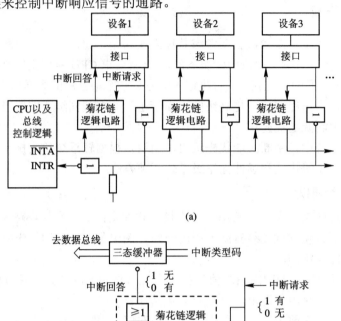

图 6-6　链式优先权排队电路

从图 6-6 中可以看到，当一个外设有中断请求时，CPU 如果允许中断，则会发出 $\overline{\text{INTA}}$ 信号。如果链条前端的外设没有发出中断请求信号，那么这级中断逻辑电路就会允许中断响应信号 $\overline{\text{INTA}}$ 原封不动地往后传递，一直传到发出中断请求的外设；如果某一外设发出了中断请求，那么本级的中断逻辑电路就对后面的中断逻辑电路实现阻塞，使 $\overline{\text{INTA}}$ 信号不再传到后面的外设。因而菊花链电路各个外设的中断优先权就由其在链中的位置决定，处于菊花链前端的比处于后端的优先级高。当某一外设收到中断响应信号后，就控制有关电路送出中断类型码，从而执行相应的中断服务程序。

当多个外设同时发出中断请求信号时，根据电路分析可知，处于链头的外设先得到中断响应，而排在菊花链中较后位置的外设就收不到中断响应信号，因而暂时不会被处理。若 CPU 正执行某个中断处理子程序，又有级别较高的外设提出中断请求，由于菊花链电路中级别低的外设不能封锁级别高的外设得到中断响应信号，故可响应该中断请求，从而发生中断嵌套现象。

2) 可编程中断控制器

采用可编程中断控制器是当前微型计算机系统中解决中断优先权管理的常用方法。通常，中断控制器包括下列部件：中断优先权管理电路、中断请求锁存器、中断类型寄存器、当前中断服务寄存器以及中断屏蔽寄存器等。其中，中断优先权管理电路用来对所处理的各个中断源进行优先权判断，并根据具体情况预先设置优先权。实际上，中断控制器也可以认为是一种接口，外设提出的中断请求经该环节处理后，再决定是否向 CPU 传送。CPU接受中断请求后的中断响应信号也送给该环节处理，以便得到相应的中断类型码。

6.2　80X86/Pentium 中断系统

6.2.1　中断源类型

Intel 80X86 系列微机有一个灵活的中断系统，可以处理 256 个不同的中断源，每个中断源都有相应的中断类型码(0～255)供 CPU 识别。中断源可以来自 CPU 外部，也可以来自 CPU 内部。中断源分成两大类：硬件中断和软件中断，如图 6-7 所示。80386 以上高档微处理器工作于保护方式时的中断情况与 8086/8088 稍有不同。

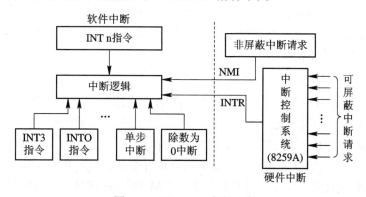

图 6-7　8086/8088 中断分类

PC 机系统中通常将中断分为两大类：外部中断和内部中断。因外部事件而产生的中断称为外部中断(又称硬中断)，因内部事件而产生的中断称为内部中断(又称软中断)。外部中断都是外设向 CPU 发中断请求信号而产生的，包括可屏蔽中断(INTR)和不可屏蔽中断(NMI)；内部中断是程序员在程序中安排的或指令执行过程中自动产生的(如除法运算中除数为 0，将产生除数为 0 中断)。PC 微机的中断源如图 6-8 所示。

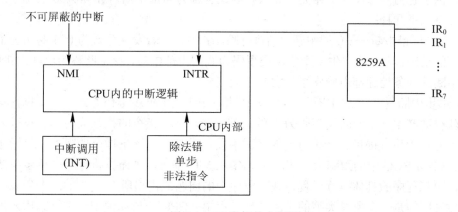

图 6-8　PC 微机的中断源

一个外部中断源是可屏蔽中断还是不可屏蔽中断，与中断源的性质没有关系，而是看它是连接(直接或间接)到 CPU 的哪一个引脚的，若连接到 CPU 的 INTR 引脚就属于可屏蔽中断，连接到 CPU 的 NMI 引脚就属于不可屏蔽中断。

1. 硬件中断

　　硬件中断是由外部硬件产生的，又称为外部中断。8086/8088 为外部设备提供了两条硬件中断信号线，即 NMI 和 INTR，分别接受非屏蔽中断和可屏蔽中断请求信号。

1) 非屏蔽中断

　　由 NMI 引脚出现中断请求信号致 CPU 产生的中断称为非屏蔽中断请求，它不受中断允许标志 IF 的限制，其中断类型码为 2。当 NMI 引脚上出现上升沿触发时，表示非屏蔽中断请求信号有效，CPU 内部会把该信号锁存起来，但要求该信号的有效电平持续 2 个时钟周期以上。CPU 接收到非屏蔽中断请求信号后，不管当前正在做什么事，都会在执行完当前指令后立即响应中断请求而进入相应的中断处理。在实际系统中，非屏蔽中断通常用来处理系统中出现的重大事故和紧急情况，如系统掉电处理、紧急停机处理等。在 IBM PC 系列微机中，若系统板上存储器产生奇偶校验错、I/O 通道上产生奇偶校验错或 Intel 8087/80287 产生异常都会引起一个 NMI 中断。

2) 可屏蔽中断

　　一般外部设备提出的中断请求是从 CPU 的 INTR 引脚上引入的，所产生的中断为可屏蔽中断。INTR 信号是高电平触发的，与内部中断和非屏蔽中断相比，可屏蔽中断受中断标志 IF 的影响。只有在 IF = 1 的情况下，CPU 才会在执行当前指令后响应可屏蔽中断请求信号，所以 INTR 信号有效也必须保持到当前指令执行结束。如果 IF = 0，即使中断源有中断请求，CPU 也不会响应，也称为中断被屏蔽。IBM PC 系列微机中，通常外部设备提出的中断请求信号首先通过中断控制器 8259A 预处理后，再决定是否向 CPU 的 INTR 引脚提出。系统中可屏蔽中断可以有一个或多个，CPU 响应可屏蔽中断请求后，通过 $\overline{\text{INTA}}$ 引脚送出两个负脉冲，并配合有关电路获得中断源对应的中断类型码。

2. 软件中断

　　软件中断是 CPU 根据软件的某条指令或者软件对标志寄存器的某个标志位的设置而产生的，由于它与外部硬件电路完全无关，因此也称为内部中断。在 80X86 系统中，内部中断主要有以下几种：

　　(1) 除法出错中断——0 型中断。当执行除法指令时，若发现除数为 0 或商超过了机器所能表达的范围，则立即产生一个中断类型码为 0 的内部中断，该中断称为除法出错中断。一般该中断的服务处理都由操作系统安排。

　　(2) 单步中断——1 型中断。若 TF = 1，则 CPU 处于单步工作方式，即每执行一条指令之后就自动产生一个中断类型码为 1 的内部中断，使得指令的执行成为单步执行方式。单步执行方式为系统提供了一种方便的调试手段，成为能够逐条指令地观察系统操作的一个窗口。如 DEBUG 中的跟踪命令 T，就是将标志 TF 置 1，进而去执行一个单步中断服务程序，以跟踪程序的具体执行过程，找出程序中的问题或错误所在。

　　需要说明的是，在所有类型的中断处理过程中，CPU 会自动地把状态标志压入堆栈，然后清除 TF 和 IF。因此当 CPU 进入单步处理程序时，就不再处于单步工作方式，而以正常方式工作。只有在单步处理结束后，从堆栈中弹出原来的标志，才使 CPU 返回到单步工作方式。

80X86 指令系统中没有设置或清除 TF 标志的指令。但指令系统中的 PUSHF 和 POPF 为程序员提供了置位或复位 TF 的手段。例如，TF = 0，下列指令序列可使 TF 置位。

```
PUSHF
POP        AX
OR         AX，0100H
PUSH       AX
POPF
```

(3) 溢出中断 —— 4 型中断。若算法操作结果产生溢出(OF = 1)，则执行 INTO 指令后立即产生一个中断类型码为 4 的中断。4 型中断为程序员提供了一种处理算术运算出现溢出的手段，它通常和算术指令功能配合使用。

(4) 指令中断 —— n 型中断。在指令系统中，介绍了中断指令 INT n，这种指令的执行也会引起内部中断，其中断类型码由指令中的 n 指定，该指令就称为软中断指令。通常指令的代码为两个字节代码，第一字节为操作码，第二字节为中断类型码。但是中断类型码为 3 的软中断指令却是单字节指令，因而它能很方便地插入到程序的任何地方，专供在程序中设置断点调试程序时使用，也称为断点中断。插入 INT 3 指令之处便是断点，在断点中断服务程序中，可显示有关的寄存器、存储单元的内容，以便程序员分析到断点为止程序运行是否正确。

还需指出，内部中断的类型码是预定好的或包含在软中断指令中，除单步中断外，其他的内部中断不受状态标志影响，中断后的服务处理须用户自行安排。

6.2.2　中断向量表

在 80X86 中断系统中，无论是外部中断还是内部中断，系统都分配给每一个中断源一个确定的中断类型码，其长度为一个字节，故系统中最多允许有 256 个中断源(其对应类型码为 0～255)。那么，80X86 CPU 在响应中断后，是如何转入各个中断服务程序的呢？

所谓中断向量，实际上就是中断处理子程序的入口地址。通常在内存的最低 1 KB (00000H～003FFH)空间建立一个中断向量表，分成 256 个组，每组占 4 个字节，用以存放 256 个中断向量。每个中断向量占 4 个字节，其中前 2 个字节存放中断处理子程序的入口地址的偏移量(IP，16 位)，后 2 个字节存放中断处理子程序入口地址的段地址(CS，16 位)。按照中断类型码的序号，对应的中断向量在中断向量表中按规则顺序排列，如图 6-19 所示。

图 6-9 中前 5 个中断类型是 80X86 规定的专用中断，有着固定的意义和处理功能；类型码 5 到 31 为系统使用或保留；类型码 32 到 255 可以由用户自行使用。但是，在一种具体的微机系统中，可能对用户可使用的中断类型码另有规定，如 PC/AT 中断类型码 70H～77H 就已有安排，所以用户在进行系统开发和应用时应注意。

中断类型码与中断向量在向量表中的位置之间的对应关系为

$$中断向量地址指针 = 4 \times 中断类型码$$

例如，中断类型码为 20H 的中断源对应的中断向量存放在 0000:0080H(4 × 20H = 80H) 开始的 4 个单元中。如果在 00080H～00083H 这 4 个单元中存放的值分别为 10H、20H、30H、

40H，那么，在该系统中，20H 号中断所对应的中断向量，即中断处理程序的入口地址为
4030H：2010H。

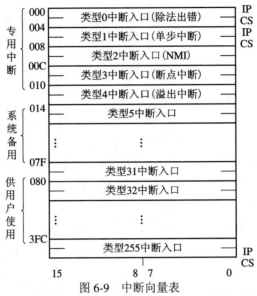

图 6-9　中断向量表

又如，一个系统中对应于中断类型码为 17H 的中断处理子程序存放在 1234：5670H 开
始的内存区域中，则对应该 17H 类型码的中断向量存放在 0000：005CH(4 × 17H = 5C)开始
的 4 个字节中。所以 0 段的 005CH～005FH 这 4 个单元中的值分别为 70H、56H、34H、12H。

6.2.3　中断响应过程

80X86 中的各种中断响应和处理过程是不相同的，其主要区别在于如何获取相应的中
断类型码。

1. 内部中断响应过程

对于专用中断，中断类型码是自动形成的，而对于 INT n 指令中断，其类型码即为指
令中给定的 n。在取得了类型码后的处理过程如下：

(1) 把类型码乘 4，作为中断向量表的指针。

(2) 把 CPU 的标志寄存器入栈，保护各个标志位。

(3) 清除 IF 和 TF 标志，屏蔽新的 INTR 中断和单步中断。

(4) 保存断点，即把断点处的 IP 和 CS 值压入堆栈，先压入 CS 值，再压入 IP 值。

(5) 从中断向量表中取中断服务程序的入口地址，分别送至 CS 和 IP 中。

(6) 按新的地址指针执行中断服务程序。

在中断服务程序中，通常要保护现场，进行相应的中断处理，再恢复现场，最后执行
中断返回指令 IRET。IRET 的执行将使 CPU 按次序恢复断点处的 IP 和 CS 值以及标志寄存
器。于是程序就恢复到断点处继续执行。

内部中断有以下特点：

(1) 中断由 CPU 内部引起，中断类型码的获得与外部无关，CPU 不需要执行中断响应
周期去获得中断类型码。

(2) 除单步中断外，内部中断无法用软件禁止，不受中断允许标志位的影响。

(3) 内部中断没有随机性，这一点与调用子程序非常相似。

2. 外部中断响应过程

1) 非屏蔽中断响应

CPU 采样到非屏蔽中断请求时，自动提供中断类型码 2，然后根据中断类型码查到中断向量表指针，其后的中断处理过程与内部中断一样。

2) 可屏蔽中断响应

当 INTR 信号有效时，如果中断允许标志 IF = 1，则 CPU 就会在当前指令执行完毕时，响应外部的中断请求，转入中断响应周期。中断响应周期有 2 个，每个响应周期都由 4 个 T 状态组成。CPU 在每个响应周期都从 $\overline{\text{INTA}}$ 引脚上发一个负脉冲的中断响应信号。中断响应的第一个总线周期用来通知请求中断的外设，CPU 准备响应中断，现在应该准备好中断类型码；在第二个总线周期中，要求请求中断的外设在接到第二个负脉冲以后(第二个中断响应周期的 T_3 状态前)，立即把中断类型码通过数据总线传送给 CPU。CPU 在 T_4 状态的前沿采样数据总线，获取中断类型码，如图 6-10 所示。其后的中断响应过程和内部中断一样。

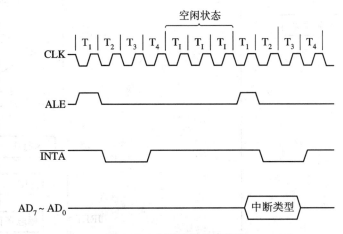

图 6-10　中断响应总线周期

一个可屏蔽中断被响应时 CPU 实际执行的总线周期有 7 个。即：

(1) 执行 2 个中断响应总线周期，CPU 获得相应的中断类型码，将它左移 2 位形成中断向量表指针，存入暂存器。

(2) 执行 1 个写总线周期，把标志寄存器 FR 的内容压入堆栈。同时，置中断允许标志 IF 和单步标志 TF 为 0，以禁止中断响应过程中其他可屏蔽中断的进入，同时也禁止了中断处理过程中出现单步中断。

(3) 执行 2 个写总线周期，把断点地址的内容压入堆栈。

(4) 执行 1 个读总线周期，从中断向量表中取出中断处理子程序入口地址的偏移量送到 IP 的寄存器中。

(5) 执行 1 个读总线周期，从中断向量表中取出中断处理子程序入口地址的段基地址送到 CS 寄存器中。

3) 中断优先权

图 6-11 所示的是 80X86 中断响应和处理流程。

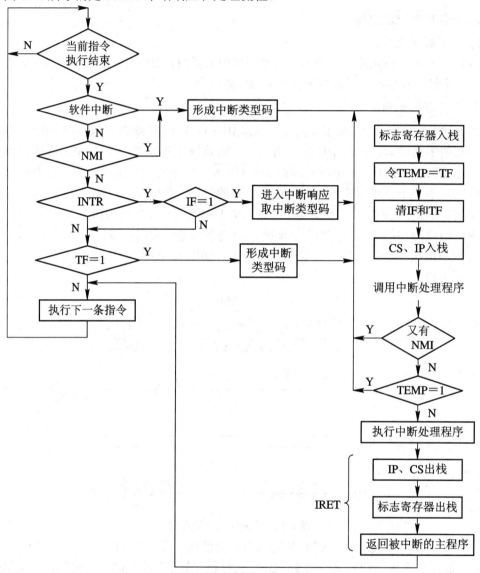

图 6-11　80X86 中断响应和处理流程

　　所有的中断都是在当前指令结束后处理的，在 80X86 系统中各种中断源的优先权实际上是指被识别出来的先后。在当前指令执行完后，CPU 首先自动查询在指令执行过程中是否有除法出错中断、溢出中断和 INT n 中断发生，然后查询 NMI 和 INTR，最后查询单步中断，先查询到的先被响应。

6.2.4　IBM PC/AT 中断分配

　　在 IBM PC 系列微机中，中断向量表是由 DOS 操作系统在启动时建立的，用户可以修改以便增加功能。尽管不同档次的微机硬件配置不同，使用 DOS 的版本不同，但中断向量表定义的基本功能相同。表 6-1 给出了中断分配表。

表 6-1　IBM PC/AT 中断分配表

中断类型码	中 断 功 能	中断类型码	中 断 功 能
0	除法错中断	1B	键盘中止控制
1	单步中断	1C	定时器报时
2	NMI 中断	1D	显示器初始化参数
3	断点中断	1E	磁盘参数
4	溢出中断	1F	图形字符集
5	屏幕打印	20	程序结束
6、7	保留	21	DOS 调用功能
8	定时器时钟中断	22	结束地址
9	键盘中断	23	中止(Ctrl-Break)处理
A	供 $IRQ_8 \sim IRQ_{15}$ 串接	24	关键性错误处理
B	异步通信 COM2 中断	25	绝对磁盘读
C	异步通信 COM1 中断	26	绝对磁盘写
D	并行打印机 LPT2 中断	27	程序驻留结束
E	软盘中断	28～3F	DOS 内部使用或保留
F	并行打印机 LPT1 中断	40	硬盘 I/O 功能程序
10	显示 I/O 功能程序	41	硬盘参数
11	设备配置检测	42～6F	保留、用户使用或未使用
12	存储器容量检测	70	实时时钟中断
13	磁盘 I/O 功能程序	71	软件使其重新指向 IRQ_2
14	串行通信 I/O 功能程序	72	保留
15	盒式磁带机 I/O 功能程序	73	保留
16	键盘 I/O 功能程序	74	保留
17	打印机 I/O 功能程序	75	协处理器中断
18	ROM-BASIC 入口	76	硬盘中断
19	引导程序入口	77	保留
1A	日时钟 I/O 功能程序	78～FF	未使用或保留给 BASIC 使用

6.3　可编程中断控制器

为了使多个外部中断源共享中断资源，必须解决几个问题。例如微处理器只有一根中断请求输入线，无法同时处理多个中断源发出的中断请求信号；如何区分中断矢量；各中断源的优先级别如何判定等。这就需要有一个专门的控制电路在微处理器的控制下去管理那些中断源并处理它们发出的中断请求信号。这种专门管理中断源的控制电路就是中断控制器。可编程中断控制器 8259A 就是为这个目的设计的中断优先级管理电路。它具有如下功能：

(1) 它可以接收外部多个中断源的中断请求，并进行优先级别判断，选中当前优先级别最高的中断请求，再将此请求送到微处理器的中断输入端。

(2) 具有提供中断向量、屏蔽中断输入等功能。

(3) 可用于管理 8 级优先权中断，也可将多片 8259A 通过级连方式构成最多可达 64 级的优先权中断管理系统。8259A 管理的 8 级中断对应的服务程序入口地址构成的中断向量表存放在内存固定区域。

(4) 具有多种工作方式，自动提供中断服务程序入口地址，使用灵活方便。

6.3.1 8259A 的内部结构和引脚

1. 8259A 的引脚说明

8259A 为 28 脚双列直插式封装器件，管脚分配如图 6-12 所示。

$D_0 \sim D_7$：双向数据线，用来与 CPU 交换数据。

$\overline{INT}$：中断请求，输出信号，由 8259A 传给 CPU，或由从 8259A 传给主 8259A。

$\overline{INTA}$：中断响应，输入信号，来自 CPU。

$IR_0 \sim IR_7$：中断请求输入，由外设传给 8259A。8259A 规定的中断优先级顺序为 $IR_0 > IR_1 > \cdots > IR_7$。

$CAS_0 \sim CAS_2$：级连信号。对于主片，这三个信号是输出信号，根据它们的不同组合 000～111，分别确定连在哪个 IR_i 上的从片工作。对于从片，这三个信号是输入信号，以此判别本从片是否被选中。

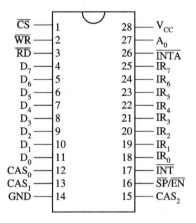

图 6-12 8259A 的外部引脚

$\overline{SP}/\overline{EN}$：从设备编程/允许缓冲器，双向。作输入信号使用时，即为 $\overline{SP}$，作为主设备与从设备的选择控制信号，当 $\overline{SP} = 1$ 时，该 8259A 作为主片；当 $\overline{SP} = 0$ 时，该 8259A 作为从片。作输出信号使用时，即为 $\overline{EN}$，作为允许缓冲器接收发送的控制信号。

A_0：内部寄存器选择控制信号，输入信号。8259A 规定，当 $A_0 = 0$ 时，对应的寄存器为 ICW1、OCW2 和 OCW3；当 $A_0 = 1$ 时，对应的寄存器为 ICW2～ICW4 和 OCW1。

$\overline{CS}$：片选信号，输入信号。一般来自地址译码器的输出，选择 8259A。

$\overline{RD}$：读允许信号，输入。来自 CPU 的 $\overline{IOR}$。

$\overline{WR}$：写允许信号，输入。来自 CPU 的 $\overline{IOW}$。

2. 内部结构

图 6-13 为 8259A 的内部结构和逻辑框图。8259A 由八个部分构成。它们是中断服务寄存器、中断优先级判断器、中断屏蔽寄存器、中断请求寄存器、中断控制逻辑、数据总线缓冲器、级连缓冲器/比较器和读/写控制逻辑。

(1) 中断请求寄存器(IRR，Inturrupt Request Regiester)。IRR 是一个 8 位寄存器，用来接收来自 $IR_0 \sim IR_7$ 上的中断请求信号，并将 IRR 相应位置位。外设产生中断请求信号的方式有边沿触发方式和电平触发方式，用户可根据需要通过编程进行设置。

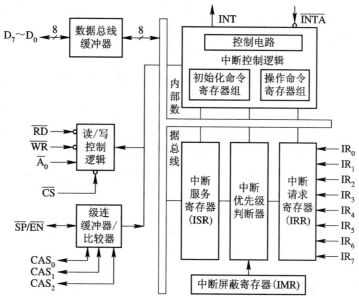

图 6-13　8259A 的内部结构

(2) 中断服务寄存器(ISR，Inturrupt Service Regiester)。ISR 是一个 8 位寄存器，用来存放当前正在处理的中断请求。在中断嵌套方式下，可以将其内容与新进入的中断请求进行优先级比较，从而决定是否进行嵌套。

(3) 中断屏蔽寄存器(IMR，Inturrupt Mask Regiester)。IMR 是 8 位寄存器，用来存放中断屏蔽字，可由用户通过编程进行设置。当 IMR 的第 i 位置位时，来自 IR_i 的中断请求被屏蔽，从而禁止来自 IR_i 的中断。因此用户设置 IMR 的各位后，可以改变系统原来的中断优先级。

(4) 中断优先级判断器。在中断响应期间，可以根据控制逻辑规定的优先权级别和 IMR 的内容，把 IRR 中提出中断的优先级最高的中断请求位送 ISR。

(5) 数据总线缓冲器。数据总线缓冲器是一个 8 位三态双向缓冲器，是 8259A 与局部总线的接口。微处理器通过它向 8259A 传送命令字，控制 8259A 的工作模式，同时也接收 8259A 传送的工作信息及中断向量。

(6) 中断控制逻辑。在 8259A 的控制逻辑电路中，有一组初始化命令寄存器(ICW1～ICW4)和一组操作命令字寄存器(OCW1～OCW3)，这 7 个寄存器可由用户根据需要通过编程进行设置，控制逻辑电路可以根据程序来管理 8259A 的全部工作。

(7) 读/写控制逻辑。读/写控制逻辑电路在四个输入信号 $\overline{IOR}$ ($\overline{RD}$)、$\overline{IOW}$ ($\overline{WR}$)、A_0、$\overline{CS}$ 的控制下，控制着 8259A 的数据总线缓冲器的信息传送，控制逻辑如表 6-2 所示。它把微处理器送来的命令字传送到 8259A 中相应的命令寄存器中(包括初始化命令字 ICW1、ICW2、ICW3、ICW4 和操作控制字 OCW1、OCW2、OCW3、OCW4)，再把 8259A 中相应的控制器/寄存器中的内容(IRR、ISR、IMR)输出到数据总线上。

(8) 级连缓冲器/比较器。级连缓冲器/比较器用来存放和比较系统中全部 8259A 的标记 IDS。这个标记是微处理器通过数据总线送入 8259A 的。所有的 8259A 通过级连线 CAS_0～CAS_2 三条 I/O 外线实现互连。其中必须有一个 8259A 为主片，其余的 8259A 为从片。主

片通过 $CAS_0 \sim CAS_2$ 输出标记信息，而从片通过这三条线输入标记信息，并与自己原有的标记进行比较，如果相同则该从片被主片选中，它就在中断响应周期把自己的中断向量送到数据总线上。

表 6-2　8259A 读/写控制逻辑功能表

A_0	$\overline{IOR}$	$\overline{IOW}$	$\overline{CS}$	功　　　能
0	0	1	0	IRR、ISR、中断级→数据总线
1	0	1	0	IMR→数据总线
0	1	0	0	数据总线→ICW1、OCW2、OCW3
1	1	0	0	数据总线→OCW1、ICW2、ICW3、ICW4
×	1	1	0	数据总线为高阻状态
×	×	×	1	数据总线为高阻状态

6.3.2　8259A 的中断控制过程

8259A 同微处理器之间，除了提出中断申请外，还要通过 8 位数据线传送数据和命令，把 8 位的数据总线用作输入、输出端口，由微处理器对 8259A 写入命令，设置其工作状态，或者由微处理器对 8259A 的状态寄存器进行读出。这时，与一般的输入/输出设备一样，由 $\overline{CS}$、A_0、$\overline{RD}$ 和 $\overline{WR}$ 等信号进行控制，表 6-2 列出了对寄存器访问的控制方法。在利用数据总线传送中断向量时，由来自微处理器的 $\overline{INTA}$ 信号控制，与作为 I/O 设备时的控制信号 $\overline{CS}$、A_0、$\overline{RD}$ 和 $\overline{WR}$ 等无关。

请求中断处理的设备通过 8259A 的中断请求输入线送出高电平或者正脉冲，提出中断请求。8259A 的 IR 输入一旦变成高电平，在 IRR 内与这个输入相对应的位就被置 1。下面主要介绍单个 8259A 工作(即 8259A 作为主片)时进入中断处理的过程。

(1) 当一条或多条中断请求线($IR_0 \sim IR_7$)变成高电平时，设置相应的 IRR 位。

(2) 在 8259A 判断了中断优先级和中断屏蔽寄存器的状态后，如果条件合适，就向微处理器发出高电平信号 INT，请求中断服务。

(3) 微处理器接到中断请求信号后，如果满足条件，则响应中断，输出回答信号为 $\overline{INTA}$ 引脚上的两个负脉冲。

(4) 8259A 接到来自微处理器的第一个 $\overline{INTA}$ 脉冲时，把允许中断的最高优先级请求位置入 ISR，并把 IRR 中相应的位复位。同时，8259A 准备向数据总线发送中断向量。

(5) 在 8259A 发送中断向量的最后一个 $\overline{INTA}$ 脉冲期间，完成两项操作。第一，送中断类型码，中断类型码由用户编程和中断请求引脚的编码共同决定。第二，如果 8259A 工作在自动结束中断方式下，则在这个 $\overline{INTA}$ 脉冲结束时复位 ISR 的相应位。(在其他方式下，则没有动作。)

6.3.3　8259A 的工作方式

8259A 具有非常灵活的中断管理方式，可满足用户各种不同要求，并且这些工作方式都可以通过编程来设置。但是，由于工作方式多，使用户感到 8259A 的编程和使用不太容易掌握。为此，在讲述 8259A 的编程之前，我们先对 8259A 的工作方式分类进行简明的介绍。

1. 中断嵌套方式

按照优先权设置方法来分，8259A 有以下几种工作方式。

1) 普通全嵌套方式

普通全嵌套方式是 8259A 最常用的工作方式，简称为全嵌套方式。该方式下中断优先级是固定的，即 IR_0 优先级最高，IR_7 优先级最低。当 CPU 响应中断时，8259A 就把申请中断的优先级最高的中断源在 ISR 中的相应位置 1，而且把它的中断类型码送到数据总线，在此中断源的中断服务程序完成之前，与它同级或优先级更低的中断源的申请就被屏蔽，只有优先级比它高的中断源的申请才是允许的(当然 CPU 是否响应取决于 CPU 是否处在开中断状态)。

2) 特殊全嵌套方式

特殊全嵌套方式和普通全嵌套方式只有一点不同：在特殊全嵌套方式下，当处理某一级中断时，如果有同级的中断请求，那么，也会给予响应，从而实现一种对同级中断请求的特殊嵌套。

特殊全嵌套方式一般用在 8259A 级连系统中。在这种情况下，主片 8259A 编程为特殊全嵌套方式。这样，当来自某一从片的中断请求正在处理时，一方面，和普通全嵌套方式一样，对来自优先级较高的主片其他引脚上的中断请求进行开放；另一方面，对来自同一从片的较高优先级请求也会开放。

另外，在特殊全嵌套方式中，进行中断结束的操作时应注意须用软件检查刚结束的中断是否是从片的唯一中断。其方法是：先向从片发一正常结束中断命令 EOI(End of Interrupt)，然后读 ISR 内容。若为 0 表示只有一个中断服务，这时再向主片发一个 EOI 命令；否则，说明该从片有两个以上中断，则不应发给主片 EOI 命令，待该从片中断服务全部结束后，再发送 EOI 命令给主片。

2. 循环优先级方式

在实际应用中，中断源的优先级的情况是比较复杂的，不一定有明显的等级，而且优先级还可能改变。所以，不能总是规定 IR_0 优先级最高，IR_7 优先级最低，而要根据实际情况来处理。故 8259A 设计了两种改变优先级的方法。

1) 自动循环方式

在优先级自动循环方式中，优先级队列是在变化的。一个设备受到中断服务以后，它的优先级自动降为最低，而原来比它低一级的中断则为最高级，依次排列。如初始优先级队列规定为 IR_0、IR_1、$IR_2 \cdots IR_7$。此时，IR_4 中断请求，则处理 IR_4，在 IR_4 被服务以后，IR_4 自动左循环到最低优先级，IR_5 成为最高优先级，这时中断源的优先级依次为 IR_5、IR_6、$1R_7$、IR_0、IR_1、IR_2、IR_3、IR_4。这种方式一般用在系统中多个中断源优先级相同的场合。

2) 特殊循环方式

特殊循环方式与优先级自动循环方式只有一点不同：就是在优先级特殊循环方式中，可以编程写 OCW2 来设置当前的中断优先级顺序。例如，确定 IR_5 为最低优先级，那么当

前的优先级顺序为 IR_6、IR_7、$IR_0\cdots IR_5$。

3. 结束中断处理方式

我们知道，不管用哪种优先级方式工作，当一个中断请求得到响应时，8259A 都会将中断服务寄存器(ISR)中相应位置位，为以后中断优先级电路的工作提供依据。当中断服务程序结束时，必须使该 ISR 位清零，否则，8259A 的中断控制功能就会不正常。这个使 ISR 位复位的动作就是中断结束处理。注意，这里的中断结束是指 8259A 结束中断的处理，而不是 CPU 结束执行中断服务程序。

8259A 分自动中断结束方式和非自动中断结束方式，而自动中断结束方式又分为普通(或称一般、正常)中断结束方式和特殊中断结束方式。

1) 自动中断结束方式(AEOI)

若采用该方式，则在第二个中断响应周期 $\overline{INTA}$ 信号的后沿，8259A 将自动把中断服务寄存器(ISR)中的对应位清除。这样，尽管系统正在为某个设备进行中断服务，但对 8259A 来说，中断服务寄存器中却没有对应位作指示，所以，好像已经结束了中断服务一样。这种最简单的中断结束方式，只能用于不要求中断嵌套的情况下。

2) 普通中断结束方式

这种方式配合全嵌套优先级工作方式使用。当 CPU 用输出指令向 8259A 发出普通中断结束 EOI 时，8259A 就会把 ISR 中已置位的最高位复位。因为在全嵌套方式中，置 1 的最高 ISR 位对应了最后一次被响应和被处理的中断，也就是当前正在处理的中断，所以，最高 ISR 位复位相当于结束了当前正在处理的中断。

3) 特殊中断结束方式(SEOI)

在非全嵌套方式下，由于中断优先级不断改变，无法确知当前正在处理的是哪级中断，这时就要采用特殊中断结束方式。采用这种方式反映在程序中就是要发一条特殊中断结束命令，这个命令中指出了要清除哪个 ISR 位。

这里，我们还要指出一点，不管是普通中断结束方式，还是特殊中断结束方式，对于级连系统的从片，在一个中断服务程序结束时，都必须发两次中断结束命令，一次是对主片发送的，一次则是对从片发送的。

4. 屏蔽中断源的方式

8259A 的 8 个中断请求都可根据需要单独屏蔽。屏蔽是通过编程使得屏蔽寄存器(IMR)相应位清 0 或置 1，从而允许或禁止相应中断的操作。8259A 有两种屏蔽方式。

1) 普通屏蔽方式

在普通屏蔽方式中，将 IMR 某位置 1，则它对应的中断就被屏蔽，从而使这个中断请求不能从 8259A 送到 CPU。如果该位清 0，则允许该级中断。

2) 特殊屏蔽方式

在有些情况下，希望一个中断服务程序能动态地改变系统的优先级结构。例如，在执行中断服务程序某一部分时，希望禁止较低级的中断请求；但在执行中断服务程序的另一部分时，又希望能够开放比本身的优先级低的中断。

为达到这样的目的，我们自然会想到使屏蔽寄存器的对应位置 1，使本级中断受到屏蔽。这样，便可以为开放较低级中断请求提供可能。但是这样做有一个问题：因为每当一个中断请求被响应时，就会使 ISR 对应位置 1，只要没有发出 EOI 命令，8259A 就会据此而禁止所有优先级比它低的中断，所以，尽管使当前处理的较高级的中断请求被屏蔽，但由于 ISR 位未被复位，较低级的中断请求在发出 EOI 命令之前仍不会得到响应。

为此，引进特殊屏蔽方式，设置了特殊屏蔽方式后，再编程使 IMR 某位置位，就会同时使 ISR 的对应位复位。这样，就不只是屏蔽当前正在处理的这级中断，而且真正开放了其他级别较低的中断。当然未被屏蔽的更高级中断也可以得到响应。

5. 中断触发方式

外设的中断请求信号从 8259A 的引脚 IR_n 引入，但根据实际工作需要，8259A 的中断触发方式可分成如下两种。

1) 边沿触发方式

在边沿触发方式下，8259A 的引脚 IR_n 上出现上升沿表示有中断请求，高电平不表示有中断请求。

2) 电平触发方式

在电平触发方式下，8259A 的引脚 IR_n 上出现高电平表示有中断请求。这种方式下，应注意及时撤除高电平，否则可能引起不应该有的第二次中断。

无论是边沿触发还是电平触发，中断请求信号 IR 都应维持足够的宽度。即在第一个中断响应信号 $\overline{INTA}$ 结束之前，IR 都必须保持高电平，如果 IR 信号提前变为低电平，8259A 会自动假设这个中断请求来自引脚 IR_7。这种办法能够有效地防止由 IR 输入端上严重的噪声尖峰而产生的中断。为实现这一点，对应 IR_7 的中断服务程序只可执行一条返回指令，从而滤除这种中断。如果 IR_7 另有他用，仍可通过读 ISR 状态而识别非正常的 IR_7 中断。因为，正常的 IR_7 中断会使相应的 ISR 位置位，而非正常 IR_7 中断则不会使 ISR 的 D_7 位置位。

6.3.4　8259A 的状态设定

8259A 根据接收到的微处理器的命令进行工作。微处理器的命令分为两类。一类是初始化命令，称为初始化命令字(ICW)。8259A 在进入操作之前，必须由初始化命令字来使它处于初始状态。另一类是操作命令，称为操作控制字(OCW)。在对 8259A 进行初始化之后，用这些控制字来控制 8259A 执行不同的操作方式。操作控制字可在初始化后的任何时刻写入8259A。

1. 初始化命令字

8259A 有 4 个初始化命令字 ICW1～ICW4，它们按照一定的顺序送入，设置 8259A 的初始状态。无论何时，当微处理器向 8259A 发送一条 $A_0 = 0$ 和 $D_4 = 1$ 的命令时，这条命令就译码为 ICW1。它启动 8259A 的初始化过程产生下列动作：清除 IMR，把最低优先级分配给 IR_7，把最高优先级分配给 IR_0，将从设备标志 ID 置成 7，清除特殊屏蔽方式，设置读IRR 方式。各初始化命令字的功能如下。

1) ICW1(初始化字)

ICW1 称为芯片控制初始化命令字。ICW1 的各位定义如下:

A_0		D_7	D_6	D_5	D_4	D_3	D_2	D_1	D_0
0					1	LTIM		SNGL	IC4

D_2、D_7、D_6、D_5 在 8086/8088 系统中不用,可为 1,也可为 0。它们在 8080/8085 系统中使用。

$D_4 = 1$ 和 $A_0 = 0$ 是 ICW1 的标志。在初始化命令字设置过程结束后,当 $A_0 = 0$ 时,$D_4 = 0$ 表示操作控制字 OCW2 或 OCW3。

LTIM 用来设定中断请求信号的形式。如 LTIM 为 0,则表示中断请求为边沿触发方式;如果 LTIM 为 1,则表示中断请求为电平触发方式。

SNGL 用来指出本片 8259A 是否与其他 8259A 处于级连状态。当系统中只有一片 8259A 时,SNGL 为 1;当系统中有多个 8259A 时,SNGL 为 0。

IC4 用来指出初始化过程中是否设置 ICW4。若 IC4 为 0,表示不用 ICW4;若 IC4 为 1,表示用 ICW4。在 8086/8088 系统中,ICW4 是必须使用的,此时 IC4 必定为 1。

2) ICW2(中断类型码字)

ICW2 是设置中断类型码的初始化命令字。ICW2 的各位定义如下:

A_0		D_7	D_6	D_5	D_4	D_3	D_2	D_1	D_0
0		A_{15}/T_7	A_{14}/T_6	A_{13}/T_5	A_{12}/T_4	A_{11}/T_3	A_{10}	A_9	A_8

编程时用 ICW2 设置中断类型码高 5 位 $T_7 \sim T_3$,低 3 位插入 IR 的编码。

3) ICW3(级连控制字)

ICW3 是标志主片/从片的初始化命令字。只有在一个系统中包含多片 8259A 时,ICW3 才有意义。而系统中是否有多片 8259A 是由 ICW1 的 SNGL 来指示的,所以,只有当 SNGL=0 时,才设置 ICW3。

ICW3 的具体格式与本片到底是主片还是从片有关。如为主片,则格式如下:

A_0		D_7	D_6	D_5	D_4	D_3	D_2	D_1	D_0
1		IR7	IR6	IR5	IR4	IR3	IR2	IR1	IR0

从上面格式可见,如果本片为主片,则 $D_7 \sim D_0$ 对应于 $IR_7 \sim IR_0$ 引脚上的连接情况。如果某一引脚上连有从片,则对应位为 1;如果未连从片,则对应位为 0。例如,当 ICW3=F0H(11110000)时,表示 IR_7、IR_6、IR_5、IR_4 引脚上接有从片,而 IR_3、IR_2、IR_1、IR_0 引脚上没有从片。

如果本片是从片,则 ICW3 的格式如下:

A_0		D_7	D_6	D_5	D_4	D_3	D_2	D_1	D_0
1		0	0	0	0	0	ID_2	ID_1	ID_0

就是说,如果本片为从片,则 ICW3 的 $D_7 \sim D_3$ 不用,可以为 0,也可以为 1,但为了和以后的产品兼容,所以使它们为 0。$ID_2 \sim ID_0$ 是从设备标志 ID 的二进制代码,它等于从片 8259A 的 INT 端所连的主片 8259A 的 IR 编码。表 6-3 列出了从设备标志的编码。

表 6-3　从设备标志编码

ID_2	ID_1	ID_0	从设备标志 ID
0	0	0	0
0	0	1	1
0	1	0	2
0	1	1	3
1	0	0	4
1	0	1	5
1	1	0	6
1	1	1	7

4) ICW4(中断结束方式字)

ICW4 称为方式控制初始化命令字。只有在 ICW1 的 D_0 位为 1 时,才有必要设置 ICW4,否则不必设置。

ICW4 的格式如下:

A_0	D_7	D_6	D_5	D_4	D_3	D_2	D_1	D_0
1	0	0	0	SFNM	BUF	M/S	AEOI	μPM

$D_7 \sim D_5$ 位总是为 0,用来作为 ICW4 的标识码。

D_4(SFNM)若为 1,则为特殊的全嵌套方式。在采用特殊全嵌套方式的系统中,一般都使用了多片 8259A。

D_3(BUF)若为 1,则为缓冲方式。在缓冲方式下,8259A 通过总线驱动器和数据总线相连。此时,引脚 $\overline{SP}/\overline{EN}$ 作为输出端来使用。在 8259A 和 CPU 之间传输数据时,$\overline{SP}/\overline{EN}$ 启动数据总线驱动器。如果 8259A 不通过总线驱动器和数据总线相连,则 BUF 应该设置为 0。在单片的 8259A 系统中,$\overline{SP}/\overline{EN}$ 接高电平。

D_2(M/S)在缓冲方式下用来表示本片为从片还是主片。即 BUF = 1 时,如果 M/S = 1,则表示本片为主片;如果 M/S = 0,则表示本片为从片。当 BUF = 0 时,则 M/S 不起作用,可为 0,也可为 1。

D_1(AEOI)指定是否为中断自动结束方式。如 AEOI = 1,则设置中断自动结束方式;如 AEOI = 0,则不用中断自动结束方式,这时必须在中断服务程序中使用 EOI,使 ISR 中最高优先级的位复位。

D_0(μPM)指定微处理器的类型。Mpm = 0 时,表示 8259A 工作于 8080/8085 系统中;μPM = 1 时,表示 8259A 工作于 8086/8088 系统中。

2. 初始化命令字的编程顺序

在 8259A 进入正常工作之前,必须将系统中的每片 8259A 进行初始化。初始化命令字用来设定 8259A 的初始状态。在初始化的过程中,ICW1 和 ICW2 总是要出现的。ICW3 和 ICW4 是否使用,由 ICW1 的相应位决定。SNGL = 0 时,需要 ICW3 分别用作主片或从片的 8259A,它们的格式是不同的。ICW1 的 IC4 = 1 时,需要 ICW4。对于 8086/8088 系统,ICW4 总是需要的。CPU 向 8259A 写入命令时,$A_0 = 0$ 和 $D_4 = 1$ 标志着写入 ICW1,

初始化过程开始。随后写入的初始化命令字由 $A_0 = 1$ 作为标志。初始化过程结束后，才能写入操作控制字。图 6-14 为对 8259A 进行初始化的流程图。

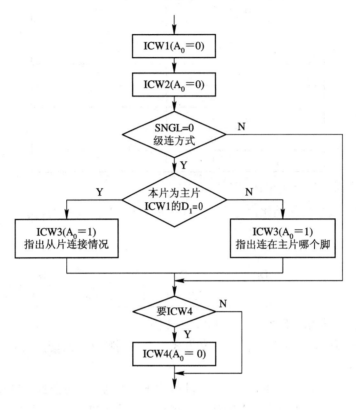

图 6-14　8259A 初始化流程图

3. 8259A 的操作命令字

在对 8259A 用初始化命令字进行初始化后，就进入工作状态，准备好接收 IR 输入的中断请求信号。在 8259A 工作期间，可通过操作命令字来使它按不同的方式进行工作。操作命令字是在应用程序内部设置的。操作命令字共有三个，可以独立使用。

1) OCW1(屏蔽控制字)

OCW1 称为中断屏蔽操作命令字。其格式如下：

A_0	D_7	D_6	D_5	D_4	D_3	D_2	D_1	D_0
1	M_7	M_6	M_5	M_4	M_3	M_2	M_1	M_0

在写入 OCW1 时，直接对中断屏蔽寄存器(IMR)的相应屏蔽位进行置位或复位操作。$M_7 \sim M_0$ 代表 8 个屏蔽位，用来控制 IR 输入的中断请求信号。如果某一位 $M = 1$，它就屏蔽对应的 IR 输入(即 $M_0 = 1$ 屏蔽 IR_0，$M_1 = 1$ 屏蔽 IR_1 等等)，禁止它产生中断输出信号 INT。如果 $M = 0$，则清除屏蔽状态，允许对应的 IR 输入信号产生 INT 输出，请求微处理器进行服务。

屏蔽某个 IR 输入，不影响其他的 IR 输入的操作。因此利用 OCW1 屏蔽某些 IR 请求，可以禁止这些设备的中断请求，而其他的设备可以通过未屏蔽的 IR 去申请中断。

2) OCW2(中断结束和优先级循环控制字)

OCW2 用来设置优先级循环方式和中断结束方式。其格式如下：

A_0	D_7	D_6	D_5	D_4	D_3	D_2	D_1	D_0
0	R	SL	EOI	0	0	L2	L1	L0

与这些操作有关的命令和方式控制大多以组合格式使用 OCW2。命令或方式的选择应当以组合格式来设置，而不是按位设置。

R 是优先级循环控制位。R = 1 为循环优先权，R=0 为固定优先权。

SL 用来选择指定的 IR 级别位。决定 OCW2 中的 L2、L1、L0 是否有效。SL=1，则 L2、L1、L0 有效，SL = 0 则 L2、L1、L0 无效。

EOI 是中断结束命令位。在非自动中断结束命令的情况下，EOI=1 表示中断结束命令，它使 ISR 中最高优先级的位复位；EOI = 0 则不起作用。

这三个控制位的组合格式所形成的命令和方式如表 6-4 所示。

表 6-4 OCW2 的组合控制格式

R	SL	EOI	功　　　能	
0	0	1	一般的 EOI 命令	中断结束
0	1	1	特殊的 EOI 命令	
1	0	1	循环优先级的一般 EOI 命令	清除循环 AEOI 方式
1	0	0	设置循环 AEOI 方式	
0	0	0	自动循环	
1	1	1	循环优先级的特殊 EOI 命令	特殊循环
1	1	0	设置优先级命令	
0	1	0	无效	

L2、L1、L0 用来指定操作起作用的 IR 级别码。在表 6-5 的组合位控制格式中，凡 SL=1 的指令，在 L2、L1、L0 所指定的 IR 级别编码上起作用，SL = 0 时，则不使用 L2、L1、L0 位。L2、L1、L0 的编码与作用的 IR 级别如表 6-5 所示。

表 6-5 IR 的优先级别

L2	L1	L0	IR 的级别
0	0	0	0
0	0	1	1
0	1	0	2
0	1	1	3
1	0	0	4
1	0	1	5
1	1	0	6
1	1	1	7

3) OCW3(屏蔽和读状态控制字)

OCW3 的功能有三个方面：一是设置和撤销特殊屏蔽方式；二是设置中断查询方式；

三是用来设置对 8259A 内部寄存器的读出命令。其格式如下：

A_0	D_7	D_6	D_5	D_4	D_3	D_2	D_1	D_0
0	0	ESMM	SMM	0	1	P	RR	RIS

ESMM 是特殊屏蔽模式允许位，是允许或禁止 SMM 位起作用的控制位。ESMM = 1 时，允许 SMM 起作用；ESMM = 0 时，禁止 SMM 位起作用。

SMM 是设置特殊屏蔽方式控制位。当 ESMM = 1 和 SMM = 0 时，选择特殊屏蔽方式；当 ESMM = 1 和 SMM = 1 时，清除特殊屏蔽方式，恢复一般屏蔽方式。当 ESMM=0 时，SMM 不起作用。

P 是查询命令位。P = 1 时，8259A 发送查询命令，P=0 时不处于查询方式。当 ESMM = 0 时，这一位不起作用。

RR 是读寄存器命令位。RR=1 时，允许读 IRR 或 ISR；RR = 0 时，禁止读这两个寄存器。

RIS：读 IRR 或 ISR 选择位。如果 RR = 1 和 RIS = 1，允许读中断服务寄存器；如果 RR = 1 和 RIS = 0，则允许读中断请求寄存器；当 RR = 0，则 RIS 位无效。

6.3.5 8259A 应用举例

1. 8259A 在 PC/XT 中的应用

IBM PC/XT 微机中，只使用了一片 8259A，可处理 8 个外部中断，如图 6-15 所示。

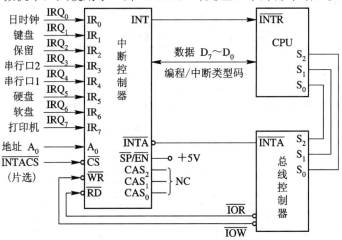

图 6-15 IBM PC/XT 与 8259A 接口

其中 IRQ_0 接至系统板上定时/计数器 Intel 8253 通道 0 的输出信号，用作微机系统的日时钟中断请求；IRQ_1 是键盘输入接口电路送来的中断请求信号，用来请求 CPU 读取键盘扫描码；IRQ_2 是系统保留的；另外 5 个请求信号接至 I/O 通道，由 I/O 通道扩展板电路产生。在 I/O 通道上，通常 IRQ_3 用于第 2 个串行异步通信接口，IRQ_4 用于第一个串行异步通信接口，IRQ_5 用于硬盘适配器，IRQ_6 用于软盘适配器，IRQ_7 用于并行打印机。

在 I/O 地址空间中，分配给 8259A 的 I/O 端口地址为 20H 和 21H。对 8259A 的初始化规定：边沿触发方式，缓冲器方式，中断结束为 EOI 命令方式，中断优先级管理采用全嵌套方式。8 级中断源的类型码为 08H～0FH。各级中断源规定如表 6-6 所示。

表 6-6　IBM PC/XTA 的 8 级中断分配表

中断向量地址指针	8259A 引脚	中断类型号	中断源
00020H	IRQ$_0$	08H	定时器
00024H	IRQ$_1$	09H	键盘
00028H	IRQ$_2$	0AH	为用户保留
0002CH	IRQ$_3$	0BH	串行口 2
00030H	IRQ$_4$	0CH	串行口 1
00034H	IRQ$_5$	0DH	硬盘
00038H	IRQ$_6$	0EH	软盘
0003CH	IRQ$_7$	0FH	并行打印机

1) 8259A 初始化编程

根据系统要求，8259A 初始化编程如下：

```
MOV     AL，00010011B        ；设置 ICW1 为边沿触发，单片 8259A 需要 ICW4
OUT     20H，AL
MOV     AL，00001000B        ；设置 ICW2 中断类型码基数为 08H，则可响应的 8 个
OUT     21H，AL              ；中断类型码为 08H～0FH。
MOV     AL，00001101B        ；设置 ICW4 为 8086/8088 模式，普通 EOI，缓冲方式，
OUT     21H，AL              ；全嵌套方式
```

初始化完成后，8259A 处于全嵌套工作方式，可以响应外部中断请求。

2) 8259A 操作方式编程

在用户程序中，允许用 OCW1 来设置中断屏蔽寄存器(IMR)，以控制各个外设申请中断允许或屏蔽。但注意不要破坏原设定工作方式。如允许日时钟中断 IRQ$_0$ 和键盘中断 IRQ$_1$，其他状态不变，则可送入以下指令：

```
IN      AL，21H              ；读出 IMR
AND     AL，0FCH             ；只允许 IRQ$_0$ 和 IRQ$_1$，其他不变
OUT     21H，AL              ；写入 OCW1，即 IMR
```

由于中断采用的是非自动结束方式，因此若中断服务程序结束，返回断点前，必须对 OCW2 写入 00100000B，即 20H，发出中断结束命令。

```
MOV     AL，20H              ；设置 OCW2 的值为 20H
OUT     20H，AL              ；写入 OCW2 的端口地址为 20H
IRET                        ；中断返回
```

在程序中，通过设置 OCW3，亦可读出 IRR、ISR 的状态以及查询当前的中断源。如要读出 IRR 内容以查看申请中断的信号线，这时可先写入 OCW3，再读出 IRR。

```
MOV     AL，20H              ；写入 OCW3，读 IRR 命令
OUT     21H，AL
NOP                         ；延时，等待 8259A 的操作结束
IN      AL，20H              ；读出 IRR
```

而当 A$_0$ = 1 时，IMR 的内容可以随时方便地读出，如在 BIOS 中，中断屏蔽寄存器 IMR

的检查程序如下:

```
MOV     AL, 0          ; 设置 OCW1 为 0, 送 OCW1 口地址, 表示 IMR 为全 0
OUT     21H, AL
IN      AL, 21H        ; 读 IMR 状态
OR      AL, AL         ; 若不为 0, 则转出错程序 ERR
JNZ     ERR
MOV     AL, 0FFH       ; 设置 OCW2 为 FFH, 送 OCW1 口地址, 表示 IMR 为全 1
OUT     21H, AL
IN      AL, 21H        ; 读 IMR 状态
ADD     AL, 1          ; IMR=0FFH?
JNZ     ERR            ; 若不是 0FFH, 则转出错程序 ERR
  ⋮
ERR
```

2. 8259A 在 PC/AT 中的应用

在 PC/AT 微机中, 共有两片 8259A, 如图 6-16 所示。

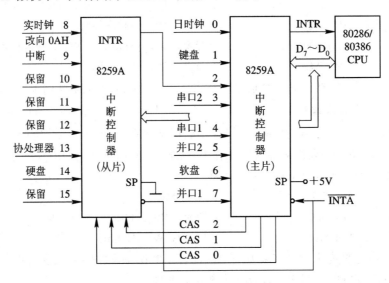

图 6-16　PC/AT 与 8259A 接口

由图 6-16 可见, 主片 8259A 原来保留的 IRQ_2 中断请求端用于级连从片 8259A, 所以相当于主片 IRQ_2 又扩展了 8 个中断请求端 $IRQ_8 \sim IRQ_{15}$。

主片的端口地址为 20H、21H, 中断类型码为 08H～0FH, 从片的端口地址为 A0H、A1H, 中断类型码为 70H～77H。主片的 8 级中断已被系统用尽, 从片尚保留 4 级未用。其中 IRQ_0 仍用于日时钟中断, IRQ_1 仍用于键盘中断。扩展的 IRQ_8 用于实时钟中断, IRQ_{13} 来自协处理器 80187。除上述中断请求信号外, 所有的其他中断请求信号都来自 I/O 通道的扩展板。

1) 8259A 初始化编程

对主片 8259A 的初始化编程:

	MOV	AL，11H	；写入 ICW1，设定边沿触发，级连方式
	OUT	20H，AL	
	JMP	INTR1	；延时，等待 8259A 操作结束
INTR1:	MOV	AL，08H	；写入 ICW2，设定 IRQ_0 的中断类型码为 08H
	OUT	21H，AL	
	JMP	INTR2	
INTR2:	MOV	AL，04H	；写入 ICW3，设定主片 IRQ_2 级连从片
	OUT	21H，AL	
	JMP	INTR3	
INTR3:	MOV	AL，11H	；写入 ICW4，设定特殊全嵌套方式，普通 EOI 方式
	OUT	21H，AL	

对从片 8259A 的初始化编程：

	MOV	AL，11H	；写入 ICW1，设定边沿触发，级连方式
	OUT	0A0H，AL	
	JMP	INTR5	
INTR5:	MOV	AL，70H	；写入 ICW2，设定从片 IR_0，即 IRQ_8 的中断类型码为 07H
	OUT	0A1H，AL	
	JMP	INTR6	
INTR6:	MOV	AL，02H	；写入 ICW3，设定从片级连于主片的 IRQ_2
	OUT	0A1H，AL	
	JMP	INTR7	
INTR7:	MOV	AL，01H	；写入 ICW4，设定普通全嵌套方式，普通 EOI 方式
	OUT	0A1H，AL	

2) 级连工作编程

当来自某个从片的中断请求进入服务时，主片的优先级控制逻辑不封锁这个从片，从而使来自从片的更高优先级的中断请求能被主片所识别，并向 CPU 发出中断请求信号。

因此，中断服务程序结束时必须用软件来检查被服务的中断是否是该从片中唯一的中断请求。先向从片发出一个 EOI 命令，清除已完成服务的 ISR 位，然后再读出 ISR 的内容，检查它是否为 0。ISR 的内容为 0，则向主片发一个 EOI 命令，清除与从片相对应的 ISR 位；否则，就不向主片发 EOI 命令，继续执行从片的中断处理，直到 ISR 的内容为 0，再向主片发出 EOI 命令。

读 ISR 的内容：

	MOV	AL，0BH	；写入 OCW3，读 ISR 命令
	OUT	0A0H，AL	
	NOP		；延时，等待 8259A 操作结束
	IN	AL，0A0H	；读出 ISR

从片发 EOI 命令：

	MOV	AL，20H	
	OUT	0A0H，AL	；写从片 EOI 命令

主片发 EOI 命令：

```
    MOV      AL，20H
    OUT      20H，AL              ；写主片 EOI 命令
```

6.4 中断程序设计

80X86 系列微处理机可以处理 256 个中断，分为内部中断和外部中断。对于不同类型的中断，处理过程略有差异，但基本上都是根据中断类型码在中断向量表中查找中断服务程序的入口地址，以便调用相应的中断服务程序。所以，在进行中断服务程序设计时，需要首先设置中断向量表，把需要执行的中断服务程序的入口地址事先放入中断向量表的相应存储单元，然后才能允许中断。几种中断服务程序的编程原则大致相同。但是，由于可屏蔽中断要涉及中断控制器的操作，因此其编程较内部中断和非屏蔽中断复杂。

下面以可屏蔽中断为例，介绍中断服务程序设计的一般过程。

1．设置中断向量表

由于中断响应后须在中断向量表中查找中断服务程序的入口地址，因此在进入中断处理前，主程序应设置好中断向量，使其指向相应的中断服务程序。在 PC 系列微型计算机中，若利用其内部的 8259A 处理中断，则还须在设置中断向量表之前，首先保存原中断向量的内容，以便用户程序执行后，恢复原状态。也就是在用户程序退出前，取出原中断向量，恢复到中断向量表中。

设置中断向量表可以利用数据传送指令直接访问中断向量表的相应存储单元，写入中断向量，也可以利用 DOS 系统功能调用、修改中断向量。如果借用 PC/XT 微机系统中的 IRQ$_3$(0BH)响应外部中断，中断后须执行的子程序的过程名为 INT-PROC，其中中断向量表的设置可以用下面的程序段实现。

```
        ；保存原中断向量的内容
        ⋮
        INTSEG    DW？
        INTOFF    DW？
        ⋮
        MOV  AH，35H
        MOV  AL，0BH
        INT   21H
        MOV  INTSEG，ES          ；保存原中断向量的段基址
        MOV  INTOFF，BX          ；保存原中断向量的偏移量
        ；重新修改中断向量的内容
        CLI                      ；关中断，设置中断向量新内容
        PUSH  DS
        MOV  AX，SEG INTPROC
        MOV  DS，AX
        MOV  DX，OFFSET INTPROC
```

```
MOV  AH，25H
MOV  AL，0BH
INT   21H
POP   DS
```

2. 设置中断控制器

在响应可屏蔽中断前，需要对中断控制器进行设置。若利用 PC 微机内部的 8259A 处理中断，则由于操作系统已经对 8259A 进行过初始化及操作方式安排，因此只需对中断屏蔽寄存器(IMR)进行相应处理。对于通过 8259A 控制的硬件中断，必须使中断屏蔽寄存器(IMR)的相应位置 0，才能允许中断请求。同样，为了应用程序返回 DOS 后，恢复原状态，应在修改 IMR 之前保存原内容，并于程序退出前，予以恢复。在程序中还可以通过控制屏蔽位，随时允许或禁止有关中断的产生。假设允许 IRQ$_3$ 响应外部中断，编程修改 IMR 的程序如下：

```
INTIMR   DB?
⋮
IN    AL，21H      ；读出 IMR
MOV INTIMR，AL     ；保存原 IMR 内容
AND  AL，0F7H      ；允许 IRQ₃，其他不变
OUT  21H，AL       ；设置新 IMR 内容
⋮
；恢复原先的 IMR：
MOV  AL，INTIMR    ；取出保留的 IMR 原内容
OUT  21H，AL       ；重写 OCW1
⋮
```

3. 设置 CPU 的中断允许标志 IF

硬件中断来自外设，它随时都可能提出申请，除利用 IMR 控制某一个或几个中断响应外，还可以通过关中断指令 CLI 和开中断指令 STI 控制所有可屏蔽中断的产生。不需要中断或不能中断时，就必须关中断，防止不可预测的后果。而在其他时间则要开中断，以便及时响应中断，为外设提供服务。

例如，修改中断向量表和 IMR 时不能产生中断，所以这段时间里必须关闭中断。为中断服务程序提供初值等时间，也不能响应中断，所以应该关闭中断。在此之后应该开中断。另外，进入中断服务程序后，应该马上开中断，从而允许较高级的中断能够嵌套执行。

4. 设计中断服务程序

中断服务程序中通常须完成以下任务：保护现场、中断服务、恢复现场、向 8259A 发送中断结束命令、中断返回等。

```
INTPROC  PROC                ；中断服务程序
         PUSH    AX          ；保护现场
         PUSH    BX
         ⋮
```

```
        STI                    ；开中断
        ⋮                     ；中断处理
        CLI                    ；关中断
        ⋮
        POP  BX               ；恢复现场
        POP  AX
        MOVAL，20H            ；向 8259A 发送 EOI 命令
        OUT 32H，AL
        IRET                   ；中断返回
    INTPROC  ENDP
```

一般说来，外部中断服务程序是用来处理较急迫的事件的，因此服务时间应尽量短，能放在主程序中完成的任务，就不要由中断服务程序完成。这样可以避免干扰其他中断设备的工作。

上述中断程序的设计过程，除了对中断控制器 8259A 的操作外，其他均适合内部中断和非屏蔽外部中断。但非屏蔽中断在 PC 机中有特殊作用，一般不要改写其中断服务程序。

6.5 DMA 控制器

6.5.1 概述

DMA(Direct Memory Access)即直接存储器存取，是微型计算机与高速外设(如磁盘)交换数据常用的方式之一。DMA 方式的特点是数据的传输过程是由 DMA 控制器控制，不需要 CPU 的干预(CPU 只需向 DMA 控制器布置任务即可)。在 DMA 传输数据期间，CPU 可以执行其他程序(除了访问主存冲突外)，因而可大大提高 CPU 的利用率。由于 DMA 数据传送是直接由硬件控制的，因此 CPU 不必为数据的传送执行指令，其执行的程序也不受影响，因而也不需要保护现场。

DMA 之所以适于大批量快速数据传输是因为：一方面，传送计数和内存地址的修改均由 DMA 控制器硬件完成(而不是由 CPU 执行指令完成)；另一方面，在 DMA 传输期间，CPU 只是放弃总线控制权，其现场环境不受影响，无需保存与恢复现场。

由于 DMA 数据传送是在 DMA 控制器硬件控制下进行的，因此对于简单的数据传送具有效率高的特点，但难以识别和处理复杂的情况，故 DMA 方式一般只应用于主存与高速外设间的简单数据传送。

在 DMA 方式中，DMA 控制器只负责数据传输过程的部分操作，数据输入之后或输出之前的处理，如数据的变化、装配、拆卸和数据的校验等都是由 CPU 来完成的。

1. DMA 的传送原理

微型计算机的 DMA 传输原理如图 6-17 所示。

DMA 传输大致过程是：首先由 CPU 向 DMA 控制器布置数据传输任务，并启动外设，外设准备好数据后通过 I/O 接口向 DMA 控制器发 DRQ 信号，表示外设已准备好数据，请

求进行数据传送；DMA 控制器收到 DRQ 信号后进行优先级的判别和屏蔽位的检测，若外设的 DRQ 请求获得允许，则 DMA 控制器向 CPU 发送 HRQ 信号，请求使用总线，CPU 当前指令执行完后向 DMA 控制器发送 HLDA 信号，同时 CPU 让出总线，DMA 控制器收到 HLDA 信号后，通过接口向发送 DRQ 请求信号的外设发 DACK 信号，表示其 DMA 请求已获得允许，外设收到 DACK 信号后，开始数据的传送；DMA 控制器负责数据的传输，数据传输完后，DMA 控制器将总线控制权交还给 CPU，并以中断的方式通知 CPU，传输结果由 CPU 负责处理。

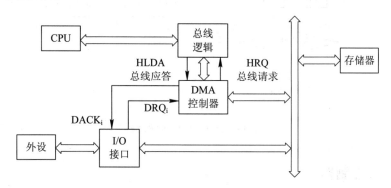

图 6-17 微型计算机的 DMA 传输原理

一次 DMA 数据传输大致可以分为如下三个阶段：

1) DMA 控制器的初始化

DMA 数据传输之前由 CPU 执行 I/O 指令来对 DMA 控制器进行初始化设置，即 CPU 对 DMA 控制器布置传送任务，包括传送多少字节的数据、内存的起始地址在哪里、数据的传送是从内存到外设还是从外设到内存、地址的变化是递增还是递减、数据的传输方式以及 DMA 的操作类型等。并启动外设。

2) DMA 数据传送

当外设准备好数据后，通过接口向 DMA 控制器发出 DMA 请求信号 DRQ，DMA 控制器收到外设的 DMA 请求后按优先级顺序排队，然后向 CPU 发出总线请求信号 HRQ。CPU 在当前总线周期结束并且总线未被加锁的情况下，让出总线控制权并向 DMA 控制器发出一个响应信号 HLDA。DMA 控制器收到信号后接管总线的控制权，发出要传输数据的存储器地址、存储器与外设间进行数据传输所需的读/写控制信号等，并向外设发 DMA 响应信号 DACK，告诉外设可以进行数据传输了，从而实现存储器与外设间的数据传输。每传输一个字节，DMA 控制器的地址寄存器内容加 1 或减 1，指向下一个存储器单元，DMA 控制器的计数器内容减 1，重复进行，直到 DMA 控制器的计数器内容减为 0，表示此次 DMA 传输结束。一次 DMA 请求可以传送一个字节，也可以传送一批数据。若外设的一次 DMA 请求只传输一个字节，则传输一批数据需进行多次 DMA 请求。

3) DMA 传输结束

当一次 DMA 数据传输完成后，DMA 控制器将总线控制权交给 CPU，同时向外设发结束信号，外设收到结束信号(或出错信号)时向 CPU 发出中断请求。CPU 收到外设的中断请求后对结束进行处理。DMA 数据传输流程如图 6-18 所示。

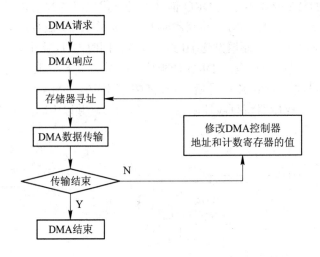

图 6-18 DMA 数据传输流程

6.5.2 8237A 控制器

8237A 是微机系统中实现 DMA 功能的大规模集成电路控制器。PC/XT 使用一片 8237A，PC/AT 使用两片 8237A。在高档微机中常使用多功能芯片取代 8237A，但多功能芯片中的 DMA 控制器与 8237A 的功能基本相同。

1. 8237A 的内部结构和引脚功能

8237A 是具有 4 个独立 DMA 通道的可编程 DMA 控制器(DMAC)，它使用单一的 + 5 V 电源，单相时钟，40 引脚双列直插式封装。在实际应用中，8237A 必须与一片 8 位锁存器一起使用，才能形成一个完整的 4 通道 DMA 控制器。8237A 经初始化后，可以控制每一个通道在存储器和 I/O 口之间以最高 1.6 MB/s 的速率传送最多达 64 KB 的数据块，而不需要 CPU 的介入。

8237A 的基本功能如下：

(1) 一个芯片中有 4 个独立的 DMA 通道。

(2) 每一个通道的 DMA 请求都可以被允许或禁止。

(3) 每一个通道的 DMA 请求有不同的优先级，既可以是固定优先级，也可以是循环优先级。

(4) 每一个通道一次传送的最大字节数为 64 KB。

(5) 8237A 提供 4 种传送方式：单字节传送方式、数据块传送方式、请求传送方式和级连传送方式。

8237A 的内部结构如图 6-19 所示。主要由以下三个部分组成：

(1) DMA 通道。8237A 内部包含 4 个独立通道，每个通道包含两个 16 位的地址寄存器、两个 16 位的字节寄存器、一个 6 位的方式寄存器、一个 DMA 请求触发器和一个 DMA 屏蔽触发器。此外，4 个通道共用一个 8 位控制寄存器、一个 8 位状态寄存器、一个 8 位暂存寄存器、一个 8 位屏蔽寄存器和一个 8 位请求寄存器。

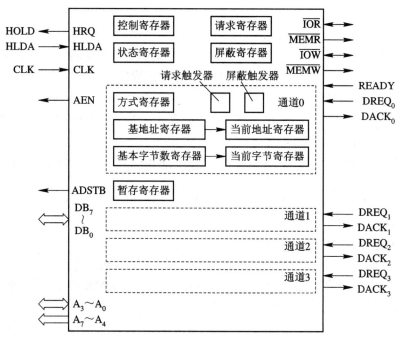

图 6-19　8237A 内部结构

(2) 读/写逻辑。当 CPU 对 8237A 初始化或对 8237A 寄存器进行读操作时，8237A 就像 I/O 端口一样被操作，读/写逻辑接收 $\overline{IOR}$ 或 $\overline{IOW}$ 信号。当 $\overline{IOR}$ 为低电平时，CPU 可以读取 8237A 的内部寄存器值，当 $\overline{IOW}$ 为低电平时，CPU 可以将数据写入 8237A 的内部寄存器中。

在 DMA 传送期间，系统由 8237A 控制总线。此时，8237A 分两次向地址总线上送出要访问的内存单元 20 位物理地址中的低 16 位，8237A 输出必要的读/写信号，这些信号分别为 I/O 读信号 $\overline{IOR}$、I/O 写信号 $\overline{IOW}$、存储器读信号 $\overline{MEMR}$ 和存储器写信号 $\overline{MEMW}$。

(3) 控制逻辑。在 DMA 周期内，控制逻辑通过产生相应的控制信号和 16 位要存取的内存单元地址来控制 DMA 的操作步骤。初始化时，通过对方式寄存器进行编程，使控制逻辑可以对各个通道的操作进行控制。

图 6-20 为 8237A 的引脚图。各个信号说明如下：

CLK：时钟输入端，通常接到 8284 时钟发生器的输出引脚，用来控制 8237A 内部操作定时和 DMA 传送时的数据传送速率。8237A 的时钟频率为 3 MHz，8237A-5 的时钟频率为 5 MHz，后者是 8237A 的改进型，工作速度比较高，但工作原理及使用方法与 8237A

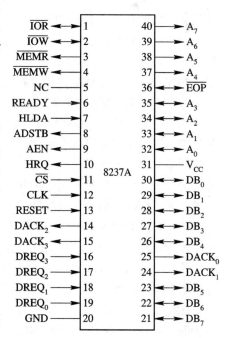

图 6-20　8237A 引脚图

相同。

$\overline{CS}$：片选输入端，低电平有效。

RESET：复位输入端，高电平有效。当 RESET 有效时，屏蔽寄存器被置 1(4 个通道均禁止 DMA 请求)，其他寄存器均清 0，8237A 处于空闲周期，所有控制线都处于高阻状态，并禁止 4 个通道的 DMA 操作。复位后必须重新初始化，否则 8237A 不能进入 DMA 操作。

READY："准备就绪"信号输入端，高电平有效。当所选择的存储器或 I/O 端的速度比较慢，需要延长传输时间时，使 READY 端处于低电平，8237A 就会自动地在存储器读和存储器写周期中插入等待周期，当传输完成时，READY 端变为高电平，以表示存储器或 I/O 设备准备就绪。

ADSTB：地址选通输出信号，高电平有效。当此信号有效时，8237A 当前地址寄存器的高 8 位经数据总线 $DB_7 \sim DB_0$ 锁存到外部地址锁存器中。

AEN：地址允许输出信号，高电平有效。AEN 把外部地址锁存器中锁存的高 8 位地址输出到地址总线上，与芯片直接输出的低 8 位地址一起共同构成内存单元的低 16 位地址。

$\overline{MEMR}$：存储器读信号，低电平有效，输出，只用于 DMA 传送。在 DMA 读周期期间，用于从所寻址的存储器单元中读出数据。

$\overline{MEMW}$：存储器写信号，低电平有效，输出，只用于 DMA 传送。在 DMA 写周期期间，用于将数据写入所寻址的存储单元中。

$\overline{IOR}$：I/O 读信号，低电平有效，双向。当 CPU 控制总线时，它是输入信号，CPU 读 8237A 内部寄存器。当 8237A 控制总线时，它是输出信号，与 $\overline{MEMW}$ 相配合，控制数据由 I/O 端口传送至存储器。

$\overline{IOW}$：I/O 写信号，低电平有效，双向。当 CPU 控制总线时，它是输入信号，CPU 写 8237A 内部寄存器(初始化)。当 8237A 控制总线时，它是输出信号，与 $\overline{MEMR}$ 相配合，把数据从存储器传送至 I/O 端口。

$\overline{EOP}$：DMA 传送过程结束信号，低电平有效，双向。当 DMA 控制的任一通道计数结束时，会从 $\overline{EOP}$ 引脚输出一个低电平，表示 DMA 传输结束，而当外部向 DMA 控制器输入 $\overline{EOP}$ 信号时，DMA 传送过程将被强迫结束。无论是从外部终止 DMA 过程，还是内部计数结束引起 DMA 过程终止，都会使 DMA 控制器的内部寄存器复位。

$DREQ_0 \sim DREQ_3$：DMA 请求输入信号，有效电平可由编程设定。这 4 条 DMA 请求线是外设为取得 DMA 服务而送到各个通道的请求信号。在固定优先级的情况下，$DREQ_0$ 的优先级最高，$DREQ_3$ 的优先级最低。在优先级循环方式下，某通道的 DMA 请求被响应后，随即降为最低级。8237A 用 DACK 信号作为对 DREQ 的响应，因此在相应的 DACK 信号有效之前，DREQ 信号必须维持有效。

$DACK_0 \sim DACK_3$：DMA 对各个通道请求的响应信号，输出的有效电平可由编程设定。8237A 接收到通道请求，向 CPU 发出 DMA 请求信号 HRQ，当 8237A 获得 CPU 送来的总线允许信号 HLDA 后，便产生 DACK 信号，送到相应的 I/O 端口，表示 DMA 控制器响应外设的 DMA 请求，从而进入 DMA 服务过程。

HRQ：8237A 输出给 CPU 的总线请求信号，高电平有效。当外设的 I/O 端口要求 DMA 传送时，向 DMA 控制器发送 DREQ 信号，如果相应的通道屏蔽位为 0，即 DMA 请求未被屏蔽，则 DMA 控制器的 HRQ 端输出为有效电平，从而向 CPU 发出总线请求。

HLDA：总线响应信号，高电平有效，是 CPU 对 HRQ 信号的应答。当 CPU 接收到 HRQ 信号后，在当前总线周期结束之后让出总线，并使 HLDA 信号有效。

$A_3 \sim A_0$：地址总线低 4 位，双向。当 CPU 控制总线时，它们是地址输入线。CPU 用这 4 条地址线对 DMA 控制器的内部寄存器进行寻址，完成对 DMA 控制器的编程。当 8237A 控制总线时，由这 4 条线输出要访问的存储单元的最低 4 位地址。

$A_7 \sim A_4$：地址线，输出，只用于 DMA 传送时，输出要访问的存储单元的低 8 位地址中的高 4 位。

$DB_7 \sim DB_0$：8 位双向数据线，与系统数据总线相连。在 CPU 控制总线时，CPU 可以通过 I/O 读命令从 DMA 控制器中读取内部寄存器的内容，送到 $DB_7 \sim DB_0$，以了解 8237A 的工作情况。也可以通过 I/O 写命令对 DMA 控制器的内部寄存器进行编程。在 DMA 控制器控制总线时，$DB_7 \sim DB_0$ 输出要访问的存储单元的高 8 位地址($A_{15} \sim A_8$)，并通过 ADSTB 锁存到外部地址锁存器中，并和 $A_7 \sim A_0$ 输出的低 8 位地址一起构成 16 位地址。

8237A 仅支持 64 KB 寻址，为了访问超过 64 KB 范围的其他地址空间，系统中增设了页面寄存器。在 PC/XT 微机系统中，每一通道的页面寄存器是 4 位寄存器。当一个 DMA 操作周期开始时，相应的页面寄存器内容就放到系统地址总线 $A_{19} \sim A_{16}$ 上，和 8237A 送出的 16 位低地址一起，构成 20 位物理地址。

2. 8237A 的内部寄存器

8237A 的内部寄存器分为两类：一类是 4 个通道共用的寄存器，另一类是各个通道专用的寄存器。

1) 控制寄存器

8237A 的 4 个通道共用一个控制寄存器。编程时，由 CPU 向它写入控制字，而由复位信号(RESET)或软件命令清除它。控制寄存器格式如图 6-21 所示。

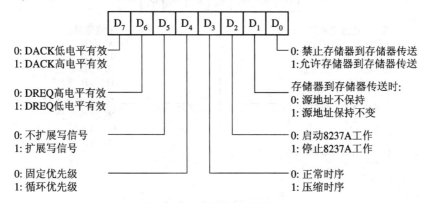

图 6-21 控制寄存器格式

(1) D_0：规定是否工作在存储器到存储器传送方式。

8237A 约定：当进行存储器之间的数据传送时，由通道 0 提供源地址，通道 1 提供目的地址并进行字节计数。每传送一个字节需要两个总线周期，第 1 个总线周期先将源地址单元的数据读入 8237A 的暂存器，第 2 个总线周期再将暂存器的内容放到数据总线上，然后在写信号的控制下，写入目的地址单元。

(2) D_1：在存储器向存储器传送时，起控制作用。

(3) D_2：用来启动和停止 8237A 的工作。

(4) D_3：8237A 可以有两种工作时序，一种是正常时序，一种是压缩时序。

如果系统各部分速度比较高，便可以用压缩时序，这样可以提高 DMA 传输的数据吞吐量。

(5) D_4：选择各通道 DMA 请求的优先级，当 $D_4 = 0$ 时为固定优先级，即通道 0 优先级最高，通道 3 的优先级最低；当 $D_4 = 1$ 时为循环优先级，即在每次 DMA 服务之后，各个通道的优先级都发生变化。比如，某次传输前的优先级次序为 2-3-0-1，那么在通道 2 进行一次传输之后，优先级次序成为 3-0-1-2。如果这时通道 3 没有 DMA 请求，而通道 0 有 DMA 请求，那么，在通道 0 完成 DMA 传输后，优先级次序成为 1-2-3-0。

DMA 的优先级排序只是用来决定同时请求 DMA 服务的通道的响应次序，而任何一个通道一旦进入 DMA 服务后，其他通道必须等到该通道的服务结束后，才可进行 DMA 服务。

(6) D_5：若 $D_5 = 1$，选择扩展的写信号($\overline{\text{IOW}} / \overline{\text{MEMW}}$ 比正常时序提前一个状态周期)。

(7) D_6、D_7：确定 DREQ 和 DACK 的有效电平极性。对这两位如何设置，取决于 I/O 端口对 DREQ 信号和 DACK 信号的极性要求。

2) 方式寄存器

8237A 的每个通道都有一个方式寄存器，4 个通道的方式寄存器共用一个端口地址，方式选择命令字的格式如图 6-22 所示。方式字的最低两位进行通道选择，写入命令字之后，8237A 将根据 D_1 和 D_0 的编码把方式寄存器的 $D_7 \sim D_2$ 位送到相应通道的方式寄存器中，从而确定该通道的传送方式和数据传送类型。8237A 各通道的方式寄存器是 6 位的，CPU 不可寻址。

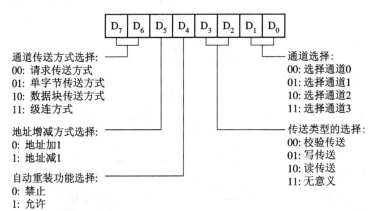

图 6-22　方式寄存器

(1) DMA 传送方式。8237A 提供 4 种传送方式，每个通道可以用 4 种方式之一进行工作。

① 单字节传送方式。每次 DMA 操作只传送一个字节的数据，然后自动地把总线控制权交给 CPU，让 CPU 占用至少一个总线周期，若又有 DMA 请求信号，8237A 重新向 CPU 发出总线请求，等获得总线控制权后，再传送下一个字节数据。

② 数据块传送方式。进入 DMA 操作后，连续传送数据直到整个数据块全部传送完毕。

③ 请求传送方式。该方式与数据块传送方式类似，只是在每传送一个字节后，8237A 都对 DMA 请求信号 DREQ 进行测试，若检测到 DREQ 端变为无效电平，则马上暂停传输，但测试过程仍然进行；当 DREQ 又变为有效电平时，就在原来的基础上继续传输，直到传送结束。

④ 级连传输方式。为了实现 DMA 系统扩展，几个 8237A 可以进行级连。

(2) DMA 数据传送的类型。方式选择命令字的 D_3 位和 D_2 位确定数据传送的类型，即写传送、读传送和校验传送。写传送是将数据从 I/O 端口读出并写入存储单元，读传送是将数据从存储单元读出并写入 I/O 端口。校验传送是一种虚拟传送，8237A 本身并不进行数据传送，而只是像 DMA 读传送或 DMA 写传送那样产生时序，产生地址信号，但存储器和 I/O 端口的读/写控制信号无效。校验传送一般在器件测试时使用。

当 D_4 位为 1 时，通道有"自动重装功能"。

D_5 位控制"当前地址寄存器"的工作方式，规定地址是增量修改还是减量修改。

3) 地址寄存器

每个通道有一个 16 位的基地址寄存器和一个 16 位的当前地址寄存器。基地址寄存器存放本通道 DMA 传输时所涉及的存储区首地址或末地址，这个初始值是在初始化编程时写入的，同时也被写入当前地址寄存器。当进行 DMA 传送时，由当前地址寄存器向地址总线提供本次 DMA 传送时的内存地址(低 16 位)。当前地址寄存器的值在每次 DMA 传输后自动加 1 或减 1，为传送下一个字节做好准备。在整个 DMA 传送期间，基地址寄存器的内容保持不变。当通道初始化选择"自动重装"功能时，一旦全部字节传送完毕，基地址寄存器的内容自动重新装入当前地址寄存器。

4) 字节寄存器

每个通道有一个 16 位的基本字节寄存器和一个 16 位的当前字节寄存器。基本字节寄存器存放本通道 DMA 传输时字节数的初值。8237A 规定：初值比实际传输的字节数少 1。初值是在初始化编程时写入的，同时，初值也被写入当前字节寄存器。在 DMA 传送时，每传送一个字节，当前字节寄存器自动减 1，当初值由 0 减到 FFFFH 时，产生计数结束信号，$\overline{EOP}$ 端输出有效电平。当通道初始化选择"自动重装"功能时，一旦全部字节传送完毕，基本字节寄存器的内容自动重新装入当前字节寄存器。基本字节寄存器预置初值后将保持不变，也不能被 CPU 读出，而当前字节寄存器中的内容可以随时由 CPU 读出。

5) 状态寄存器

状态寄存器的格式如图 6-23 所示。状态寄存器的高 4 位表示当前 4 个通道是否有 DMA 请求，低 4 位指出 4 个通道的 DMA 传送是否结束，供 CPU 查询。它与控制寄存器共用一个端口地址。

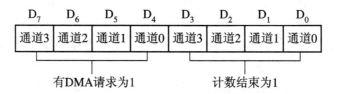

图 6-23 状态寄存器的格式

6) 请求寄存器和屏蔽寄存器

请求寄存器和屏蔽寄存器是 4 个通道公用的寄存器，使用时应写入请求命令字和屏蔽命令字，其格式如图 6-24 所示。

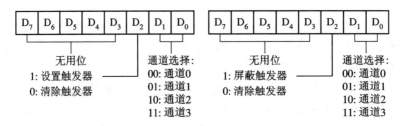

图 6-24　请求寄存器和屏蔽寄存器

8237A 根据请求寄存器的 $D_2 \sim D_0$ 位，将相应通道的请求触发器置 1(或清 0)，使通道提出"软件 DMA 请求"。

8237A 根据屏蔽寄存器的 $D_2 \sim D_0$ 位，将相应通道的屏蔽触发器置 1(或清 0)。实验表明：当一个通道的屏蔽触发器置 1 后，它将屏蔽来自引脚 DREQ 的硬件 DMA 请求，同时，也屏蔽来自请求寄存器的软件 DMA 请求。因此，在对通道初始化之前，应使屏蔽触发器置 1，而在初始化之后，应使屏蔽触发器清0。

7) 多通道屏蔽寄存器

8237A 允许使用一个屏蔽字一次完成对 4 个通道的屏蔽设置，格式如图 6-25 所示。其中 $D_0 \sim D_3$ 对应于通道 0~通道 3 的屏蔽触发器，某一位为 1，则对应通道的屏蔽触发器置 1。

图

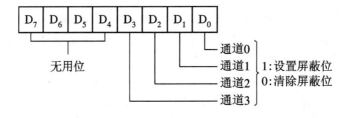

6-25　多通道屏蔽寄存器

8) 清屏蔽寄存器

无论是 RESET 复位还是软件复位，屏蔽寄存器均被置 1，DMA 请求被禁止。另外，如果一个通道没有设置自动重装功能，那么，一旦 DMA 传送结束，$\overline{EOP}$ 信号有效，会自动置 1 屏蔽触发器。因此，对 DMA 通道进行初始化时必须清除屏蔽触发器。其方法为：对端口 DMA＋0EH 进行一次写操作，即可清除 4 个通道的屏蔽触发器。

9) 先/后触发器

8237A 只有 8 根数据线，而基地址寄存器和基本字节寄存器都是 16 位的，因此预置初值时需要分两次进行，每次写入一个字节。

先/后触发器是为初值的写入顺序而设置的。在使用先/后触发器时，先将其清 0，然后先写低位字节，后写高位字节。

10) 暂存寄存器

暂存寄存器为 4 通道共用的 8 位寄存器。在 DMA 控制器实现存储器到存储器的传送方式时，它暂存中间数据，CPU 可以读取暂存寄存器中的内容，其值为最后一次传送的数据。

6.5.3　8237A 的应用

对 8237A 进行编程，实际上就是对 8237A 的寄存器写入命令字，使 8237A 处于指定的操作方式和完成指定的操作。要对 8237A 进行编程，除要知道 8237A 各寄存器的格式外，还需要知道 8237A 各寄存器的端口地址。每片 8237A 占 16 个连续的端口地址，这 16 个端口地址由 8237A 的地址线 $A_3 \sim A_0$ 确定，表 6-7 列出了 8237A 主要寄存器的端口地址。

表 6-7　8237A 内部各寄存器的寻址

A_3	A_2	A_1	A_0	通　道　号	读　操　作	写　操　作
0	0	0	0	0	读当前地址寄存器	写基地址寄存器
0	0	0	1		读当前字节寄存器	写基本字节寄存器
0	0	1	0	1	读当前地址寄存器	写基地址寄存器
0	0	1	1		读当前字节寄存器	写基本字节寄存器
0	1	0	0	2	读当前地址寄存器	写基地址寄存器
0	1	0	1		读当前字节寄存器	写基本字节寄存器
0	1	1	0	3	读当前地址寄存器	写基地址寄存器
0	1	1	1		读当前字节寄存器	写基本字节寄存器
1	0	0	0	公共	读状态寄存器	写命令寄存器
1	0	0	1		—	写请求寄存器
1	0	1	0		—	写屏蔽寄存器的一位
1	0	1	1		—	写模式控制寄存器
1	1	0	0		—	写高低字节触发器
1	1	0	1		读临时寄存器	写主复位命令
1	1	1	0		—	清除屏蔽寄存器
1	1	1	1		—	写屏蔽寄存器的所有位

在进行 DMA 操作之前，需对 8237A 进行初始化编程。对 8237A 的初始化编程是在 CPU 控制总线时进行的。对 8237A 的初始化编程的一般步骤是：

(1) 写主复位命令，使 8237A 处于复位状态，以便接收新的命令。

(2) 写模式控制寄存器，设置 8237A 的工作方式和数据的传送类型。

(3) 写命令寄存器，以控制 8237A 的工作。

(4) 根据所选通道，写当前基地址寄存器和当前基本字节寄存器的初始值。

(5) 写屏蔽寄存器，设置要屏蔽的 DMA 通道。

(6) 写请求寄存器，可由软件启动 DMA 数据传送，否则由 DREQ 信号启动 DMA 传送。

例：设要从通道 1 的外设输入 640B 的数据块到起始地址为 2000H 的内存区域中。DMA 的传送要求是：增量传送、块传送方式、传送完不自动初始化、外设的 DREQ 和 DACK 信号都是高电平有效，8237A 的端口地址为 00H～0FH。

根据题目要求，模式寄存器的控制字应设置为

1	0	0	0	0	1	0	1

命令寄存器的格式字应设为

1	0	0	0	0	0	0	0

初始化程序：

```
        OUT    0DH , AL              ; 写主复位命令
        MOV    AL , 10000101B
        OUT    0BH , AL              ; 写模式寄存器
        MOV    AL , 10000000B
        OUT    08H , AL              ; 写命令寄存器
        MOV    AX , 2000H            ; 当前基地址，分两次写入
        OUT    02H , AL              ; 写入当前基地址低字节
        MOV    A1 , AH
        OUT    02H , AL              ; 写入当前基地址高字节
        MOV    AX , 640              ; 要传送的字节数 640 B，分 2 次写入
        OUT    03H , AL              ; 写入要传送的字节数低字节
        MOV    A1 , AH
        OUT    03H , AL              ; 写入要传送的字节数高字节
        MOV    AL , 0
        OUT    83H , AL              ; 设置页面寄存器
        MOV    AL , 00000001B
        OUT    0EH , AL              ; 屏蔽控制位，使 1 通道的屏蔽位复位(不屏蔽)
```

上面的程序执行后，只要通道 1 产生 DREQ 请求，被响应后，数据的传送会在 DMA 控制器 8237A 的控制下自动将外设的 640 B 的数据块传送到 2000H 开始的内存区域。

本 章 小 结

本章讨论了微型计算机中广泛使用的中断技术和 DMA 数据传送技术。通过本章的学习，读者应了解中断技术的有关概念，如中断、中断源、中断的分类；掌握中断处理的一般过程以及中断优先级的处理方法；了解 80X86/Pentium 中断系统的基本组成、中断处理方法以及高档微处理器的中断。8259A 具有很强的中断管理能力，使用灵活、方便；DMA 传送方式在高速数据传送过程中起着非常重要的作用。微型计算机 DMA 控制器 8237A 的组成及应用也是本章的主要内容之一。

思考与练习题

1. 什么是中断? 微型计算机中为什么要采用中断技术?

2. 中断系统要解决哪些问题?

3. 简述 IBM-PC 机的中断系统的组成及功能。

4. 什么是中断向量和中断向量表?

5. CPU 响应可屏蔽中断的条件是什么?

6. 简述中断的处理过程。

7. 简述 8259A 的主要功能及 IRR、IMR、ISR 三个寄存器的作用。

8. 8259A 的中断请求有哪两种触发方式? 它们对请求信号有什么要求?

9. 什么是中断优先级? 如何实现中断优先级排队?

10. 什么是 DMA 传送方式? 简述 DMA 数据传送的基本过程。

11. 采用 DMA 传送方式为什么可以实现数据的高速传送? DMA 方式使用在哪些场合?

12. DMA 控制器在微机系统中有何作用? 它有哪几种工作状态?

13. 试比较进行数据传输时,中断方式和 DMA 方式各有什么优缺点及它们的适用场合。

14. 简述 8237A 的主要功能。

第7章 可编程接口芯片与应用

微机接口技术是微型计算机应用的重要部分。为了实现人机交互和各种形式的输入和输出，在不同的微机系统中，人们使用了多种多样的 I/O 设备。这些设备和装置，在工作原理、驱动方式、信息格式以及工作速度方面彼此差别很大；在处理数据时，其速度也比 CPU 慢得多，所以它们不可能与 CPU 直接相连，必须通过作为接口的中间电路再与微机系统相连。因此，微机接口设计就是根据接口芯片厂家提供的芯片功能、引脚、时序和使用说明，将接口芯片通过一定的方式与 CPU 和外部设备连接起来，并进行相关的程序设计。

本章要点：

- 并行输入/输出接口
- 串行通信接口
- 定时器接口

7.1 可编程并行输入/输出接口

7.1.1 并行输入/输出接口概述

并行输入/输出就是把一个字符的几个位同时进行传输，它具有传输速度快、效率高的优点。并行通信所用的电缆较多，不适合长距离传输，所以，并行通信总是用在数据传输率要求较高，而传输的距离较短的场合。通常，一个并行接口可设计为输出接口，如连接一台打印机；也可设计为输入接口，如连接键盘。还可设计成双向通信接口，既作为输入接口又作为输出接口，如连接像磁盘驱动器这样的需双向通路的设备。

图 7-1 是典型的并行接口和外设连接的示意图。从图中可以看到，并行接口左边是与 CPU 连接的总线，右边用一个通道和输入设备相连，另一个通道和输出设备相连，输入和

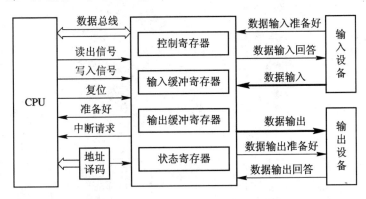

图 7-1 并行接口与外设连接示意图

输出都有独立的信号交换联络控制线。在并行接口内部用控制寄存器来寄存 CPU 对它的控制命令，用状态寄存器来提供各种工作状态供 CPU 查询。此外，还有供输出和输入数据用的输出缓冲寄存器和输入缓冲寄存器。

并行接口的工作原理为：在输入过程中，当外设把数据送到数据输入线上时，通过"数据输入准备好"状态线通知接口取数；接口在把数据锁存到输入缓冲寄存器的同时，把数据输入回答线置"1"，用来通知外设，接口的数据输入缓冲寄存器"满"，禁止外设再送数据，并且把内部状态寄存器中"输入准备好"状态位置位，以便 CPU 对其进行查询或向CPU 申请中断；在 CPU 读取接口中的数据后，接口将自动清除"输入准备好"状态位和"数据输入回答"信号，以便外设输入下一个数据。

在输出过程中，当数据输出缓冲寄存器"空闲"时，接口中"输出准备好"状态位置位。在接收到 CPU 的数据后，"输出准备好"状态位复位。数据通过输出线送外设，同时，由"数据输出准备好"信号线通知外设取数据。当外设接收一个数据时，回送一个"数据输出回答"信号，通知接口准备下一次输出数据。接口将撤销"数据输出准备好"信号并再一次置"输出准备好"状态位为 1，以便 CPU 输出下一个数据。

7.1.2　可编程并行输入/输出接口 8255A

8255A 是 Intel 公司生产的一种可编程并行输入/输出接口芯片。它的通用性强，可以方便地和微机连接，用来扩展输入/输出口。8255A 有三个 8 位并行端口，根据不同的初始化编程，可以分别定义为输入或输出方式，以完成 CPU 与外设的数据传送。

1. 8255A 的结构

8255A 的内部结构如图 7-2 所示。它由并行 I/O 端口、控制电路、数据总线缓冲器和读/写控制逻辑等几个部分组成。

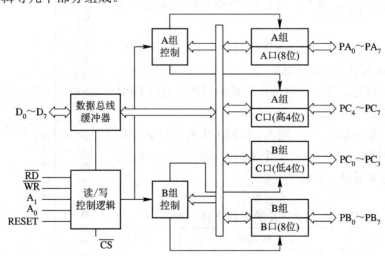

图 7-2　8255A 内部结构框图

1) 并行 I/O 端口 A、B、C

A、B、C 口都是 8 位的，可以选择作为输入或输出，但在结构和功能上有所不同。A口含有一个 8 位数据输出锁存器/缓冲器和一个 8 位数据输入锁存器。B 口含有一个 8 位数据输入/输出锁存/缓冲器和一个 8 位的数据输入缓冲器(不锁存)。C 口含有一个 8 位数据输出缓冲器和一个 8 位数据输入缓冲器(不锁存)。

当数据传送不需要联络信号时，这三个端口都可以用作输入或输出口。当 A 口、B 口工作在需要联络信号的输入、输出方式时，C 口可以分别为 A 口和 B 口提供状态和控制信息。

2) A 组和 B 组控制电路

8255A 的三个端口在使用时分为 A、B 组。A 组包括 A 口的 8 位和 C 口的高 4 位，B 组包括 B 口的 8 位和 C 口的低 4 位。两组的控制电路中有控制寄存器，可根据写入的控制字决定两组的工作方式，也可以对 C 口的每一位置位或复位。

3) 数据总线缓冲器

数据总线缓冲器是三态双向 8 位缓冲器，是 8255A 与 CPU 数据总线的接口。数据的输入/输出、控制字和状态信息的传送，都是通过这个缓冲器进行的。

由于 8255A 的数据总线是三态的，因此 $D_0 \sim D_7$ 可以直接与 CPU 的数据总线相连。

4) 读/写控制逻辑

8255A 的读/写控制逻辑的作用是从 CPU 的地址和控制总线上接收有关信号，转变成各种控制命令送到数据缓冲器以及 A 组、B 组控制电路，从而管理三个端口、控制寄存器和数据总线之间的数据传送操作。

2. 8255A 的引脚功能

8255A 采用 40 脚双列直插式封装，引脚如图 7-3 所示。下面分别介绍各个引脚的功能。

$D_0 \sim D_7$：双向三态数据总线。

RESET：复位信号，输入。当 RESET 端得到高电平后，8255A 复位。复位状态时控制寄存器被清零，所有端口(A、B、C 口)被置为输入方式。

$\overline{CS}$：片选信号，输入。当 $\overline{CS}$ 为低电平时，该芯片被选中。

$\overline{RD}$：读信号，输入。当 $\overline{RD}$ 为低电平时，允许 CPU 从 8255A 读取数据或状态信息。

$\overline{WR}$：写信号，输入。当 $\overline{WR}$ 为低电平时，允许 CPU 将控制字或数据写入 8255A。

A_1、A_0：端口选择信号，输入。8255A 中有端口 A、B、C，还有一个控制寄存器，共 4 个端口，根据从 A_1、A_0 输入的地址信号来寻址，如表 7-1 所示。

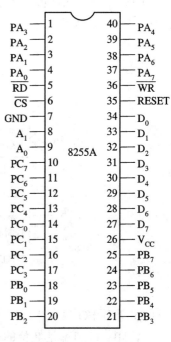

图 7-3　8255A 引脚

表 7-1　8255A 的端口选择

A_1	A_0	所选端口
0	0	A 口
0	1	B 口
1	0	C 口
1	1	控制口

A_1、A_0 与信号一起，用来确定 8255A 的操作状态，如表 7-2 所示。

表 7-2　8255A 的操作

A_1	A_0	$\overline{RD}$	$\overline{WR}$	$\overline{CS}$	操　作	
0	0	0	1	0	A 口→数据总线	输入操作
0	1	0	1	0	B 口→数据总线	
1	0	0	1	0	C 口→数据总线	
0	0	1	0	0	数据总线→A 口	输出操作
0	1	1	0	0	数据总线→B 口	
1	0	1	0	0	数据总线→C 口	
1	1	1	0	0	数据总线→控制口	
×	×	×	×	1	数据总线为高阻态	禁止操作
1	1	0	1	0	非法状态	
×	×	1	1	0	数据总线为高阻态	

$PA_0 \sim PA_7$：A 口数据线，双向。

$PB_0 \sim PB_7$：B 口数据线，双向。

$PC_0 \sim PC_7$：C 口数据线，双向。当 8255A 工作于方式 0 时，$PC_0 \sim PC_7$ 分成两组并行 I/O 数据线，每组 4 位。当 8255A 工作于方式 1 或方式 2 时，$PC_0 \sim PC_7$ 为 A 口、B 口提供联络和中断信号，这时每根线的功能有新的定义。

3. 8255A 工作方式和控制字

8255A 有三种工作方式。方式 0 是基本输入/输出方式；方式 1 是选通输入/输出方式；方式 2 是双向传送方式。

8255A 各端口的工作方式由写入 8255A 控制口的工作方式控制字来确定。工作方式控制字的格式如图 7-4 所示。在工作方式控制字中，D_7 位是工作方式控制字的标志，置 1 为有效；$D_3 \sim D_6$ 确定 A 组的工作方式；$D_0 \sim D_2$ 确定 B 组的工作方式。

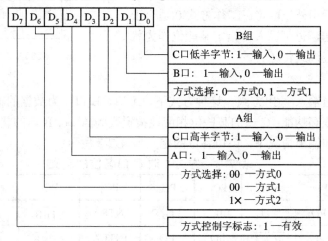

图 7-4　8255A 工作方式控制字格式

8255A 还有一个位控制字，用来设置 C 口某位的状态而不影响其他位。位控制字也写入 8255A 的控制口。位控制字的格式如图 7-5 所示，D_7 位(0 有效)是位控制字的标志。

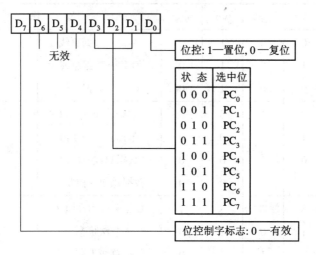

图 7-5　8255A 位控制字格式

4. 8255A 三种工作方式的功能

1) 工作方式 0

方式 0 是基本的输入/输出方式。在这种方式下，三个端口都可以由程序规定为输入或输出方式，但不能既作为输入又作为输出，也没有提供固定的联络信号。C 口分为两个 4 位——高 4 位和低 4 位，可以分别设置为输入或输出方式。各端口在输出方式下有锁存功能，输入不锁存。8255A 工作方式 0 的功能如图 7-6 所示。

工作方式 0 输入时，外设先将数据送到 8255A 的某个端口，CPU 执行一条输入指令，$\overline{RD}$ 有效，将该端口的数据送入 CPU。工作方式 0 输出时，CPU 执行一条输出指令，$\overline{WR}$ 有效，将数据送到 8255A 的某个端口，然后由外设取走。工作方式 0 适合于数据的无条件传送，也可以人为指定某些位作为状态信息线，进行查询式传送。

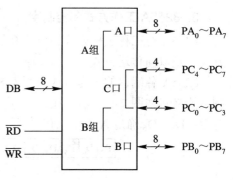

图 7-6　8255A 工作方式 0 的功能

2) 工作方式 1

方式 1 是选通输入/输出方式。这种方式下，A 口、B 口作为数据的输入或输出口，输入和输出都具有锁存功能；C 口的某些位相应地被定义为 A 口、B 口的状态和控制信号线。

方式 1 输入和输出情况下，C 口各位的定义如表 7-3 所示。

表 7-3　方式 1 时 C 口各位的定义

	PC_7	PC_6	PC_5	PC_4	PC_3	PC_2	PC_1	PC_0
方式 1 输入	I/O	I/O	IBFA	$\overline{STBA}$	INTRA	$\overline{STBB}$	IBFB	INTRB
方式 1 输出	$\overline{OBFA}$	$\overline{ACKA}$	I/O	I/O	INTRA	$\overline{ACKB}$	$\overline{OBFB}$	INTRB

若 A 口和 B 口都工作于方式 1,则 C 口有 6 位固定作为 A 口、B 口的状态和控制信号,剩下 2 位可由程序指定为输入和输出。若 A 口、B 口中一个工作于方式 1,另一个工作于方式 0,则 C 口有 3 位固定作为 A 口或 B 口的状态和控制信号,其余 5 位可由程序指定为输入或输出。

(1) 方式 1 输入。8255A 工作于方式 1 输入情况下的功能如图 7-7 所示。

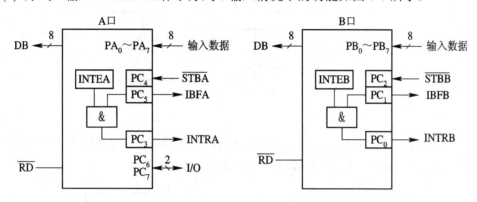

图 7-7　8255A 工作于方式 1 输入时的功能

在方式 1 输入情况下,C 口被定义的状态和控制信号有 $\overline{STB}$ 、IBF 和 INTR,其含义如下。

$\overline{STB}$:选通信号,低电平有效,由外设提供。当 $\overline{STB}$ 有效时,外设把数据送入 8255A 的 A 口或 B 口。

IBF:输入缓冲器满,高电平有效,由 8255A 输出给外设。当该信号有效时表明外设已将数据送到 A 口或 B 口的输入缓冲器。IBF 由 $\overline{STB}$ 置位, $\overline{RD}$ 的上升沿使它复位。IBF 可作为 8255A 与外设的联络信号。当 IBF = 0 时,允许外设向 8255A 传送一个数据;当 IBF = 1 时,表示外设来的数据还未被 CPU 取走,这时禁止外设向 8255A 传送数据。IBF 也可作为 CPU 的查询信号,当 IBF = 1 时,告诉 CPU 应该从 8255A 的端口读取数据。

INTR:中断请求信号,高电平有效,由 8255A 发出。在程序设置的中断允许信号 INTE = 1 的条件下,当 $\overline{STB}$ = 1 和 IBF = 1 时,INTR 被置为 1, $\overline{RD}$ 的上升沿使它复位。

INTE 是端口内部的中断允许信号,是内部中断允许触发器的状态,由 C 口的位控制字来设置。若位控制字使 PC_4 = 1,则 A 口的中断允许信号 INTEA = 1;若位控制字 PC_2 = 1,则 B 口的中断允许信号 INTEB = 1。这一点对于 PC_4 和 PC_2 两引脚的 $\overline{STBA}$ 、 $\overline{STBB}$ 功能并无影响。

8255A 工作于方式 1 输入时的时序如图 7-8 所示。现结合此时序图说明 8255A 选通输入的工作情况。首先 8255A 输出低电平的 IBF 给外设,表示 8255A 的输入缓冲器为空,允许外设输入数据。外设接到 IBF = 0 的信号后,输出一个数据给 8255A 的 A 口或 B 口,同时输出信号 $\overline{STB}$ = 0。8255A 在 $\overline{STB}$ = 0 的控制下,将 A 口或 B 口的数据送入输入锁存器,然后输出 IBF = 1 给外设。外设在 IBF = 1 作用下停止数据传送,置 $\overline{STB}$ = 1。这时若已有 INTE = 1,则使 INTR = 1,向 CPU 发出中断请求。当 CPU 响应此中断后,从 8255A 的 A 口或 B 口输入锁存器中读取数据。此时 $\overline{RD}$ 有效,在其下降沿 INTR 被复位,在其上升沿 IBF 被复位。至此完成一个数据从外设到 CPU 的选通输入。

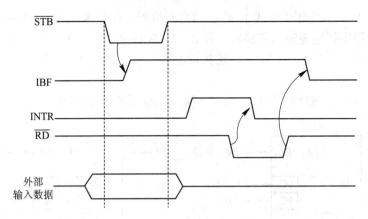

图 7-8　8255A 工作于方式 1 输入时的时序

(2) 方式 1 输出。8255A 工作于方式 1 输出情况下的功能如图 7-9 所示。C 口被定义的状态和控制信号有 $\overline{OBF}$、$\overline{ACK}$ 和 INTR，其含义如下。

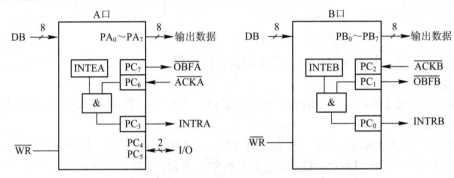

图 7-9　8255A 工作于方式 1 输出时的功能

$\overline{OBF}$：输出缓冲器满，低电平有效，由 8255A 输出给外设。当该信号有效时，表示 CPU 已把要输出的数据输出到 A 口或 B 口的输出缓冲器中，告诉外设可以把数据取走。$\overline{OBF}$ 由 CPU 的 $\overline{WR}$ 上升沿置为低电平，由外设发来的 $\overline{ACK}$ 上升沿置为高电平。

$\overline{ACK}$：响应信号，低电平有效。当外设将 8255A 的 A 口或 B 口数据取走后，向 8255A 发出一个负脉冲信号 $\overline{ACK}$。

INTR：中断请求信号，高电平有效，由 8255A 发出。在程序设置的中断允许信号 INTE = 1 的条件下，当 $\overline{OBF}$ = 1 和 $\overline{ACK}$ = 1 时，INTR 被置为 1，$\overline{WR}$ 的上升沿使它复位。

在方式 1 输出情况下，若所设位控制字使 PC_6 = 1，则 INTEA = 1；若位控制字使 PC_2 = 1，则 INTEB = 1。

8255A 工作于方式 1 输出时的时序如图 7-10 所示。现结合时序图说明 8255A 选通输出的工作情况。在采用中断控制方式时，输出过程是从 CPU 响应中断开始的。在中断服务程序中，CPU 执行输出指令，发出 $\overline{WR}$ 信号，输出数据到 8255A 的 A 口或 B 口。$\overline{WR}$ 的上升沿使 INTR 变为无效。同时 8255A 向外设发出 $\overline{OBF}$ = 0 的信号，告诉外设可以接收数据。外设从 8255A 取走数据后，发出 $\overline{ACK}$ = 0 信号，其下降沿使 $\overline{OBF}$ = 1。当 $\overline{ACK}$ 变为高电平时，因同时有 INTE = 1 和 $\overline{OBF}$ = 1，故将 INTR 置为 1，向 CPU 发出中断请求，开始进入输入下一个数据的操作过程。

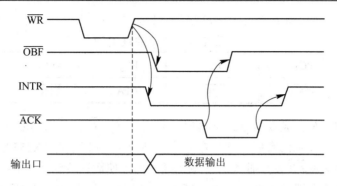

图 7-10　8255A 工作于方式 1 输出时的时序

(3) 方式 1 的状态字。在方式 1 情况下，执行一条读 C 口的指令，就可以得到一个状态字，用来检查外设或 8255A 的工作状态，从而控制程序的进程。状态字如图 7-11 所示。

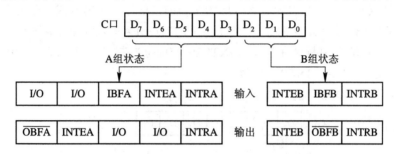

图 7-11　8255A 工作于方式 1 时的状态字

需要说明的是，在读 C 口状态时，对于输入情况下的 PC_4 和 PC_2、输出情况下的 PC_6 和 PC_2，所读得的状态不是该引脚上外设送来的选通信号 $\overline{STB}$ 或响应信号 $\overline{ACK}$，而是由位控制字确定的该位的状态，即中断允许信号 INTE。

3) 工作方式 2

方式 2 是一种双向传送方式，既能输入，又能输出，只适用于 A 口。数据的输入和输出都能锁存。这时 C 口为 A 口提供 5 位联络信号，B 口可以工作于方式 0 或方式 1。8255A 工作于方式 2 的功能如图 7-12 所示。

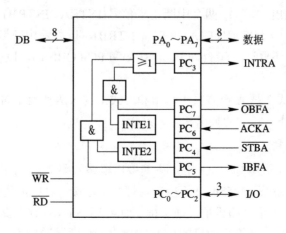

图 7-12　8255A 工作于方式 2 时的功能

在方式 2 中，C 口为 A 口提供的联络信号如表 7-4 所示。

表 7-4　C 口的联络信号

引脚	PC_7	PC_6	PC_5	PC_4	PC_3
信号	$\overline{OBFA}$	$\overline{ACKA}$	IBFA	$\overline{STBA}$	INTRA

$\overline{STBA}$ 和 $\overline{ACKA}$ 构成双向方式下输出的联络信号。$\overline{OBFA}$ 的功能与方式 1 时相同。$\overline{ACKA}$ 的功能与方式 1 时有所不同。在方式 2 情况下，外设收到 8255A 发出的 $\overline{OBFA}=0$ 信号后，要用 $\overline{ACKA}=0$ 去打通 A 口的输出缓冲器，使数据放到 A 口的外部数据线上，否则输出缓冲器的输出端处于高阻状态。所以在双向方式下如果没有外设的 $\overline{ACKA}$ 有效信号，就不能输出数据。

IBFA 和 $\overline{STBA}$ 构成双向方式下输入的联络信号，其功能与方式 1 相同。

INTRA 是双向方式下输出和输入合用的中断请求信号。输出方式，在输出中断允许触发器 INTE1 = 1(由位控字设定 $PC_6=1$)的条件下，当 $\overline{OBFA}=1$ 和 $\overline{ACKA}=1$ 时，INTRA 有效。输入方式，在输入中断允许触发器 INTE2 = 1(由位控制字设定，$PC_4=1$)的条件下，当 IBFA = 1 和 $\overline{STBA}=1$ 时，INTRA 有效。

8255A 工作于方式 2 时的状态字如图 7-13 所示。

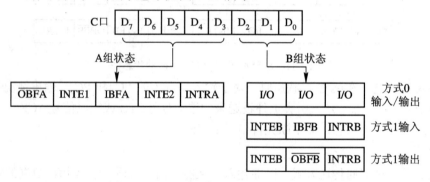

图 7-13　8255A 工作于方式 2 时的状态字

当 A 口工作于方式 2，允许中断，且 B 口工作于方式 1，也允许中断时，就有三个中断源(A 口的输入和输出、B 口)、两个中断请求信号(INTRA、INTRB)。CPU 在响应 8255A 的中断请求时，先要查询 PC_3(INTRA)和 PC_0(INTRB)，以判断中断源是 A 口还是 B 口。如果中断源是 A 口，还要进一步查询 PC_5(IBFA)和 PC_7($\overline{OBFA}$)，以确定是输入中断还是输出中断。

8255A 的工作方式 2 是 A 口方式 1 输出和方式 1 输入两种操作的组合，所以方式 2 的工作过程也同上述工作方式 1 的输出和输入过程。

5. 8255A 接口应用

将 8255A 作为一个微型打印机的接口，其接口电路如图 7-14 所示。打印时接口工作过程为：CPU 通过系统总线、8255A 打印接口与打印机连接。打印前先检查打印机的工作状态，当 BUSY = 1 时，表示打印机忙，则等待。而当 BUSY = 0 时，表示打印机不忙，这时 CPU 可将数据送到 A 口，并给打印机的 $\overline{STB}$ 线输出一个负脉冲作为打印选通信号，将数据送入打印机的数据锁存器，打印机开始打印该字符。打印机处理完一个收到的数据后，向 8255A 发送一个应答信号 $\overline{ACK}$ 。然后，开始一个新的字符打印输出过程。

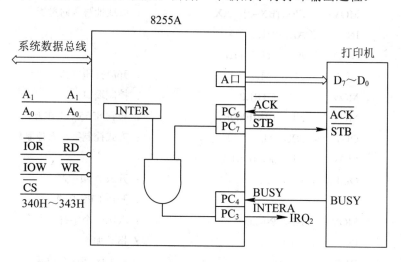

图 7-14　8255A 工作方式 1 作为打印机接口电路

本例给出该接口的中断传送处理程序。其主程序如下：

```
STACK1  SEGMENTPARA    STACK  'STACK'
    DB   256DUP(?)
STACK1  ENDS
DATA    SEGMENT
        PORTA   EQU    340H
        PORTB       EQU 341H
        PORTC       EQU 342H
        CTRLP       EQU 343H
Pstrings        DB 'this is a sample of printer interface using 8255'
Counter         DB $-Pstrings              ;缓冲区字符个数
Point   DB0                                ;缓冲区指针
DATA   ENDS
CODE   SEGMENTPARA  PUBLIC 'CODE'
START PROC  FAR
        ASSUME   CS: CODE，SS：STACK1
        PUSH        DS
        XOR AX,     AX
        PUSH        AX
CL1                                        ;关 CPU 中断
        MOV     ES, AX
        MOV     BX, 0AH*4
        MOV     AX, OFFSET  PRN_INT        ;中断服务程序偏移地址
```

```
        MOV     ES：[BX]，AX              ；偏移地址写入向量表
        MOV     AX，SEG PRN_INT          ；中断服务程序段地址
        MOV     ES：[BX+2]，AX            ；段地址写入向量表
        IN      AL，21H
        AND     AL，11111011B
        OUT     21H，AL                  ；开放打印中断
        MOV     DX，CTRLP                ；控制端口
        MOV     AL，10101000B            ；布置 8255A 工作方式
        OUT     DX，AL                   ；方式控制字写入控制口
        MOV     AL，00001101B
        OUT     DX，AL                   ；开放 A 组中断
        STI                             ；开放 CPU 中断
        MOV     AL，Pstrings             ；取第一个字符
        INC     Point                   ；指针加 1
        DEC     Counter                 ；缓冲区字符个数减 1
        MOV     DX，PORTA                ；端口 A 地址
        OUT     DX，AL                   ；输出第一个字符到打印机
WAIT: CMP       Counter，0               ；等待打印完毕
        JNZ     WAIT
        RET                             ；退出程序
    CODE    ENDS


；下面是中断服务子程序
PRN_INT PROC                            ；中断服务程序
        PUSH    DS                      ；保存现场
        PUSH    AX
        PUSH    BX
        PUSH    DX
        MOV     AX，DATA
        MOV     DS，AX
        MOV     BX，Point                ；缓冲区指针
        MOV     AL，Pstrings[BX]         ；取一个字符
        MOV     DX，PORTA                ；端口 A 地址
        OUT     DX，AL                   ；输出到打印机
        INC     Point                   ；缓冲区指针加 1
        DEC     Counter                 ；缓冲区字符数减 1
        JNZ     EXIT                    ；不为 0，转出口
        MOV     AL，00001100B            ；C 口位操作控制字
        MOV     DX，CTRLP                ；控制口地址
```

```
                    OUT    DX, AL                    ; 关闭 A 组中断
        EXIT:       MOV    AL, 20H
                    OUT    20H, AL                    ; 8255A 中断结束
                    POP    DX
                    POP    BX
                    POP    AX
                    POP    DS
                    IRET
        PRN_INT     ENDP
        CODE        ENDS
                    END START
```

7.2 可编程串行通信接口

7.2.1 串行通信概述

1. 概述

微型计算机与一些常用的外部设备(如电传打字机、CRT 终端等)之间的数据交换，往往需要采用串行通信方式。在远程计算机通信中，串行通信更是一种不可缺少的通信方式。

串行通信是指数据一位一位地顺序传送，只占用一条传输线。它可由两种方式来实现：一种是将 8 位通道中的一位依靠软件来实现串行数据传送；另一种是通过专用的通信接口，将并行数据转换为串行数据。

在并行通信中，数据有多少位就要有多少传输线，而串行通信只需要一条传输线，所以串行通信可以节省传输线。在数据位数较多，传输距离较长的情况下，这个优点更为突出。例如，将微型计算机的信息传送到远方的终端，或者传送到大型计算中心，则常用通信线路(电话线)进行传送。这种串行传送可以大大减少传输线，从而降低成本，它的传送速度没有并行通信快。

随着大规模集成电路技术的发展，通用的、可编程的同步/异步接口芯片种类越来越多。常用的有 Intel 的 8251、INS8250 和 INS16550 等。INS16550 与 INS8250 完全兼容。

2. 串行通信的基本方式

串行通信分为异步通信和同步通信两种方式。

1) 异步通信

在异步通信中，CPU 与外部设备之间有两项规定：

(1) 字符格式。字符格式即字符的编码形式及规定。如 ASCII 码规定：每个串行字符由四个部分组成：1 个起始位、5～8 个数据位、1 个奇偶校验位以及 1～2 个停止位。

图 7-15 示出了这种串行字符编码格式。起始位后面，紧跟着要传送字符的最低位，每串字符的结束，是一个高电平的停止位。起始位至停止位构成一帧。相邻两个字符之间的间隔可以是任意长度的，以便使它有能力处理实时的串行数据。两个相邻字符之间的位叫

空闲位。而下一个字符的开始，必然以高电平变成低电平的起始位的下降沿作为标志。

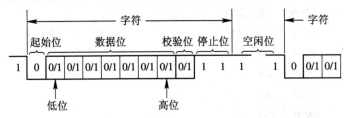

图 7-15　异步串行通信格式

(2) 波特率(Baud Rate)。波特率是指每秒传输字符的位数。

假如数据传送速率是 120 字符/秒，而每一个字符格式规定包含十个数据位(起始位、停止位、8 个数据位)，则这时传送的波特率为

$$10 \times 120 = 1200(位/秒) = 1200(波特)$$

每个数据位的传送时间 T_d，即为波特率的倒数：

$$T_d = \frac{1}{1200} = 0.000\ 833\ s = 0.833\ ms$$

波特率是指传送代码的速率，这与传送数据的速率有所区别。因为每个数据只占 8 位，所以，数据的传送速率为

$$8 \times 120 = 960(波特)$$

异步通信的传送速率一般在 50～9600 波特之间，常用于计算机到 CRT 终端和字符打印机之间的通信等。

2) 同步传送

在异步传送中，每一个字符都用起始位和停止位作为字符开始和结束的标志，占用了一些时间，因此在数据块传送时，为了提高速度，就要设法去掉这些标志，而采用同步传送。此时，在数据块开始处，要用同步字符"SYN"来指明，如图 7-16 所示。同步字符通常由用户自己设定。可用一个(或相同两个)8 位二进制码作同步字符。

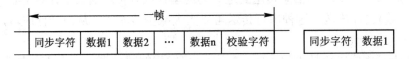

图 7-16　同步字符

同步传送速度高于异步传送速度，但它要求由时钟来实现发送端及接收端之间的同步，所以，硬件电路比较复杂。同步传送通常用于计算机之间的通信，或计算机到 CRT 等外设之间的通信等。

3. 串行通信中的基本技术

1) 数据传输方向

在串行通信中，数据通常在两个站(如 A 和 B)之间进行双向传输。这种传输根据需要又分为单工、半双工、全双工。

(1) 单工传输。单工传送方式是指在通信时，只能由一方发送数据，另一方只能接收数据的通信方式，如图 7-17(a)所示。

(2) 半双工传输。半双工传输方式是指通信时，双方都能接收或发送，但不能同时接收和发送的通信方式。在这种传输方式中，通信双方只能轮流地进行发送和接收，即 A 站发，B 站接收；或 B 站发送，A 站接收。图 7-17(b)即为这种传输方式。

(3) 全双工。这种方式是指可以同时在两个站之间进行发送和接收的通信方式。全双工需要两条传输线。图 7-17(c)表示了这种传输方式。

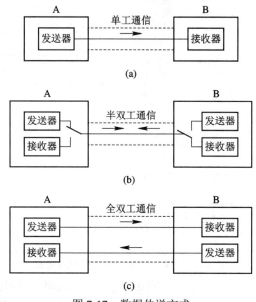

图 7-17　数据传送方式

2) 信号的调制和解调

调制解调器(Modem)是计算机在远程通信中必须采用的一种辅助的外部设备。

计算机通信是一种数字信号的通信，数字信号通信要求传送的频带是很宽的，而计算机在远程通信时，通常通过电话线传输，电话线不可能有这样宽的频带。如果用数字信号直接通信，那么经过电话线传输，信号便会产生畸变。因此，在发送端，必须采用调制器把数字信号转换为模拟信号；而在接收端，又必须用解调器检测发送端来的模拟信号，再把它转换成为数字信号。

由此可知，调制解调器在发送端相当于 D/A 转换器，而在接收端则相当于 A/D 转换器。

7.2.2　可编程串行接口 INS8250/INS16550

PC/XT 异步通信适配器包括 RS-232C 标准的电压接口和 20 mA 电流环路的电流接口，它是微机与微机、Modem、外设之间进行异步通信的接口，应用广泛。本节先从微机系统的角度来分析它的工作原理及组成，以便对串行接口电路有一个完整的认识。适配器的硬件核心部分是串行通信接口芯片 INS8250。INS16550 与 INS8250 完全兼容，只是速度更高。这里重点介绍串行通信接口芯片 INS8250 的功能特点及编程使用。

1. 异步通信适配器的组成

PC/XT 异步通信适配器由串行接口芯片 INS8250，EIA-TTL 电平转换器 SN75150P、SN75154 及 I/O 地址译码电路三个部分组成，如图 7-18 所示。

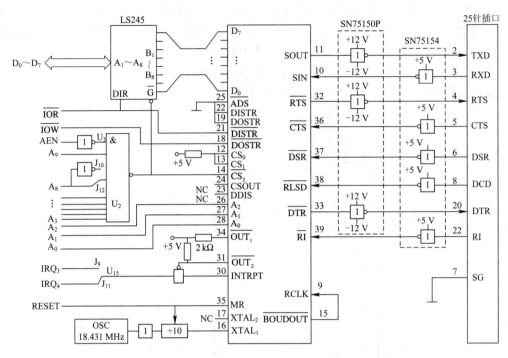

图 7-18　PC/XT 异步通信适配器电路

(1) 电平转换。从图 7-18 可以看出，INS8250 到连接器的信号经过电平转换器 SN75150P，将 TTL 电平转换为 EIA 电平，连接器到 INS8250 的信号经过电平转换器 SN75154，将 EIA 电平转换为 TTL 电平。

(2) 地址译码电路。根据系统分配的 I/O 地址，异步通信适配器用系统地址总线 $A_3 \sim A_9$ 经译码器 U_2 产生片选信号，送到 INS8250 的 $\overline{CS_2}$，低位地址($A_0 \sim A_2$)直接送到 INS8250，作为芯片地址，选择内部寄存器。从图 7-18 可以看出，I/O 地址译码操作是八输入端与非门 U_2、与非门及反相器 U_3 完成的。

由于 DOS 已考虑到系统中可以使用两块适配器板，因此异步通信适配器的地址有两个，由跳接开关 U_{15} 的 J_{10} 和 J_{12} 端子进行切换。实际上只要对地址位 A_8 进行改变，也就是通过 U_{15} 的 J_{10} 和 J_{12} 使 A_8 反相就可以进行切换，如表 7-5 所示。所以，在 ROM BIOS 串行通信口功能调用时，一定要给适配器的口地址分配参数 0 或 1，0 表示口地址是 3F8H ~ 3FFH；1 表示口地址是 2F8H ~ 2FFH。

表 7-5　适配器 I/O 地址范围的切换

跳接开关 U_{15}	A_9	A_8	A_7	A_6	A_5	A_4	A_3	I/O 地址范围
J_{10} 接通	1	0	1	1	1	1	1	2F8H ~ 2FFH
J_{12} 接通	1	1	1	1	1	1	1	3F8H ~ 3FFH

两块适配器所产生的中断请求也是经跳接开关 U_{15} 的 J_9 和 J_{11} 端子进行转接的。当 U_{15} 的 J_9 接通时，适配器产生的中断请求信号为 IRQ_3；而 U_{15} 的 J_{11} 接通时，其中断请求信号为 IRQ_4。

从译码器 U_2 的输入端可以看出，只有当 AEN 信号为低电平时，也就是当 CPU 占用总线控制权时，U_2 才能输出低电平，选中 INS8250 芯片，以防止在 DMA 期间出现误操作。

2. INS8250 的外部特征与编程结构

INS8250 是通用异步收发器(UART)，只适合异步起止式协议接口电路。INS8250 的外部引脚及内部逻辑如图 7-19 所示。

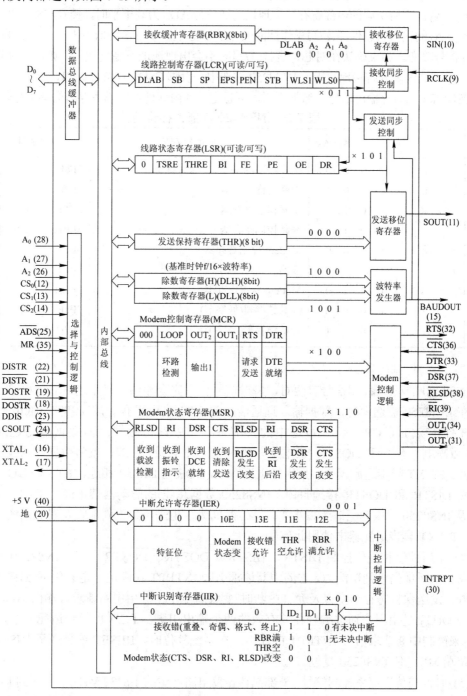

图 7-19 INS8250 的外部引脚及编程结构

INS8250 的引脚信号分为与 CUP 系统总线相连的信号和与通信设备连接的信号两大类，这两大类又按其功能可分为如下几类。

(1) 数据总线。INS8250 的 8 条双向数据线 $D_7 \sim D_0$ 与 CPU 数据总线相连，在 INS8250 和 CPU 之间传送并行数据。

(2) 地址控制信号。当片选信号 $CS_0 = 1$，$CS_1 = 1$，$\overline{CS_2} = 0$ 时，INS8250 接受 CPU 访问，并由 $A_2 \sim A_0$ 决定所访问的内部寄存器。地址选通信号 $\overline{ADS}$ 为高电平时，锁存 CS_0、CS_1、CS_2 以及 $A_0 \sim A_2$ 的输入状态保证读/写操作期间的地址稳定，直到 $\overline{ADS}$ 为低电平时，才允许这些地址选择信号改变。如果确认在对芯片进行读/写时不会出现地址不稳定现象，则不必锁存地址信号，而将 $\overline{ADS}$ 输入脚接地，指示 INS8250 被选中。引脚 CSOUT(当 $CS_0 = 1$，$CS_1 = 1$，$CS_2 = 0$ 时 CSOUT = 1)为片输出信号，通常不用，可悬空。片内地址对内部寄存器的寻址见表 7-6。

表 7-6　INS8520 内部寄存器地址

DLAB	A_2	A_1	A_0	被访问的寄存器	适配器地址
0	0	0	0	接收缓冲器(读)，发送保持寄存器(写)	3F8H
0	0	0	1	中断允许寄存器	3F9H
×	0	1	0	中断识别寄存器	3FAH
×	0	1	1	线路控制寄存器	3FBH
×	1	0	0	Modem 控制寄存器	3FCH
×	1	0	1	线路状态寄存器	3FDH
×	1	1	0	Modem 状态寄存器	3FEH
1	0	0	0	除数锁存器(低字节)	3F8H
1	0	0	1	除数锁存器(高字节)	3F9H

(3) 读/写控制信号。

INS8250 的读/写控制信号有两对，每对信号作用完全相同，只不过是有效电平不同而已。在 INS8250 被选中时，数据输入选通信号 DISTR(高电平有效)和 $\overline{DISTR}$ (低电平有效)中有一个有效时，CPU 就从被选中的内部寄存器中读出数据；而数据输出选通信号 DOSTR(高电平有效)和 $\overline{DOSTR}$ (低电平有效)中有一个有效时，CPU 就将数据写入被选中的寄存器。PC/XT 异步适配器中，采用低电平有效，$\overline{IOR}$ 与 $\overline{DISTR}$ 相连，$\overline{IOW}$ 与 $\overline{DOSTR}$ 连接，而 DISTR 和 DOSTR 接地封锁。INS8250(数据总线)的驱动器禁止信号 DDIS 引脚在 CPU 从 INS8250 读取数据时为低电平，其他时间为高电平，禁止外部收发器对系统总线的驱动，PC/XT 异步适配器未使用此信号。

(4) 中断控制和复位控制 DISTR、$\overline{DISTR}$、DOSTR、$\overline{DOSTR}$ 信号。INS8250 具有中断控制和中断优先级判决能力，它的中断请求引脚 INTRPT 在满足一定条件下(如接收数据准备好、发送保持寄存器空以及允许中断时)变成高电平，产生中断请求。输出 $1(OUT_1)$和输出 $2(OUT_2)$是由用户通过编程使其有效的两个输出引脚。PC/XT 异步适配器中，使用 OUT_2 来控制中断请求信号 INTRPT 的输出。在系统复位时，RESET 信号送至 INS8250 的主复位端 MR，使 INS8250 复位。

(5) 时钟与传送速率控制信号。外部晶体振荡电路产生的 1.8432 MHz 信号送到 INS8250 的 $XTAL_1$ 端，作为 INS8250 的基准工作时钟。$XTAL_2$ 引脚是基准时钟信号的输出端，可用作其他功能的定时控制。外部输入的基准时钟经 INS8250 内部波特率发生器(分频器)分频后产生发送时钟，并经 BOUDOUT 引脚输出。INS8250 的接收时钟引脚 RCLK 可接收由外部提供的接收时钟信号。若采用 INS8250 芯片内部的发送时钟作为接收时钟,则只要将 RCLK 引脚和 BOUDOUT 引脚直接外连即可,PC/XT 异步适配器就是如此。

(6) 与通信设备的连接信号。与通信设备的连接信号有 8 个,其中 6 个控制信号($\overline{RTS}$、$\overline{CTS}$、$\overline{DTR}$、$\overline{DSR}$、$\overline{RLSD}$ 和 $\overline{RI}$)的功能定义和 RS-232C 标准相同,在此不再讨论。SOUT 是串行数据输出端,SIN 是串行数据输入端。

3. INS8250 内部寄存器及其编程方法

INS8250 内部有 10 个可访问的寄存器。由于 INS8250 芯片只有 3 条片内地址线($A_0 \sim A_2$),只能产生 8 个选通信号,因此其中必有两个口地址为两个寄存器共用。为此,INS8250 内部结构已指定:发送保持寄存器(THR)和接收缓冲寄存器(RBR)共用一个口地址,而且是最低地址号,以"写"访问 THR,以"读"访问 RBR,以示区别;除数寄存器的除数值分高、低两个字节存放,它的低字节 DLL 和高字节 DLH 寄存器使用的两个口地址,分别与数据口和中断允许寄存器的口地址相重。为了识别,专门在通信线路控制器中设置了一个除数寄存器,访问允许位 DLAB。当要访问除数寄存器时,必须使 DLAB 置 1。若要访问数据口和中断允许寄存器,则必须使 DLAB 置 0。具体口地址分配如表 7-6 所示。图 7-19 中也为每个寄存器标明了口地址。

1) 通信线路控制与通信线路状态寄存器

(1) 通信线路控制寄存器(LCR)主要用来指定异步通信数据格式,同时它的最高位 DLAB 用来指定是否允许访问除数寄存器。它的内容不仅可以写入,而且还可以读。LCR 各位的意义如图 7-20 所示。

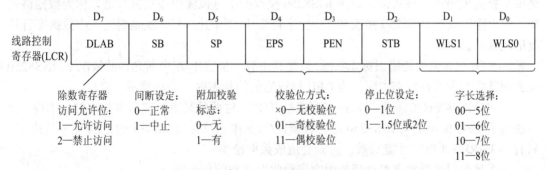

图 7-20 INS8520 线路控制寄存器的定义

其中,字长是指定发送和接收字符的位数。停止位设定 STB 值为 1 时,若字长 5 位,则有 1.5 个停止位,其他字长有 2 个停止位。DLAB(D7 位)= 1 时将共用口地址指向除数寄存器;DLAB = 0,则指向其他寄存器。

SP(STICK PARITY)(D5 位)是附加奇偶标志选择。当 PEN = 1(有奇偶校验)时,若 SP = 1,则说明在奇偶校验位和停止位之间插入了一个奇偶标志位。这种情况下,若采用偶校验,则这个标志为逻辑"0";若采用奇校验,则这个标志为逻辑"1"。选用这一附加位的作用是发送设备把采用何种奇偶校验方式也通过数据流告诉接收设备。显然,在收发双方已约定奇偶校验方式的情况下,就不需要这一附加位,通常使 SP = 0。SB(SETBREAK)(D6 位)是中止选择位。若 SB 位置 1,则发送端连续发送空号(逻辑"0"),当发空号的时间超过一个完整的数据字传送时间时,接收端就认为发送设备已中止发送。此时,接收设备发送中断请求，由 CPU 进行中止处理。

例如，设置发送数据字长为 8 位，2 个停止位，偶校验，则其程序段为：

```
MOV   DX,   3FBH        ；LCR 口地址
MOV   AL,   00011111B   ；LCR 的内容，数据格式参数
OUT         DX，AL
```

(2) 通信线路状态寄存器(LSR)用来向 CPU 提供数据接收和发送时的状态。这些状态可以被 CPU 用查询方式获得，也可让它们以中断请求的方式主动向 CPU 报告。对 LSR，不仅可读，而且可写(除 D_6 位之外)。写 LSR 是为了人为地设置某些错误状态，供系统自检时使用。LSR 的各位含义如图 7-21 所示。

	D_7	D_6	D_5	D_4	D_3	D_2	D_1	D_0
线路状态 寄存器(LSR)	ET	TSRE	THRE	BI	FE	PE	OE	DR
各状态位均为： 1—出现 2—不出现	超时错	发送移位器空	发送保持器空	中止检出	接收格式错	接收奇偶错	接收重叠错	接收缓冲器空

图 7-21　INS8520 线路状态寄存器的定义

重叠错是指CPU还未取走接收缓冲器中的输入字符，而 INS8250 又接到新输入的数据，造成数据丢失错误。格式错误是指 INS8250 接收的串行位流中停止位有错，称为数据格式错。中止检出表示 INS8250 接收到"中止字符"。所谓中止字符，就是超过一个数据字符长度的连续的"0"。

$D_1 \sim D_4$ 这 4 位均是错误标志状态，只要其中有一位置 1，在中断允许的情况下，INS8250 就发出接收数据线路状态中断。当 CPU 读取它们的状态时，自动清零，复位。

接收缓冲器空(DR)和发送保持寄存器空(THRE)这两位是串行接口最基本的标志位，它们决定了 CPU 能不能向 INS8250 进行数据读/写操作。只有当 DR = 1 时，CPU 才能读数；只有当 THRE = 1 时，才能写数，否则会造成数据错误。

下面是利用线路状态寄存器的内容进行收发处理的程序段。

```
STRAT：  MOV   DX, 3FDH       ；LSR 口地址
         IN    AL, DX         ；读取 LSR 的内容
         TEST  AL, 00011110B  ；检查有无数据接收错误(D₁～D₄位)
         JNZ   ERR            ；有错，转出错处理
         TEST  AL, 01H        ；无错，再检查接收数据是否准备好，即 DR=1?
         JNZ   RECEIVE        ；已准备好，则转接收程序
         TEST  AL, 20H        ；未准备好，再查发送保持寄存器是否为空，即 THRE=1?
         JNZ   TRAS           ；已空，则转发送程序
         JMP   START          ；不空，则等待
           ⋮
    ERR：  ⋮
```

TRAS：⋮

RECEIVE：⋮

2）Modem 控制寄存器(MCR)及 Modem 状态寄存器(MSR)

这两个寄存器用于发送和接收时 INS8250 与通信设备之间的联络与控制。Modem 控制寄存器用来设置对 Modem 的联络控制信号和芯片自检信号，而 Modem 状态寄存器用来检测和记录来自 Modem 的联络控制信号及其状态的改变。两个寄存器的各位定义如图 7-19 所示。

这两个寄存器的 RTS、DTR、CTS、DSR、RI、RLSD 以及 OUT_1、OUT_2 各位的定义前已述及，这里不再说明。现对 MCR 的 LOOP(D_4 位)的功能及使用方法加以说明。LOOP 是为 INS8250 芯片本身自检诊断而设置的。当 LOOP 置"1"时，INS8250 处于诊断方式。这时，在 INS8250 芯片内部，逻辑断开，把发送器的移位输出端和接收器的移位输入端相接，形成"环路"，进行自发自收的操作。在正常通信时，LOOP 位置"0"。

例如，若要使 MCR 的 DTR、RTS 有效，OUT_1、OUT_2 以及 LOOP 无效，则可用下列程序段：

```
MOV  DX，3FCH            ；MCR 口地址
MOV  AL，00010011B       ；MCR 的控制字
OUT  DX，AL              ；写 MCR
```

若要自发自收进行诊断，则程序段为：

```
MOV  DX，3FCH            ；MCR 口地址
MOV  AL，00010011B       ；LOOP 位置 1
OUT  DX，AL              ；写 MCR
```

MSR 的低 4 位表示来自 Modem 的联络控制信号状态的改变。在 CPU 读 MSR 时，把这些位清 0。如果其中 $\overline{CTS}$、$\overline{DSR}$、$\overline{RLSD}$、$\overline{RI}$ 这 4 位当中某一位置"1"，则说明在上次 CPU 读取 Modem 状态寄存器(MSR)之后，状态寄存器的相应 RTS、DSR、RLSD、RI 发生了改变，也就是来自 Modem 的联络控制信号的逻辑状态发生了变化，信号由无效变为有效，或相反。在中断允许时(IER 中 $D_3 = 1$)，MSR 的 $D_0 \sim D_3$ 中的任意位置"1"均产生 Modem 状态中断。MSD 的高 4 位，均为来自 Modem 的控制信号，供 CPU 进行处理。

3）中断识别寄存器(IIR)和中断允许寄存器(IER)

INS8250 具有很强的中断管理能力，内部设有 4 个中断优先级。它们的优先级顺序排列是：接收数据出错中断、接收缓冲满中断、发送保持寄存器空中断以及来自 Modem 的控制信号状态改变中断。为了具体识别究竟是哪种事件引起的中断(即中断源)，INS8250 内部设置了中断识别寄存器(IIR)，它保存着正在请求中断的优先级最高的中断类型编码，直到该中断识别寄存器被 CPU 响应并服务之后，才接收其他的中断请求。IIR 是只读寄存器，它的内容随中断源而改变，最高 5 位总是零，具体格式如图 7-19 所示。

IP(D_0 位)：未决中断指示。IP = 0，表示有尚待处理的中断；IP = 1，表示无中断产生。

ID_2、ID_1(D_2、D_1 位)：中断类型标识。表示申请中断的中断源的中断类型编码。

中断源提出的中断请求被允许还是被禁止，由中断允许寄存器(IER)控制，只要相应位为"0"，就禁止中断请求；为"1"就允许中断请求。其格式如图 7-19 所示。

在编写中断处理程序时应注意,若同一时间内允许有一个以上中断请求,则在处理完高一级的中断之后,中断返回之前一定要检查中断识别寄存器的 D_0 位 IP 是否为 0,即是否有尚未被处理的中断源,否则,会造成某些中断不响应。异步通信适配器中断允许控制除了 INS8250 的 IER 之外,还使用 INS8250 的 OUT_2 引脚(见图 7-19)控制 INTRPT 送往 CPU,因此,OUT_2 作为异步适配器中断允许的总控制信号。

4) 除数锁存器(DLL/DLH)

INS8250 芯片串行数据传输的速率是由除数寄存器控制的。外接的 1.8432 MHz 基准时钟,通过除数寄存器给定的分频值,在 INS8250 内部产生不同的波特率,由 BOUD OUT 引脚输出到 RCLK,控制收发传输速率。除数(即分频值)的计算公式是:

$$除数 = \frac{输入时钟频率}{16 \times 波特率}$$

表 7-7 列出了 INS8250 在输入时钟频率为 1.8432 MHz 时,除数与波特率的对应关系。INS8250 内部设置两个除数寄存器(DLL/DLH),在初始化时将 16 位除数分高、低两个字节分别写入 DLH 和 DLL。

表 7-7　波特率与除数对照表

波特率	除数锁存器的值		波特率	除数锁存器的值	
	MSB	LSB		MSB	LSB
50	09H	00H	1800	00H	40H
75	06H	00H	2000	00H	3AH
110	04H	17H	2400	00H	30H
150	03H	00H	3600	00H	20H
300	01H	80H	4800	00H	18H
600	00H	C0H	7200	00H	10H
1200	00H	60H	9600	00H	0CH

例如,若选取波特率为 2400,则相应的除数值为 0030H,除数寄存器的装入程序段如下:

```
MOV  DX, 3FBH        ; 留 LCG 口地址
MOV  AL, 80H         ; 使口地址指向除数寄存器
OUT  DX, AL
MOV  DX, 3F8H        ; DLL 的口地址
MOV  AL, 30H         ; 除数的低字节
OUT  DX, AL          ; 写 DLL
MOV  DX, 3F9H        ; DLH 的口地址
MOV  AL, 00H         ; 除数的高字节
OUT  DX, AL          ; 写 DLH
```

5) 发送保持寄存器(THR)和接收缓冲寄存器(RBR)

发送时,CPU 将待发送的字符写入 INS8250 的发送保持寄存器(THR),然后由 INS8250

将其装入发送移位寄存器。在发送时钟的作用下，从 SOUT 引脚以串行移位的方式输出。一旦 THR 的内容送到发送移位寄存器后，THR 就变空，从而使 LSR 的 THRE 位置"1"，产生中断请求，要求 CPU 发送下一个字符。CPU 向 THR 写入一个字符后，THRE 置"0"。如此重复，直到全部数据发送完毕。

接收时，串行数据在接收时钟作用下，从 SIN 引脚以串行移位的方式输出到接收移位寄存器(RSR)。一旦接收字符完整，RSR 就将其并行输入到接收缓冲寄存器(RBR)，使 LSR 的 DR 位置"1"，产生中断请求，要求 CPU 读取一个字符，之后 DR 置"0"。如此重复，直到全部数据接收完毕。

4. 查询方式异步串行通信编程

INS8250 提供中断请求和状态字，使 CPU 可以采用中断方式或查询方式与 INS8250 进行数据交换。查询方式下异步通信编程一般有三个部分：初始化串行通信口、发送一个字符以及接收一个字符。

下面，以串行口 COM1(端口基址 3F8H，输入基准时钟为 1.8432 MHz)为例，分别说明这三个部分的编程方法。

1) 初始化串行通信口

初始化串行通信口编程的内容是：确定数据传输帧格式(包括数据位长度，停止位长度及有无奇偶校验和校验的类型)，确定传输波特率以及确定 INS8250 的操作方式。操作方式指是自发自收的循环反馈方式(用于诊断)，还是通常的两点之间的通信方式，是程序查询方式传送还是中断方式传送等。

下面的程序片段就是对 INS8250 进行串行口初始化的，其中设定波特率为 1200，禁止所有中断。读者可以自己分析所设定的通信数据格式。

```
        ⋮
MOV     DX，3FBH         ; 线路控制寄存器端口
MOV     AL，80H          ; 置 DALB=1，允许访问除数寄存器
OUT     DX，AL           ; 写 LCR
MOV     DX，3F9H         ; 除数高字节端口
MOV     AL，0            ; 除数高字节
OUT     DX，AL           ; 写 DLH(波特率为 1200 时，16 位除数为 0060H)
MOV     DX，3F8H         ; 除数低字节端口
MOV     AL，60H          ; 除数低字节
OUT     DX，AL           ; 写 DLL
MOV     DX，3FBH         ; 线路控制寄存器端口
MOV     AL，1BH          ; 线路控制字
OUT     DX，AL           ; 写入数据格式
MOV     AL，0            ; 屏蔽 4 种中断源类型
MOV     DX，3F9H         ; 中断允许寄存器端口
OUT     DX，AL           ; 采用查询 I/O
        ⋮
```

2) 发送一个字符

在异步通信程序中，一般要考虑和通信设备的联络控制。应按照 RS-232C 标准的控制规划去设置和处理串行接口和 Modem 之间的联络控制信号。发送时要先使 RTS 和 DTR 有效。然后，检测 Modem 状态寄存器，只有收到 Modem 送来的 CTS 和 DSR 有效，CPU 才可向 INS8250 的发送保持寄存器写入数据字符，开始串行输出。查询方式串行通信数据发送程序流程如图 7-22 所示。

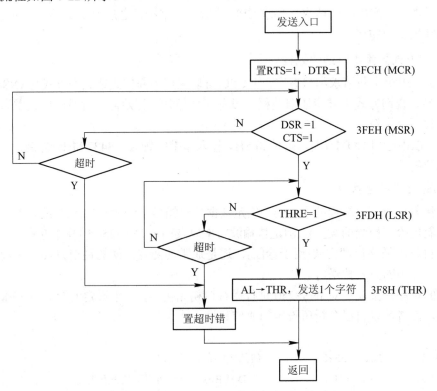

图 7-22　查询方式串行通信数据发送程序流程

下面是查询方式串行数据通信发送一个字符的子程序。

　　；入口：AL=发送字符

```
SERIAL-TRAN     PROC    NEAR
        PUSH    AX              ；保存入口数据(要发送的字符)
        MOV     DX，3FCH        ；Modem 控制寄存器
        MOV     AL，3           ；置 RTS=1，DTR=1
        OUT     DX，AL          ；写 MCR
        MOV     DX，3FEH        ；Modem 状态寄存器端口
        MOV     BH，30H         ；检测 CTS=1，DSR=1?
        CALL    TEST-SEATUS     ；调用状态检测子程序
        JNZ     TRAN-1          ；未测到状态位(ZF=0)，转超时错
        MOV     DX，3FDH        ；线路状态寄存器端口
        MOV     BH，20H         ；查到保持寄存器为空?(THRE=1?)
```

	CALL	TEST-STATUS	; 调用状态检测子程序
	JNZ	TRAN-1	; 未测到状态位(ZE=0)，转超时错
	MOV	DX, 3F8H	; 已查到，指向保持寄存器
	POP	CX	; 恢复发送字符
	MOV	AL, CL	
	OUT	DX, AL	; 发送字符，写入保持寄存器
	RET		; 未完成发送，返回
TRAN-1:	POP	CX	
	MOV	A, CL	; 恢复发送字符
	OR	AH, 80H	; 未测完状态位，置超时错($D_7=1$)
	RET		; 未完成发送，返回

SERIAL-TRAN ENDP

状态检测子程序完成对状态的检测。从 DX 指定的端口读取状态字，检查所关心的位(AL 中的 1 所对应的位)。若全有效(为 1)，则成功返回(标志位 ZF = 1)；否则等待 0.1 s 后再次检测，若仍不满足，则不成功返回(标志位 ZF = 0)。

参考子程序如下：

```
      ; 状态检测子程序 TEST-STATILS
      ; 入口：BH=要查询的状态位，DX=状态寄存器端口地址
      ; 出口：ZF=1 状态位已置位，ZF=0，超时
      ; AH=最后读到的状态
```

TEST-STATUS　PROC　NEAR

	MOV	BL, 0	; 置首次标志
CHECK1:	IN	AL, DX	; 取状态字节
	MOV	AH, AL	; 保存到 AH
	AND	AL, BH	; 屏蔽无关位
	CMP	AL, BH	; 判状态位
	JZ	RTU1	; 成功，转返回
	CMP	BL, 0	; 是首次?
	JZ	RTU1	; 不成功，转返回
	MOV	CX, 208010	; 置延时参数
	INC	BL	; 置非首次标志
L:	LOOP	L	; 延时 100 ms
	JMP	CHEK1	
RUT1:	RET		; 返回

TEST-STATUS ENDP

3) 接收一个字符

采用查询方式下的字符接收编程，只需设置数据终端就绪信号(DTR = 1)，一般不必考虑 Modem 的状态，CPU 只要检测到 INS8250 接收数据寄存器准备好(即线路状态寄存器 $D_0 = 1$)信号，即可从接收数据寄存器中读取一个字符。

以下是接收字符子程序，与 Modem 的联络信号 DTR 已在主程序中设置。

    ; 入口：无

    ; 出口：AL=接收的字符

```
SERIAL-RECEI  PROC  NEAR
        MOV    DX, 3FDH                ; 线路状态寄存器
        MOV    BH1                     ; 查接收器数据就绪(DR=1)?
        CALL   TEST-STATUS             ; 调用状态检测子程序
        JNZ    RECEI-2                 ; 未查到，返回 ZF=0，转超时错
        AND    AH, 0001110B            ; 保留错误标志
        MOV    DX, 3F8H                ; 数据寄存器端口
        IN     AL, DX                  ; 读取字符
RET1:   RET                            ; 成功返回
RET2:   OR     AH，80H                  ; 置超时错
        RET                            ; 不成功返回
SERIAL-RECEI  ENDP
```

5. 中断方式异步串行通信编程

INS8250 有较好的中断管理功能，提供中断请求和中断识别码。在 CPU 和 INS8250 之间实现中断方式数据交换也很方便。

下面，考虑甲、乙两台 PC 机进行异步串行数据通信，由甲机向乙机传送 3840 个字符。两台微机的发送和接收缓冲区的首址分别定为 8000H 及 4000H。CPU 和 INS8250 之间采用中断方式交换数据。INS8250 的中断请求线连接到 INS8259 的 IRQ$_4$ 端，中断类型号 0CH。

通信数据格式为：字长 8 位，停止位 1 位，奇校验，数据传输率为 9600 b/s。

1) 接口硬件

接口硬件分为两部分，一部分是以 INS8250 为核心建立 CPU 与 RS-232C 之间的适配器接口电路；另一部分是两台 PC 机的 RS-232C 之间的连接。

2) PC/XT 异步通信适配器

适配器原理框图见图 7-18。除 INS8250 芯片外，适配器还设有时钟电路，为 INS8250 提供 1.8432 MHz 的基准时钟；在 INS8250 与 RS-232C 之间采用 SN75150 和 SN75154 实现 TTL 与 RS-232C 之间的电平转换；将 INS8250 的 RCLK 与 BOUDOUT 引脚直接连接，使发送和接收时钟相同；用 OUT$_2$ 信号来控制 INS8250 的中断请求引脚 INTRPT 的输出；经 OUT$_2$ 控制后的中断请求接到 8259A 的 IR$_4$ 输入端口，表明所使用的是第一个串口 COM1。

3) 软件编程

根据 INS8250 的功能特点，并结合一般中断处理的编程原则与方法可知，中断方式异步通信程序一般应包括异步通信主程序和异步通信中断服务程序。

主程序应完成 INS8250 的初始化和设置中断环境。INS8250 的初始化包括设置 INS8250 的工作方式、数据传输格式、通信波特率，设置中断允许寄存器及置位与 Modem 的联络信号等。设置中断环境包括修改中断向量表，使新的中断向量指向自行编制的通信中断服务程序，开放异步通信中断，即对中断控制器 8259A 的屏蔽寄存器编程(OCW1)，允许中断

IRQ$_4$ 或 IRQ$_3$。

中断信号服务程序是中断方式的异步通信程序的核心，一般分成如下三段。

① 判断中断源类型。通过读取中断标识寄存器的标识码，转到相应的处理程序。

② 中断处理。对不同的中断类型进行不同的处理：如果是接收数据寄存器就绪中断($D_2D_1D_0 = 100$)，则从 INS8250 数据寄存器读取数据；如果是发送保持寄存器空中断($D_2D_1D_0 = 010$)，则从内存读取字符写到 INS8250 保持寄存器；如果是接收数据出错引起的中断($D_2D_1D_0 = 110$)，则从 INS8250 线路状态寄存器读取状态进行分析，根据错误或间断，做出相应的处理；如果是 Modem 状态变化引起的中断($D_2D_1D_0 = 000$)，则从 INS8250 的 Modem 状态寄存器读取状态进行分析，根据状态变化，做出相应的处理。

③ 判断是否有未处理的中断。每种中断源处理后，要继续判别中断标识寄存器的最低位 IP 是否为 0。若为 0，则在输入标识位指示的相应处进行中断处理；若为 1，则结束中断处理(通常传送中断结束命令 EOI 到中断控制器)，并以 IRET 返回被中断的程序。

下面列出乙机的接收部分程序，并加了较详细的注释，以说明异步串行通信接口 INS8250 在中断方式下的编程使用，据此不难写出终端方式串行通信的发送程序以及支持全双工的异步串行通信程序。

程序分主模块和中断程序两部分，程序中使用了 4 个字型变量(16)，分别用于存放地址指针和字符个数、保存原中断向量，其中，RV-BYTE 为待接收数据的个数；RV-POINT 为接收缓冲区的地址指针；INT-SEG 为原中断向量段基址；INT-OFF 为原中断向量偏移地址。

源程序如下所示：

```
        STACK   SEGMENT   STACK
            DW    256   DUP(0)
        STACK   ENDS
            ORG 5000H
        DATA   SEGMENT    DATA
                INT-SEG     DW ?
                INT-OFF     DW ?
                RV-POINT    DW   4000H
                RV-BYTE     EQU   3840
        DATA     ENDS
        CODE    SEGMENT    CODE
        ASSUME   CS：CODE，DS：DATA，SS：STACK
        START：MOV   AX，DATA            ；建立数据段寻址
                MOV   DS，AX
                MOV   AL，0CH            ；指定中断号 0CH，即 COM1
                MOV   AH，35H
                INT    21H               ；获取中断 0CH 向量
                MOV   INT-OFF，BX         ；将返还的向量 ES：BX
                MOV   BX，ES             ；保存在双字变量中
                CLI                       ；修改中断向量前关中断
```

```
        MOV    A，0CH                    ; 指定中断号
        MOV    AH，25H
        MOV    DX，SEGINTSEV             ; DS：DX 指向新中断向量
        MOV    DS，DX                    ; DS 指向新段址
        MOV    D，OFFSET INTSEV          ; DX 指向偏移量
        INT    21H                      ; 修改中断 0CH 向量
        MOV    AX，DATA
        MOV    DS，AX                    ; 恢复数据段寻址
; 8250 重新初始化
        MOV    DX，3FBH                  ; LCR 口地址
        MOV    AL，80H                   ; DLAB 位置 1，允许访问 DLL，DLH
        OUT    DX，AL
        MOV    DX，3F8H                  ; DLL 口地址
        MOV    AL，0CH                   ; 送除数低字节
        OUT    DX，AL
        MOV    DX，3F9H                  ; DLH 口地址
        MOV    AL，00H                   ; 送除数高字节
        OUT    DX，AL
        MOV    DX，3FBH                  ; LCR 口地址
        MOV    AL，0BH                   ; 通信数据格式
        OUT    DX，AL
        MOV    DX，3FCH                  ; MCR 口地址
        MOV    AL，08H                   ; OUT 位置 "1"，打开 COM1 中断
        OUT    DX，AL
        MOV    DX，3F9H                  ; IER 口地址
        MOV    AL，03H                   ; 允许收、发中断
        OUT    DX，AL
        IN     AL，21H                   ; 开放 IRQ4 中断请求
        AND    AL，0EFH
        OUT    21H，AL                   ; 8259A(OCW1)开放
CNTU：  STL                             ; 开中断
        HLT                             ; 等待中断
        CLI                             ; 关中断
        MOV    CX，[RV-BYTE]             ; 取接收字节数
        OR     CX，CX                    ; 接收完毕?
        JNZ    CNTU                     ; 未完，转继续
; 恢复中断向量                          ; 已完，结束处理
        MOV    AL，0CH                   ; 指定中断号
        MOV    AH，25H                   ; 恢复中断 0CH 原向量
```

```
          MOV    DX，INT-OFF              ；DS:DX 指向原向量
          MOV    BX，INT-SEG              ；DX 指向向量偏移量
          MOV    DS，BX                   ；DS 指向向量段址
          INT    21H
          IN     AL，21H                  ；8259A 屏蔽 IR₄
          OR     AL，10H                  ；中断请求
          OUT    21H，AL
          STI
          MOV    AX，4C00H                ；终止退出
          INT    21H                      ；返回 DOS
INSTV: PROC    FAR                       ；若允许多个中断，则服务程序需要查找中断源
          PUSH   AX                       ；保护现场
          PUSH   BX
          PUSH   DX
          STL                             ；开中断
          MOV    DX，3F8H                 ；RBR 口地址
          IN     AL，DX                   ；从 RBR 读入一个字节
          MOV    BX，[RV-POINT]           ；取接收区指针
          MOV    [BX]，AL                 ；读入的字节送接收区
          INC    BX                       ；修改接收区的地址指针
          MOV    [RV-POINT]，BX           ；保存接收区指针
          MOV    BX，[RV-BYTE]            ；取待接收字节数
          DEC    BX                       ；待收字节数减 1
          MOV    [RV-BYTE]，BX            ；保存待收字节数
          MOV    AL，20H                  ；向 8259A 送 EOI(不指定返回)
          OUT    20H，AL                  ；中断结束(写 OCW2)
          POP    DX                       ；恢复现场
          POP    BX
          POP    AX
          IRET                            ；中断，返回
INTSEV    ENDP
CODE      ENDS
          END START
```

7.3　可编程定时器接口

7.3.1　定时/计数的基本概念

在微机系统中常常需要为 CPU 和外部设备提供时间基准以实现定时或延时控制。如定

时中断、定时检测、定时扫描等，或对外部事件进行计数并将计数结果提供给 CPU。

实现定时或延时的控制有三种方法：软件定时、不可编程硬件定时和可编程硬件定时。软件定时让 CPU 执行一段不完成其他功能的程序段，由于执行每条指令都需要时间，因此执行一个程序段就需要一定的时间，可以通过改变指令执行的循环次数来控制定时时间。但是这种软件定时方式计时不够准确，尤其是 CPU 内部有多个并行处理时，同时，由于占用了 CPU，因此降低了 CPU 的利用率。不可编程硬件定时器采用中小规模器件(如 NE555)，外接定时元件——电阻和电容构成。这种方式实现的定时电路简单，通过改变电阻和电容可使定时在一定范围内变化。但是，这种定时电路在硬件连接好后，定时值就不易用软件来控制和改变，由此产生了可编程的硬件定时器电路。所谓可编程硬件定时器电路，就是其工作方式、定时值和定时范围可以由软件来确定和改变。

通常，一个可编程定时/计数器的主要用途有：

① 以均匀分布的时间间隔中断分时操作系统，以便切换程序。

② 向 I/O 设备输出精确的定时信号，该信号的周期由程序控制。

③ 用作可编程波特率或速率发生器。

④ 检测外部事件发生的频率或周期。

⑤ 统计外部事件处理过程中某一事件发生的次数。

⑥ 在定时或计数达到编程规定的值之后，产生输出信号，向 CPU 申请中断。

7.3.2　可编程定时/计数器芯片

8253 是 Intel 公司生产的可编程定时/计数器芯片。8253 的操作对所在系统没有特殊要求，其通用性强，适用于各种微处理器组成的系统中。它有三个独立的 16 位减 1 计数器，每个计数器有 6 种工作方式，能进行二进制或二—十进制计数 (BCD 码计数) 或定时操作，计数速率可达 2 MHz，所有的输入/输出都与 TTL 电平兼容。

1. 8253 的结构

8253 的结构框图如图 7-23 所示。它由数据总线缓冲器、读/写控制逻辑、控制字寄存器以及三个计数器(0、1、2)组成。

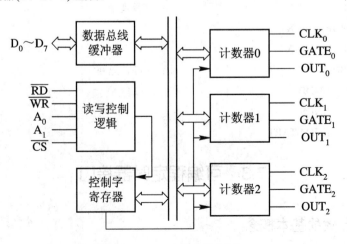

图 7-23　8253 的结构框图

1) 数据总线缓冲器

数据总线缓冲器是 8253 与 CPU 数据总线连接的 8 位双向三态缓冲器。CPU 用输入/输出指令对 8253 进行读/写操作的所有信息都是通过这 8 条总线传送的。这些信息包括：CPU 在初始化编程时写入 8253 的控制字、CPU 向 8253 某一计数器写入的计数初值、CPU 从 8253 某一计数器读取的计数值。

2) 读/写控制逻辑

读/写控制逻辑是 8253 内部操作的控制部分。当片选信号有效，即 $\overline{CS}$ =0 时，读/写控制逻辑才能工作。该控制逻辑根据读/写命令及送来的地址信息，决定三个计数器和控制字寄存器中哪一个工作，并控制内部总线上数据传送的方向。

3) 控制字寄存器

在 8253 初始化编程时，由 CPU 向控制字寄存器写入控制字，以决定每个计数器的工作方式。此寄存器只能写入而不能读出。

4) 计数器 0、1、2

计数器 0、1、2 是三个 16 位减 1 计数器，它们互相独立，内部结构和功能相同。每个计数器有 3 根信号线，它们是时钟输入 CLK、门控输入 GATE 和输出 OUT。计数器从 CLK 端接收时钟脉冲或事件计数脉冲，在脉冲下降沿按照二进制或二—十进制从预置的初值开始进行减 1 计数。当计数值减到零时，从 OUT 端送出一个信号。计数器在开始计数和计数过程中，受到门控信号 GATE 的控制。

在开始计数之前，必须由 CPU 用输出指令预置计数器的初值。在计数过程中，CPU 可以随时用指令读取计数器的当前值。

2. 8253 的引脚功能

8253 的引脚如图 7-24 所示。8253 与 CPU 的连接图如图 7-25 所示。

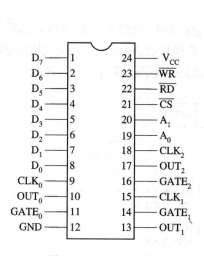

图 7-24 8253 引脚图

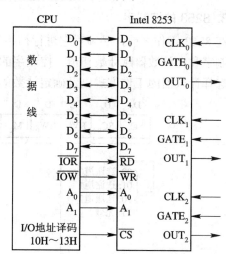

图 7-25 8253 与 CPU 接口电路

计数器 0、1、2 和控制字寄存器的低 2 位地址由 A_1、A_0 确定，A_1、A_0 的值依次为 00～11。8253 的四个端口的操作情况如表 7-8 所示。

表 7-8　8253 的操作

$\overline{CS}$	$\overline{RD}$	$\overline{WR}$	A_1	A_0	操　作
0	1	0	0	0	写计数器 0
0	1	0	0	1	写计数器 1
0	1	0	1	0	写计数器 2
0	1	0	1	1	写控制寄存器
0	0	1	0	0	读计数器 0
0	0	1	0	1	读计数器 1
0	0	1	1	0	读计数器 2
0	0	1	1	1	无操作
1	×	×	×	×	非选中
0	1	1	×	×	无操作

前面已经讲过，8253 的计数器 0、1、2 各有三个引脚(不同计数器的相同定义的引脚，其功能也是相同的)。

CLK：计数脉冲输入端。计数器对该引脚的输入脉冲进行计数。如果 CLK 信号是周期精确的时钟脉冲，则具有定时作用。8253 规定 CLK 端的输入脉冲周期不能小于 380 ns。

GATE：门控输入端。这是控制计数器工作的一个外部信号。当 GATE 为低电平时，禁止计数器工作；当 GATE 为高电平时，允许计数器工作。GATE 信号从计数开始到计数终止都起作用。

OUT：输出信号端。当计数器计数到零时，在 OUT 引脚上输出一个信号，该信号的波形取决于工作方式。

3. 8253 的控制字

在 8253 工作之前，必须对它进行初始化编程，也就是向 8253 的控制字寄存器写入一个控制字和向计数器赋计数初值。控制字的功能是：选择计数器，确定对计数器的读/写格式，选择计数器的工作方式以及确定计数的数制。8253 控制字的格式如图 7-26 所示。

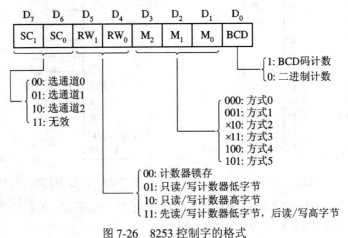

图 7-26　8253 控制字的格式

SC$_1$、SC$_0$：计数器选择位。这两位表示这个控制字是对哪一个计数器设置的。00——计数器 0；01——计数器 1；10——计数器 2；11——非法选择。

RW$_1$、RW$_0$：数据读/写格式选择位。CPU 对计数器写入初值和读取它们的当前值时，有几种不同的格式，由这两位来决定。00——将计数器当前值锁存于输出锁存器中，以便读出；01——只读/写计数器的低 8 位，写入时高 8 位自动设置为 0；10——只读/写计数器的高 8 位，写入时低 8 位自动设置为 0；11——对 16 位计数器进行两次读/写操作，低字节在前，高字节在后，两次操作的地址相同。

M$_2$、M$_1$、M$_0$：计数器工作方式选择位。8253 的每个计数通道有 6 种不同的工作，工作方式由这 3 位决定。000——方式 0；001——方式 1；×10——方式 2；×11——方式 3，100——方式 4；101——方式 5。

BCD：数制选择。8253 的每个计数器有两种数制，二进制和二—十进制，由这一位决定选择哪一种。BCD = 0 表示采用二进制计数，写入的初值范围为 0000H～FFFFH，其中 0000H 是最大值，代表 65 536；DCB = 1 表示采用二—十进制计数，写入的初值范围为 0000～9999，其中 0000 是最大值，代表 10000。

4. 8253 的工作方式

1) 方式 0 —— 计数结束时产生中断

当写入方式 0 控制字 CW 后，计数器输出端 OUT 立即变成低电平。当写入计数初值 N 后，若 GATE 为高电平，则计数器开始计数。在计数过程中，OUT 端一直维持为低，直到计数值为 0(结束)时，OUT 端变为高，向 CPU 发出中断请求。

8253 用作计数器时，一般都工作在方式 0。方式 0 的特点是：

(1) 计数器只计一遍数。当计数到 0 时，并不恢复计数初值，不开始重新计数，输出端 OUT 由低变高且一直保持为高。只有当写入一个新的计数初值后，OUT 才变低，开始新的计数。

(2) 在计数过程中可改变计数值。如果计数器为 8 位(RW$_1$RW$_0$ = 01)，在写入新的 8 位计数值后，计数器将按新的计数值重新开始计数。如果计数器为 16 位(RW$_1$RW$_0$ = 11)，则在写入第一个字节后，计数器停止计数，在写入第二个字节后，计数器按照新的数值开始计数。

(3) 在计数过程中，可由门控信号 GATE 控制暂停。当 GATE=0 时，计数器暂停计数；当 GATE 变为 1 后，再接着计数。

(4) 方式 0 的 OUT 信号在计数到 0 时由低变高，可作为中断请求信号。但由于在 8253 内部没有中断控制电路，因此在多中断源系统中需外接中断优先级排队电路和中断向量产生电路。

2) 方式 1 ——可程控的单脉冲

在设定工作方式 1 和写入计数初值后，OUT 输出高电平，此时并不开始计数。当门控信号 GATE 变为高电平时，启动计数，OUT 输出变低。在整个计数过程中，OUT 都维持为低，直到计数到 0 时，输出变为高。因此，输出为一单脉冲，其低电平维持时间由装入的计数初值来决定。

方式 1 的特点是：

(1) 当计数到 0 后，计数器可再次由外部启动，按原计数初值重新开始计数，输出单脉冲，而不需要再次送一个计数初值。

(2) 在计数过程中，外部可发出门控脉冲进行再触发。这时不管原来计数到何值，计数器将重新开始计数，输出端仍保持低电平。

(3) 在计数过程中改变计数初值不影响本次计数过程。若门控信号再次被触发，则计数器才按新的计数值计数。

比较方式 0 和方式 1，有以下几点不同：

(1) 方式 0 设置计数初值后立即计数；方式 1 设置计数初值后不立即计数，直到有外部触发信号后才开始计数。

(2) 方式 0 在计数过程中能用门控信号暂停计数；方式 1 在计数过程中若有门控脉冲时不停止计数，而是使计数过程重新开始。

(3) 方式 0 在计数过程中，改变计数初值时，原计数停止，立即按新的计数初值开始计数；方式 1 在计数过程中当改变计数初值时，现行计数不受影响，新计数初值在下次启动计数后才起作用。

(4) 方式 0 在一次计数结束后，必须重新设置计数初值才能再次计数，即计数初值只能使用一次；方式 1 的计数初值在一次计数过程完成后继续有效。

3) 方式 2——分频器

在方式 2 下，CPU 输出控制字后，计数器输出端为高电平。当写入计数初值后，计数器立即对 CLK 端的输入脉冲计数。在计数过程中输出端始终保持为高，直到计数器减为 1 时，输出变低。经过一个 CLK 周期，输出恢复为高，同时按照原计数初值重新开始计数。如果计数值为 N，则在 CLK 端每输入 N 个脉冲后，就输出一个脉冲。因此，这种方式可以作为分频器或用于产生实时时钟中断。

方式 2 的特点是：

(1) 不用重新设置计数初值，计数器能够连续工作，输出固定频率的脉冲。

(2) 计数过程可由门控信号 GATE 控制。当 GATE 为 0 时，暂停计数。当 GATE 变为 1 后，下一个 CLK 脉冲使计数器恢复初值，重新开始计数。

(3) 在计数过程中可以改变计数初值，这对正在进行的计数过程没有影响，但当计数到 1 时输出变低，过一个 CLK 周期输出又变高，计数器将按新的计数值计数。所以对方式 2 改变计数初值时，在下一次计数有效。

4) 方式 3——方波发生器

方式 3 时，当 CPU 设置控制字后，输出为高电平。在写入计数初值后就开始计数，输出保持为高。当计数到一半计数初值时，输出变为低，直至计数到 0，输出又变为高，重新开始计数。

方式 3 与方式 2 的输出都是周期性的，它们的主要区别是：方式 3 在计数过程中输出有一半时间为高电平，另一半时间为低电平。所以，若计数值为 N，则方式 3 的输出为周期 = (N × CLK 周期)的方波。

方式 3 的特点是：

(1) 当计数初值 N 为偶数时，输出端的高低电平持续时间相等，各为 N/2 个 CLK 脉冲周期，当计数初值 N 为奇数时，输出端的高电平持续时间比低电平持续时间多一个脉冲周期，即高电平持续(N+1)/2 个脉冲周期。低电平持续(N-1)/2 个脉冲周期。例如 N = 5，则输出高电平持续 3 个脉冲周期，低电平持续 2 个脉冲周期。

(2) GATE = 1，允许计数；GATE = 0，停止计数。如果在 OUT 为低电平期间，GATE = 0，OUT 将立即变高。当 GATE 变高以后，在下一个 CLK 脉冲来到时，计数器将重新装入初始值，开始计数。这种情况下通过门控信号使计数器实现同步，称为硬件同步。

(3) 如果 GATE 信号一直为高电平，则在写入控制字和计数值后，将在下一个 CLK 脉冲来到时装入计数初值并开始计数，这种情况称为软件同步。

(4) 在计数期间写入一个新的计数初值，如果在输出信号半周结束之前没有收到 GATE 脉冲，则要到现行输出半周结束后才按新的计数初值开始计数。如果在写入新计数初值之后，在现行输出半周结束之前收到 GATE 脉冲，则计数器将在下一个 CLK 脉冲来到时立即装入新的计数初值并开始计数。

5) 方式 4——软件触发的选通信号发生器

在方式 4 下，当写入控制字后，输出端 OUT 变为高电平，以此作为初始电平。当写入计数初值后开始计数，这称为软件触发。当计数到 0 后，输出变低，经过一个 CLK 周期，输出又变高，计数器停止计数。这种方式计数也是一次性的，只有在输入新的计数值后，才开始新的计数过程。若设置的计数初值为 N，则是在写入了计数初值后经过(N+1)个 CLK 脉冲，才输出一个负脉冲。一般将此负脉冲作为选通信号。

方式 4 的特点是：

(1) 当 GATE = 1 时，允许计数；当 GATE = 0 时，禁止计数。所以，要做到软件触发，GATE 应保持为 1。

(2) 在计数过程中，若改变计数初值，则按新的计数初值开始计数。这称为软件再触发。

6) 方式 5 —— 硬件触发的选通信号发生器

在方式 5 下，当写入控制字后，输出端出现高电平，此高电平作为初始电平。在写入计数初值后，计数器并不立即开始计数，而是要由门控脉冲的上升沿来启动计数，这称为硬件触发。当计数到 0 时，输出变低，又经过一个 CLK 脉冲，输出恢复为高。这样在输出端得到一个负脉冲选通信号。计数器停止计数后要等到下次门控脉冲的触发，才能再进行计数。

方式 5 的特点是：

(1) 若设置计数初值为 N，则在门控脉冲触发后，经过(N+1)/2 个 CLK 脉冲，才输出一个负脉冲。

(2) 在计数过程中，若 GATE 端又出现一个脉冲进行触发，则使计数器重新开始计数，但对输出状态没有影响。

(3) 若在计数过程中改变计数值，只要没有门控信号的触发，则不影响本次计数过程。当计数到 0 后，若有新的门控信号的触发，则按新的计数初值计数。

方式 5 和方式 4 都是产生选通脉冲，这两种方式的区别在于：方式 4 每次要靠软件设置计数初值后才能计数(软件触发)，方式 5 的计数初值只需设置一次，但是每次计数要靠门控信号的触发(硬件触发)才开始；方式 4 软件更改计数初值后立即起作用，方式 5 软件更改计数初值后要有新的门控信号的触发才能起作用。

5. 8253 的读/写操作

8253 的写操作包括写控制字和写计数初值两项内容。具体要求是：

(1) 各计数器的控制字都写到同一地址单元，而各计数初值写到各自的地址单元中。

(2) 对于每个计数器，必须先写控制字，后写计数初值。因为后者的格式是由前者决定的。

(3) 写入的计数初值必须符合控制字决定的格式。16 位数据应先写低 8 位，再写高 8 位。

当给多于一个计数器写入控制字和计数初值时，其顺序有一定的灵活性，只要遵循上述要求即可。

8253 的读操作所得到的是当前计数值，通常用于实时检测、实时显示和数据处理。进行读操作时需要注意以下几点：

(1) 读操作是通过访问对应于各计数器的地址单元来实现的。

(2) 每个计数器的读操作必须按照控制字确定的格式。如果是 16 位计数，读操作要进行两次，先读低 8 位，后读高 8 位。

(3) 当计数器为 16 位时，为了避免在两次读出过程中计数值的变化，要求先将计数值锁存。锁存计数值的常用方法是使用计数器锁存命令：控制字的 D_7D_6 两位为所要锁存的计数值，D_5D_4 两位为 00。8253 的每个计数器都有一个输出锁存器(16 位)，平时它的值跟随计数值而变化。当向计数器写入锁存命令后，现行计数值被锁存(计数器仍能继续计数)。这样 CPU 读取的就是锁存器中的值。当 CPU 读取了计数值或对计数器重新编程以后，锁存状态被解除，输出锁存器的值又随计数值变化。

6. 8254 定时/计数器

Intel 8254 与 8253 兼容，是 8253 的改进型，因此它的操作方式以及引脚与 8253 完全相同。它的改进主要反映在两个方面：一是 8254 的计数频率很高，可达 10 MHz；一是 8254 多了一条读回命令，这条命令可以令三个通道的计数值和状态锁存，如图 7-27 所示。相应地，8254 每个通道都有一个状态字可由读回命令将其锁存，然后由 CPU 读取。状态字反映这个通道的工作方式及输出引脚的高低等信息，如图 7-28 所示。

D_7	D_6	D_5	D_4	D_3	D_2	D_1	D_0
1	1	计数值锁存	状态锁存	计数器2	计数器1	计数器0	0

图 7-27　8254 读回命令字

D_7	D_6	D_5 D_4	D_3 D_2 D_1	D_0
输出	无效计数值	读写格式	工作方式	数制

图 7-28　8254 的计数器状态字

读回命令是写入控制口的。其 D_5 位为 0，表示锁存所选择的计数器的计数值；其 D_4 位为 0，表示锁存所选择的计数器的状态。$D_3D_2D_1$ 某位为 0，则选择对应的计数器。

读回命令对某个计数器进行状态锁定后，接着可从该计数器端口读取一个状态字。状态字的低 6 位就是写入该计数器的控制字。D_7 位是该计数器输出端 OUT 的状态，OUT 为高电平则 $D_7 = 1$。D_6 位反映了预置寄存器中的计数值是否写入了减 1 计数器，当向计数器通道写入控制字和计数值后，$D_6 = 1$；只有当预置寄存器中的计数值写入减 1 计数器时，$D_6 = 0$。所以在状态字 $D_6 = 1$ 时，读取计数值是无意义的。

允许在读回命令中同时使 D_5 和 D_4 位为 0，即计数值和状态字都要读回，但两者都要用同一个计数器端口，输入顺序是区别两者的方法。此时，第一次输入指令读入的一定是状态字；接着的一条或两条输入指令将读入计数值。

7. 8253 在 PC 机上的应用

IBM PC/XT 使用了一片 Intel 8253。三个计数通道分别用于时钟计时、DRAM 刷新定时和控制扬声器发声，图 7-29 为连接图。IBM PC/AT 使用与 8253 兼容的 Intel 8254，在 AT 机的连接及使用与 XT 机一样。

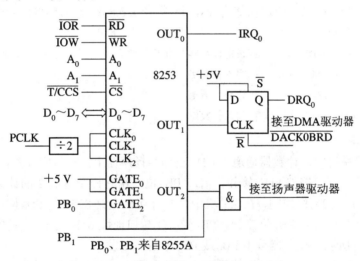

图 7-29　IBM PC/XT 与 8253 连接图

根据 XT 机 I/O 地址译码电路可知，当 $A_9A_8A_7A_6A_5 = 00010$ 时，定时/计数器片选信号 T/$\overline{CS}$ 有效，所以 8253 的 I/O 地址范围为 040～05FH。由片上 A_1A_0 连接方法可知，计数器 0、计数器 1 和计数器 2 的计数通道地址分别为 40H、41H 和 42H，而方式控制字的端口地址为 43H。其他端口地址为重叠地址，一般不使用。

三个计数器通道时钟输入 CLK 均从时钟发生器 PCLK 端经二分频得到，频率为 1.193 18 MHz，周期为 838 ns。

下面介绍 8253 三个通道在 XT 机的作用。

1）计数器 0

门控 $GATE_0$ 接+5 V 时为常启状态。OUT_0 输出接 8259A 的 IRQ_0，用作 XT 中日时钟的中断请求信号。设定时/计数器 0 为方式 3，计数值写入 0，产生最大的计数初值 65 536，则输出信号频率为 1.193 18 MHz ÷ 65 536 = 18.206 Hz，即每秒产生 18.2 次中断，或者说每隔 55 ms 申请一次日时钟中断。

MOV	AL，36H	；设定计数器 0 为工作方式 3，采用二进制计数，以先低后高
		；字节顺序写入低 8 位数值
OUT	43H，AL	；写入控制字
MOV	AL，0	；计数值
OUT	40H，AL	；写入低字节计数值
OUT	40H，AL	；写入高字节计数值

2) 计数器 1

门控 GATE$_1$ 接 +5 V 时为常启状态。OUT$_1$ 输出从低电平变为高电平使触发器置 1，Q 端输出一正电位信号，作为内存刷新的 DMA 请求信号 DRQ$_0$，DMA 传送结束(一次刷新)，由 DMA 响应信号 $\overline{\text{DACK0BRD}}$ 将触发器复位。

DRAM 每个单元要求在 2 ms 内必须被刷新一次。实际上芯片每次刷新操作完成 512 个单元的刷新，故经 128 次刷新操作就能将全部芯片的 64 KB 刷新一遍。由此可以算出每隔 2 ms ÷ 128 = 15.6 μs 进行一次刷新操作，将能保证每个单元在 2 ms 内实现一遍刷新。这样，将计数器置为方式 2，计数初值为 18，每隔 18 × 0.838 μs = 15.084 μs 产生一次 DMA 请求，满足刷新要求。

MOV	AL，54H	；设定计数器 1 为工作方式 2，采用二进制，只写入低 8 位数值
OUT	43H，AL	；写入控制字
MOV	AL，18	；计数值为 18
OUT	41H，AL	；写入计数值

3) 计数器 2

微型计算机系统中，计数器通道 2 的输出加到扬声器上，控制它发声，作为机器的报警信号或伴音信号。门控 GATE$_2$ 接并行借口 PB$_0$ 位，用它控制通道 2 的计数过程。PB$_0$ 受 I/O 端口地址 61H 的 D$_0$ 位控制，在 XT 机中是并行接口电路 8255 的 PB$_0$ 位。输出 OUT$_2$ 经过一个与门，这个与门受 PB$_1$ 位控制。PB$_1$ 受 I/O 端口地址 61H 的 D$_1$ 位控制，XT 机中是 8255 的 PB$_1$ 位。所以，扬声器可由 PB$_0$ 或 PB$_1$ 分别控制发声。

如果由 PB$_1$ 控制发声，此时计数器 2 不工作，因此 OUT$_2$ 为高电平，由 PB$_1$ 产生一个振荡信号控制扬声器发声。但是，由于它会受系统中断的影响，使用不甚方便。

如果由 PB$_0$ 控制发声，则由 PB$_0$ 通过 GATE$_2$ 控制计数器 2 的计数过程，输出 OUT$_2$ 信号控制扬声器的声音音调。

例如，ROM BIOS 中有一个声响子程序 BEEP，它将计数器 2 编程为方式 3，作为方波发生器输出约 1 kHz 的方波，经滤波驱动后推动扬声器发声。

BEEP	PROC	
MOV	AL，10110110	；设计数器 2 为方式 3，采用二进制计数
OUT	43H，AL	；按先低后高顺序写入 16 位计数值
MOV	AX，0533H	；初值为 0533H=1331，1.19318 MHz÷1331=896 Hz
OUT	42H，AL	；写入低 8 位
MOV	AL，AH	

	OUT	42H，AL	；写入高 8 位
	IN	AL，61H	；读 8255 的 B 口原输出值
	MOV	AH，AL	；存于 AH 寄存器
	OR	AL，03H	；使 PB$_1$ 和 PB$_0$ 位均为 1
	OUT	61H，AL	；输出使扬声器能发声
	SUB	CX，CX	
G7：	LOOP	G7	；延时
	DEC	B1	；B1 为发声长短的入口条件
	JNZ	G7	；B1=6 为长声，B1=1 为短声
	MOV	AL, AH	
	OUT	61H, AL	；恢复 8255 的 B 口值，停止发声
	RET		
BEEP	ENDP		；返回

本 章 小 结

接口技术是微型计算机应用中的重要技术。本章主要介绍各种接口芯片的功能及其与 CPU 的接口方法。借助于这些芯片可以扩展 CPU 的功能。8255A 是一种常用的可编程并行输入/输出接口，在微型计算机系统中得到了广泛的应用；串行通信是数据传送的常用方法，8250 常用于串行通信的接口电路中；微型计算机中定时器的主要作用是为 CPU 和外部设备提供时间基准。定时的方法有软件定时、不可编程硬件定时和可编程硬件定时等，8253 是一种常用的可编程硬件定时器。

思考与练习题

1. 简述并行输入/输出接口的基本工作原理。

2. 简述 8255A 的基本组成及各部分的功能。

3. 8255A 工作在方式 1 和方式 2 时，哪些引脚是联络线？这些联络信号有效时，代表什么物理意义？CPU 用查询方式和 8255A 交换信息时，应查询哪些信号？用中断方式和 8255A 交换信息时，利用哪些引脚提出中断请求？

4. 理解同步通信和异步通信的概念和基本特点。

5. 异步通信中一帧字符的格式是怎样的？

6. 设异步通信的一帧字符有 8 个数据位，无校验位，一个停止位。如果波特率为 9600，则每秒能传输多少个字符？

7. 什么是串行通信？串行通信有什么特点？

8. 半双工、全双工通信方式的特点是什么？

9. INS8250 内部有哪些寄存器？分别举例说明它们的作用和使用方法。

10. INS8250 的 LCR、LSR 为什么是可读可写的？有何实际用途？

11. 试述编写异步通信中断程序的步骤和方法。

12. 仿照中断方式异步通信接收程序，编制发送程序。

13. 简述 8253 的组成和功能。

14. 8253 有哪些工作方式？各有何特点？

15. 简述 8253 的定时/计数器的定时方式与计数方式的主要区别。

16. 设 8253 的端口地址为 2400H～2403H，通道 0 的输入 CLK 的频率为 1 MHz，试编写使通道 0 输出 1 MHz 方波的初始化程序。

第 8 章　D/A、A/D 转换接口

在微机检测和控制系统中，许多被测量对象往往是模拟量。它们经过预处理(放大、转换等)之后，在进入计算机之前必须经过 A/D 转换变成数字量。而在微机内部，对检测数据进行加工处理之后输出的是数字量，这就需要通过 D/A 转换接口将数字量转换为相应形式的模拟量。本章简要介绍 A/D、D/A 转换的基本原理和主要指标，介绍几种 A/D、D/A 转换器芯片的性能及使用，着重讨论 A/D、D/A 转换器与计算机的接口技术和编程使用。

本章要点：

- 🖥 A/D、D/A 转换接口概述
- 🖥 D/A 转换器
- 🖥 D/A 转换器接口及应用
- 🖥 A/D 转换器
- 🖥 A/D 转换器接口及应用

8.1　模拟接口概述

随着计算机技术的飞速发展，其应用领域已越来越广阔。计算机的应用已不仅仅局限于数值计算，在信息处理和自动控制等方面的应用也日趋深入。在自动化领域中，常常采用微型计算机进行实时控制及数据处理。在各种自动控制和测量系统中，被控制或被测量的对象往往是一些连续变化的物理量，如温度、压力、速度、高度、浓度、流量、电流、电压等。众所周知，计算机只能接收和处理数字量，因此，必须把这些模拟量转换为数字量，以便计算机接收处理。同样，计算机输出的也只能是数字信号，而大多数执行机构均不能直接接收信号，所以往往还需要将计算机加工处理后输出的数字信号转化为模拟信号，去控制和驱动执行机构。

将模拟量转换为数字量的过程称为模/数(A/D)转换，将数字量转换成模拟量的过程称做数/模(D/A)转换，完成相应转换功能的器件称为模/数转换器(A/D 转换器)和数/模转换器(D/A 转换器)。

A/D、D/A 转换是联系数字世界和模拟世界的桥梁。A/D、D/A 转换技术广泛应用于计算机控制系统、多媒体技术及数字测量仪器仪表中，已成为计算机接口技术的重要内容。

图 8-1 所示是一种典型的计算机控制系统组成框图。首先检测被控对象的各种物理量，如果为非电量，则需要用传感器将它转换成电量信号，由传感器输出的信号通常是模拟信号，因而需要使用 A/D 转换器把它转换成数字信号，输入到计算机中进行计算处理。输出

控制信号(数字量)经 D/A 转换器变成模拟信号后，传送到执行机构，实现对生产过程或被控制对象的控制。由此可见，A/D、D/A 转换器在实际应用系统中起着至关重要的作用，它是计算机与模拟信号接口的关键部件。

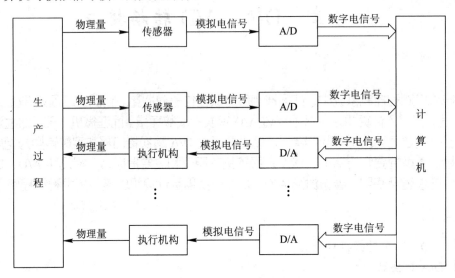

图 8-1　计算机控制系统示意图

　　事实上，在许多其他系统中，如通信、图像处理、多媒体等，A/D、D/A 转换器也有着同样的地位和作用。对计算机而言，外部物理世界的变量大多是模拟量，要对这些变量进行分析处理和控制，就存在着大量的模拟量输入/输出过程。A/D、D/A 转换器已成为计算机接口技术中最常用的部件之一。通常把计算机的 A/D、D/A 接口称为模拟转换接口。模拟转换接口已成为微机应用系统中广泛使用的一类接口。

　　随着集成电路技术的飞速发展，目前 A/D、D/A 转换器已广泛采用大规模集成电路，有单片集成、混合集成和模块型等几种结构形式。随着技术和工艺水平的提高，其性能也在不断地提高，且正在向标准化、系列化方向发展。目前，市场上转换器种类繁多，从精度上分有 8 位、12 位、16 位等；从速度上分，有低速、中速、高速、超高速等。有不少产品已具有并行或串行接口的能力，可与微机直接相连。近年来，不少厂家生产了 A/D、D/A 插件板，使用起来非常方便。在很多单片机的芯片中集成了 A/D、D/A 转换器。

8.2　D/A 转换接口

8.2.1　D/A 转换的基本知识

　　D/A 转换的基本原理是用电阻解码网络，将 N 位数字量逐位转换成模拟量并求和，从而实现将 N 位数字量转化为模拟量。图 8-2 所示为微机系统中的 D/A 转换环节。对于一个 8 位 D/A 转换器来说，假设输出为单极性模拟量电压，满量程值为 5 V，则在理论上其

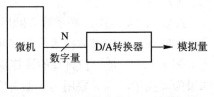

图 8-2　微机系统中的 D/A 转换环节

数字量与模拟量之间的对应关系如表 8-1 所示。

表 8-1　8 位 D/A 转换器数字量与模拟量之间的对应关系

数　字　量	模　拟　量
00000000	0.0000
00000001	0.0195
⋮	⋮
01111111	2.4805
10000000	2.5000
⋮	⋮
11111111	4.9805

写成计算公式为：

$$U_{OUT} = \frac{\text{满量程电压值}}{2^N} \times D$$

式中，N 是 D/A 转换器的位数，D 是数字量换算到十进制的数值，满量程电压值/2^N 是 1LSB 所对应的模拟量电压，即分辨率。

由于数字量不是连续的，因此其转换后的模拟量自然就不是连续的，同时由于计算机每次输出数据和 D/A 转换器进行转换需要一定的时间，因此实际上 D/A 转换器输出的模拟量随时间的变化曲线不是连续的，而是呈阶梯状的，如图 8-3 所示。图中时间坐标的最小分度 ΔT 是相邻的两次输出数据的时间间隔，模拟量坐标的最小分度是 1LSB。但如果 D/A 转换器的分辨率较高，ΔT 很短，那么这条曲线的台阶就很密，基本上就是连续的。

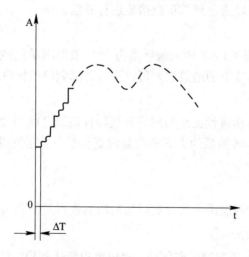

图 8-3　D/A 转换输出的模拟量曲线

8.2.2　D/A 转换器的主要性能指标

1. 分辨率

分辨率是当输入数字量发生单位数码变化(即 1LSB)时，所对应的输出模拟量的变化量，即等于模拟量输出的满量程值/2^N(N 为数字量位数)。分辨率也可以用相对值(1/2^N)百分率表示。在实际应用中，又常用数字量的位数来表示分辨率。

2. 转换精度

转换精度是指一个实际的 D/A 转换器与理想的 D/A 转换器相比较的转换误差。理想的 D/A 转换器特性如图 8-4 所示。

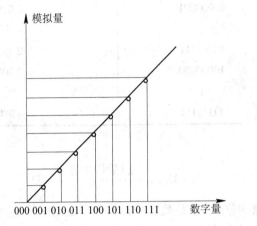

图 8-4　理想的 D/A 转换特性

精度反映 D/A 转换的总误差。其主要误差有失调误差、增益误差、非线性误差和微分非线性误差等。

1) 失调误差

失调误差是当输入数字量为全 0 码时，其模拟量实际输出值与理想输出值之间的偏差。一定温度下的失调误差可以通过外部调整措施进行补偿。

2) 增益误差

增益误差(或满量程误差)是当输入数字量为全 1 码(即满量程)时，实际输出电压值与理想值之间的偏差。一定温度下的增益误差可以通过外部调整措施进行补偿。

3) 非线性误差

非线性误差是实际转换特性曲线与理想转换特性曲线之间的最大偏差。一般要求此误差不大于 ±1/2LSB。D/A 转换器的失调和增益调整一般不能完全消除非线性误差，但可以使之显著减小。

4) 微分非线性误差

微分非线性误差是指任意两个相邻数码所对应的模拟量间隔与理想值之间的偏差。

3. 建立时间

当 D/A 转换器的输入数据发生变化后，输出模拟量达到稳定数值，即进入规定的精度范围内所需要的时间。

4. 温度系数

D/A 转换器的各项性能指标一般在环境温度为 25℃的情况下测定的。环境温度的变化会对 D/A 转换精度产生影响，这一影响分别用失调温度系数、增益温度系数和微分非线性温度系数来表示。这些系数的含义是环境温度变化 1℃时该项误差的相对变化率，单位是 $\times 10^{-6}/℃$。

8.2.3　典型 D/A 转换器芯片

D/A 转换器的类型很多。从输入电路来说，一般的 D/A 转换器都带有输入寄存器，与微机能直接连接；有的具有两级锁存器，能使工作方式更加灵活。从输入信号来说，输入数据一般为并行数据，也有串行数据，并行输入的数据有 8 位、10 位、12 位等。从输出信号来说，D/A 转换器的直接输出是电流量，若片内有输出放大器，则能输出电压量，并能实现单极性或双极性电压输出。D/A 转换器的转换速度较快，一般其电流建立时间为 1 μs。有些 D/A 转换器具有其他功能，如能输出多路模拟量、输出工业控制用的标准电流信号等。

典型的 D/A 转换器有 8 位通用型 DAC0832、12 位的 DAC1210 等。

1. DAC0832

DAC0832 是 8 位分辨率的 D/A 转换集成芯片。它具有与微机连接简单、转换控制方便、价格低廉等特点，在微机系统中得到了广泛的应用。

1) 结构和引脚

DAC0832 的结构框图如图 8-5 所示，它由 8 位输入寄存器、8 位 DAC 寄存器、8 位 D/A 转换器及转换控制电路构成，封装为 20 脚双列直插式。

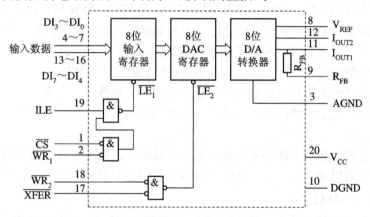

图 8-5　DAC0832 的结构框图

图 8-6 为 DAC0832 的引脚图。各引脚功能如下：

$DI_0 \sim DI_7$：8 位数据输入端。

ILE：输入寄存器允许信号，输入，高电平有效。

$\overline{CS}$：片选信号，输入，低电平有效。

$\overline{WR_1}$：输入寄存器写信号，输入，低电平有效。由 ILE、$\overline{CS}$、$\overline{WR_1}$ 的逻辑组合产生输入寄存器控制信号 $\overline{LE_1}$。当 $\overline{LE_1}$ 为低电平时，输入寄存器内容随数据线变化，$\overline{LE_1}$ 的正跳变将输入数据锁存。

$\overline{XFER}$：数据传送信号，输入，低电平有效。

$\overline{WR_2}$：DAC 寄存器的写信号，输入，低电平有效。由 $\overline{XFER}$、$\overline{WR_2}$ 组成 DAC 寄存器的控制信号 $\overline{LE_2}$。$\overline{LE_2}$ 的正跳变将输入数据锁存到 DAC 寄存器。

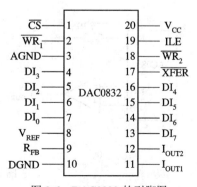

图 8-6　DAC0832 的引脚图

V_{REF}：基准电源输入端。

R_{FB}：反馈信号输入端。

I_{OUT1}：电流输出 1 端。当输入数据为全 0 时，I_{OUT1} 等于 0，当输入数据为全 1 时，I_{OUT1} 等于最大值。

I_{OUT2}：电流输出 2 端。$I_{OUT1} + I_{OUT2}$ = 常数。

V_{CC}：电源输入端。

AGND：模拟地。

DGND：数字地。

D/A 转换器没有形式上的启动信号。实际上后一级寄存器的控制信号就是 D/A 转换器的启动信号。另外，它也没有转换结束信号。D/A 转换的过程很快，一般还不到一条指令的执行时间。

2) 工作方式

DAC0832 内部有两个寄存器，能实现三种工作方式：双缓冲、单缓冲和直通方式。

双缓冲工作方式是指两个寄存器分别受到控制。当 ILE、$\overline{CS}$ 和 $\overline{WR_1}$ 信号均有效时，8 位数字量被写入输入寄存器，此时并不进行 D/A 转换。当 $\overline{WR_2}$ 和 $\overline{XFER}$ 信号均有效时，原来存在输入寄存器中的数据被写入 DAC 寄存器，并在进入 D/A 转换器后进行 D/A 转换。在一次转换完成后到下一次转换开始之前，由于寄存器的锁存作用，8 位 D/A 转换器的输入数据保持恒定，因此 D/A 转换的输出也保持恒定。在双缓冲工作方式下，利用输入寄存器暂存数据，给使用带来方便，可以实现多路数字量的同步转换输出。

单缓冲工作方式是指只有一个寄存器受到控制。这时将另一个寄存器的有关控制信号预先设置成有效，使之开通；或者将两个寄存器的控制信号连在一起，两个寄存器作为一个来使用。

直通工作方式是指两个寄存器的有关控制信号都预先置为有效，两个寄存器都开通。只要数字量送到数据输入端，就立即进入 D/A 转换器进行转换。这种方式应用较少。

3) 电压输出电路的连接

DAC0832 以电流形式输出转换结果，得到电压形式需外加 I/U 转换电路，常采用运算放大器。图 8-7 是 DAC0832 的电压输出电路，其中(a)图为单极性输出、(b)图为双极性输出。

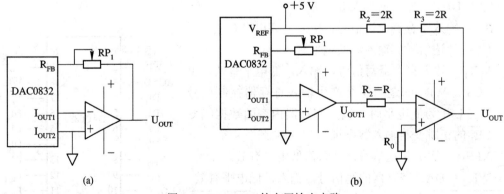

图 8-7 DAC0832 的电压输出电路

对于单极性输出电路，输出电压的格式为：

$$U_{OUT} = -\frac{D}{256} \times V_{REF}$$

式中，D 为输入数字量的十进制值。因为转换结果 I_{OUT1} 接运算放大器的反相端，所以式中有一个负号。若 $V_{REF} = +5\ V$，当 $D = 0 \sim 255$(00H$\sim$FFH)时，$U_{OUT} = -(0 \sim 4.98)\ V$。

通过调整运算放大器的调零电位器，可以对 D/A 芯片进行零点补偿。通过调节外接于反馈回路的电位器 RP_1，可以调整满量程。

对于双极性输出电路，输出电压的表达式为：

$$U_{OUT} = \frac{D - 128}{128} \times V_{REF}$$

若 $V_{REF} = +5\ V$，则当 $D = 0$ 时，$U_{OUT1} = 0$，$U_{OUT} = -5\ V$；当 $D=128$(80H)时，$U_{OUT1} = -2.5\ V$，$U_{OUT} = 0$；当 $D = 255$(FFH)时，$U_{OUT1} = -4.98\ V$，$U_{OUT} = 4.96\ V$。这一转换关系如表 8-2 所示。

表 8-2　双极性 D/A 转换关系

输入数字量	输出模拟量	
	V_{REF} 为正	V_{REF} 为负
00000000	$-V_{REF}$	$-V_{REF}$
00111111	$-V_{REF}/2 - 1LSB$	$-V_{REF}/2 + 1LSB$
01111111	$-1LSB$	$1LSB$
01000000	0	0
11000000	$V_{REF}/2$	$V_{REF}/2$
11111111	$V_{REF}/2 - 1LSB$	$V_{REF}/2 + 1LSB$

4) 主要性能指标

- 分辨率为 8 位。
- 输出电流稳定时间为 1 μs。
- 非线性误差为 0.20%FSR。
- 温度系数为 $2 \times 10^{-6}/℃$。
- 工作方式为双缓冲、单缓冲和直通方式。
- 逻辑输入与 TTL 电平兼容。
- 功耗为 20 mW。
- 电源为 +5$\sim$+15 V。

2. DAC1210

1) 主要特性

DAC1210 是一个 12 位的 D/A 转换器芯片，24 脚双列直插式封装，输入端与 TTL 电平兼容。其主要特性为：

- 数据通道有双寄存器，可对输入数据进行二级缓冲，输入信号与 TTL 电平兼容。
- 分辨率为 12 位，建立时间为 1 μs。

- 外接 ±12 V 的基准电压，工作电源为 +5～+15 V，功耗约为 20 mW。
- 电流输出型 D/A 转换器。

2) 内部结构及引脚

DAC1210 芯片内部结构如图 8-8 所示。DAC1210 的内部结构与 DAC0832 非常相似。DAC1210 也具有双缓冲输入寄存器，不同的是 DAC1210 的两级寄存器和 D/A 转换器均为 12 位。12 位输入寄存器由一个 8 位寄存器 INRH 和一个 4 位 INRL 寄存器组成，可以分别选通。4 位寄存器 INRL 锁存 12 位输入数据的低 4 位，8 位寄存器 INRH 锁存 12 位输入数据的高 8 位。INRL 的输入允许端 $\overline{LEL}$ 受 $\overline{CS}$ 和 $\overline{WR_1}$ 控制，当 $\overline{CS}$ 和 $\overline{WR_1}$ 为 "00" 时写入，为 "01" 时锁存；INRH 的输入允许端 $\overline{LEH}$ 除受 $\overline{CS}$ 和 $\overline{WR_1}$ 控制外，还受 $BT_1/\overline{BT_2}$ 控制，当 $\overline{CS}$、$\overline{WR_1}$ 和 $BT_1/\overline{BT_2}$ 为 "001" 时写入，为 "011" 时锁存。

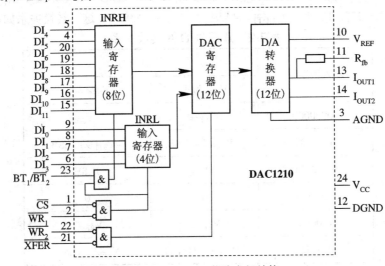

图 8-8　DAC1210 芯片内部结构

当 DAC1210 与 16 位微机数据总线相连时，其 12 位数据输入线可分别接至数据总线的低 12 位上。CPU 进行写入时，使 $\overline{CS}$、$\overline{WR_1}$ 和 $BT_1/\overline{BT_2}$ 为 "001"，12 位数据可通过一次写操作完成。这时，数据输入可以采用单缓冲方式或双缓冲方式。

当 DAC1210 与 8 位数据总线相连时，将高 8 位数据输入端 DI_{11}～DI_4 接数据总线 D_7～D_0，低 4 位数据输入端 DI_3～DI_0 可接数据总线的 D_7～D_4 或 D_3～D_0(两种接法所对应的数据格式不同)。显然，12 位输入数据应分为两次写入，先使 $BT_1/\overline{BT_2}$ 和 $\overline{CS}$、$\overline{WR_1}$ 为 "001"，写入 12 位数据中的高 8 位；再使 $BT_1/\overline{BT_2}$ 和 $\overline{CS}$、$\overline{WR_1}$ 为 "000"，写入 12 位数据中的低 4 位；当 12 位输入数据写入 12 位输入寄存器后，再选通 12 位 DAC 寄存器将输入数据送到 D/A 转换器进行 D/A 转换。这时，数据输入只能用双缓冲方式。

8.2.4　D/A 转换器与 PC 机的接口

对于大多数通用型 D/A 转换器，只需配上简单的接口电路，就可与微处理器相连。D/A 转换器工作时不需应答，微处理器直接把数据输出给 D/A 转换器，进行 D/A 转换工作。在与微机系统连接时，D/A 转换器可看作是微机的一个输出设备，且 D/A 转换芯片只有数据输入线和写入控制线与微处理器有关。因此，D/A 转换器与微处理器的接口问题实际上就是 D/A 转换器与系统地址线、数据线及控制线的连接问题。正确的接口应使微处理器能够控制 D/A 转换工作。微处理器向 D/A 转换器执行一条输出命令，就可获得一个给定的电流或电压输出。

D/A 转换器与微处理器的接口中，一个重要问题是数据锁存问题。微处理器向 D/A 转换器输出实际是通过数据总线进行的。这个数据在数据总线上的停留时间很短，而 D/A 转换器要求在转换期间数据输入保持稳定，以便得到稳定的模拟输出。因此需要数据锁存器来保持微处理器输出给 D/A 转换器的数据，直至转换结束。事实上，不少 D/A 转换芯片，其内部已有数据锁存器，所以在微处理器与 D/A 转换芯片之间无需数据锁存器。对于内部无数据锁存器的 D/A 转换芯片，则必须外加锁存器，比如可采用 D 触发器、接口芯片 8255A 等。D/A 转换器内部或外部的数据锁存器都受地址译码和 I/O 写信号的控制。

1. 8 位 D/A 转换器与 PC 机的接口

下面以 DAC0832 为例，介绍 8 位 D/A 转换器与 PC 机的接口。由于 DAC0832 内部有数据锁存器，因此在与 CPU 相连时，可直接挂在数据总线上，也可通过并行接口(如 8255A 等)与 PC 机相连。在微处理器控制下，DAC0832 的数据输入可以采用单缓冲方式或双缓冲方式。

单缓冲方式工作时一般将 $\overline{\text{XFER}}$ 和 $\overline{\text{WR}_2}$ 端接数字地，使转换寄存器处于直通状态。输入寄存器受微处理器的地址及 I/O 写信号控制。单缓冲方式接口如图 8-9 所示。

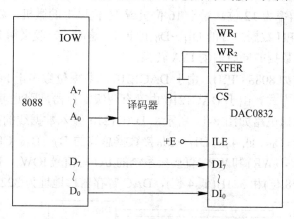

图 8-9　DAC0832 单缓冲方式接口电路框图

在这种方式下，设 DAC0832 端口地址为 PORT，执行下面的输出指令就可以启动 D/A 转换，从而在其输出端得到模拟电压输出。

```
        OUT PORT，AL
```

双缓冲方式数据要经过两级锁存。两个寄存器要分别控制，因此要占用两个不同的端口地址。其接口电路如图 8-10 所示。

在这种方式下，需执行两条输出指令才能启动 D/A 转换器。设 DAC0832 输入寄存器端口地址为 PORT，转换寄存器口地址为 PORT+1，则如下指令可完成数字量到模拟量的转换。

```
        MOV    AL，DATA          ；要转换的数据
        MOV    DX，PORT          ；输入寄存器端口地址
```

```
    OUT    DX, AL              ; CPU 数据装入输入寄存器并锁存
    INC    DX                  ; 转换寄存器端口地址
    OUT    DX, AL              ; 数据装入 DAC 寄存器并锁存，送 D/A 转换电路
```

双缓冲方式主要用于多字节数据需同时进行 D/A 转换，或实现模拟量同时输出的情况，其他情况下很少使用。

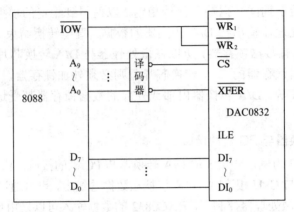

图 8-10　DAC0832 双缓冲方式接口电路框图

2. 8 位以上 D/A 转换器与 PC 机的接口

下面以 DAC1210 为例，介绍 12 位 D/A 转换器与 PC 机的接口。

DAC1210 的分辨率为 12 位。对于 16 位机或 16 位以上的微机，将 DAC1210 的 12 位数据线对应连接到 CPU 数据总线的 $D_{11} \sim D_0$ 上即可。这时，一般采用单缓冲方式，CPU 向 D/A 转换器端口写入数据的同时启动 D/A 转换。

对于 8 位 PC 机(如 8088 CPU)，由于 DAC1210 的数据位数多于 PC 机数据总线位数，因此需要采用双缓冲方式。由于 DAC1210 内部有两级寄存器，因此可与 CPU 直接相连而不需外加锁存器。接口电路如图 8-11 所示，DAC1210 输入数据线的高 8 位 $DI_{11} \sim DI_4$ 接 CPU 数据总线的 $D_7 \sim D_0$，低 4 位 $DI_3 \sim DI_0$ 接数据总线的 $D_7 \sim D_4$。CPU 地址总线中的 A_0 反相后接 $BT_1/\overline{BT_2}$ 端，$\overline{WR_1}$ 和 $\overline{WR_2}$ 直接接系统的 I/O 写信号 $\overline{IOW}$。输入寄存器的两个口地址分别为 320H(高 8 位)和 321H(低 4 位)，DAC 寄存器口地址为 322H。

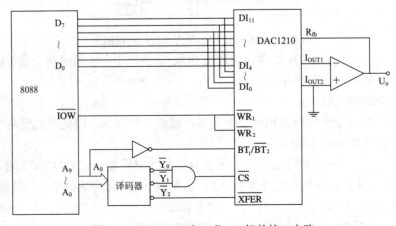

图 8-11　DAC1210 与 8 位 PC 机的接口电路

要进行一次 D/A 转换，CPU 需要分两次向 DAC1210 写入一个 16 位数据，然后选通 DAC 寄存器启动转换。假定要转换的 12 位数据高 8 位存放在 DATA 单元，低 4 位存放在 DATA+1 单元的高 4 位，则进行一次数据转换的程序片断如下：

```
MOV     DX，320H      ; DAC1210 输入寄存器高 8 位 INRH 口地址
MOV     AL，DATA      ; 取高 8 位数据
OUT     DX，AL        ; 写 INRH(数据高 8 位写入 INRH)
INC     DX           ; DAC1210 输入寄存器低 4 位 INRL 口地址
MOV     AL，DATA+1    ; 取低 4 位数据
OUT     DX，AL        ; 写 INRL(低 4 位数据写入 INRL)
INC     DX           ; DAC1210 寄存器 TRR 口地址
OUT     DX，AL        ; 选通 TRR(输入寄存器数据送 TRR，启动 D/A 转换)
```

8.2.5 D/A 转换器应用举例

D/A 转换器的用途非常广泛，作为波形发生器是 D/A 转换器的应用之一。D/A 转换器用作波形发生器的基本原理是：利用 D/A 转换器输出模拟量与输入数字量成正比关系这一特点，将 D/A 转换器作为微机输出接口，CPU 通过程序向 D/A 转换器输出随时间呈现不同变化规律的数字量，则 D/A 转换器就可输出各种各样的模拟量。

利用 D/A 转换器可以产生各种波形，如方波、三角波、锯齿波等，以及它们组合产生的复合波形和不规则波形，这些复合波形用标准的测试设备是很难产生的。

下面，以如图 8-12 所示的硬件连接电路给出用 D/A 转换器 DAC0832 产生几种典型波形的程序片断。图 8-12 所示的连接电路中，用 8255A 作为 CPU 与 DAC0832 之间的接口。8255A 的 PA 口为数据输出口，DAC0832 的 $\overline{CS}$、$\overline{WR_1}$、$\overline{WR_2}$、$\overline{XFER}$ 接地，ILE 接高电平，工作于直通方式。通过编程，改变输入 DAC0832 的数字量，在 U_o 端可获得各种输出波形。

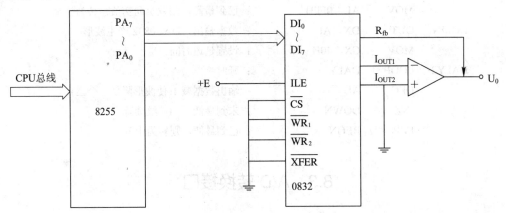

图 8-12 DAC0832 在直通方式下的接口电路

以下程序中，假定 DAC0832 使用负基准电压，经运放后输出 U_o 为正电压。

1. 锯齿波

将输出到 DAC0832 的数据从 0 开始逐渐增加，增至最大后，再恢复到 0，重复此过程，

得到的波形为正向锯齿波。如数据从全 1 开始逐渐减小到 0，则输出负向锯齿波。程序段如下：

```
          MOV    DX，273H        ；8255A 控制口地址
          MOV    AL，82H         ；置 8255A PA 口为方式 0 输出
          OUT    DX，AL          ；写 8255A 控制口
          MOV    DX，270H        ；8255A 口 A 地址
          MOV    AL，00H         ；输出数据初值(波形最低点)
UP：      OUT    DX，AL          ；数据输出，DAC0832 产生波形
          MOV    CX，20H         ；设置延迟时间
DALY：     LOOP   DALY           ；延时
          INC    AL             ；输出数据加 1，溢出回 0
          JNZ    UP             ；使波形升高一个△或降到最低
```

2. 三角波

利用正、负向锯齿波组合，可以产生三角波。改变延迟时间，可使输出波形上升或下降的斜率变化。程序段如下：

```
          MOV    DX，273H        ；8255A 控制口地址
          MOV    AL，82H         ；置 8255A PA 口为方式 0 输出
          OUT    DX，AL          ；写 8255A 控制口
          MOV    DX，270H        ；8255A 口 A 地址
BEGH：    MOV    AL，00H         ；置正向初值(波形最低点)
UP：      OUT    DX，AL          ；数据输出，DAC0832 产生波形
          MOV    CX，408         ；设置延迟时间
DALY1：   LOOP   DALY           ；延时
          INC    AL             ；输出数据加 1(使波形升高一个△)
          JNZ    UP             ；未到最高，则转继续升
          MOV    AL，0FFH        ；已到最高，则置负向初值，转为下降
DOMN：    OUT    DX，AL          ；数据输出，DAC0832 产生波形
          MOV    CX，40H         ；设置延迟时间
DALY2：   LOOP   DALY           ；延时
          DEC    AL             ；输出数据减 1(使波形降低一个△)
          JNZ    DOWN           ；未到最低，则转继续降
          JMP    BEGN           ；已到最低，则转为上升
```

8.3 A/D 转换接口

8.3.1 A/D 转换的基本知识

A/D 转换的功能是把模拟量电压转换为 N 位数字量电压。图 8-13(a)所示为 A/D 转换器的示意图，图 8-13(b)是相对应的输入和输出。

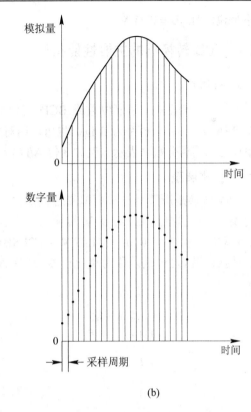

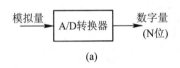

图 8-13 A/D 转换器及其转换情况

(a) A/D 转换器；(b) 输入和输出

对于这一转换过程，说明以下几点：

(1) 输入 A/D 转换器的模拟量电压是连续的。由于 A/D 转换器完成一次转换需要一定的时间，A/D 转换只能间断性地进行，因此输出的数字量电压是不连续的，称为离散量。在图 8-13(b)中，A/D 转换所得的结果是一个个孤立的点，每个点的纵坐标代表某个数字量，其值与采样时刻的模拟量相对应。如果在相邻两次采样时刻之间，A/D 转换输出的数字量保持前一时刻的值，那么 A/D 转换的输出就是一条阶梯形的曲线。

(2) 相邻两次采样的间隔时间称为采样周期。为了使输出量能充分反映输入量的变化情况，采样周期要根据输入量变化的快慢来决定，而一次 A/D 转换所需要的时间显然必须小于采样周期。

(3) 假设输入的模拟量为 0～4.99 V 时，输出的数字量为 001～111(二进制数)，那么输出与输入的对应关系如表 8-3 所示。

表 8-3 模拟量与数字量的对应关系

输入模拟量	0.00	0.71	1.42	2.13	2.84	3.55	4.28	4.99
输出数字量	000	001	010	011	100	101	110	111

(4) 将模拟量表示为相应的数字量，称为量化。数字量的最低位即最小有效位 1LSB (LSB——Least Significant Bit)，与此相对应的模拟电压称为一个量化单位。如果模拟电压小于此值，则不能转换为相应的数字量。LSB 表示 A/D 转换器的分辨能力。对于上述转换

关系来说，1LSB = 0.71 V。

8.3.2 A/D 转换器的主要性能指标

1. 分辨率

习惯上以输出的二进制位数或 BCD 码位数表示分辨率。如一个输出为 8 位二进制数的 A/D 转换器，称其分辨率为 8 位。也可以用对应于 1LSB 的输入模拟电压来表示分辨率。分辨率还可以用百分数来表示，例如 8 位 A/D 转换器的分辨率百分数$(1/256) \times 100\% = 0.39\%$。

2. 量化误差

A/D 转换是用数字量对模拟量进行量化。由于存在最小量化单位，因此在转换中就会出现误差。仍以上述 0～4.99 V 转换为二进制数 000～111 的 A/D 转换器为例，则模拟量 1.42 V 对应于数字量 010；而(1.42 V – 1/2LSB)～(1.42 V + 1/2LSB)都对应于 010，这样就带来了转换误差。这一误差称为量化误差。理想 A/D 转换器的量化误差为 $\pm 1/2$LSB，如图 8-14 所示。

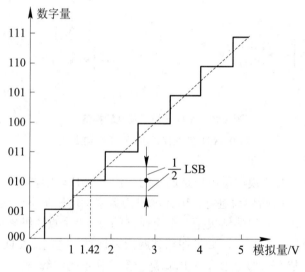

图 8-14　理想的 A/D 转换曲线

3. 转换精度

转换精度是指一个实际的 A/D 转换器与理想的 A/D 转换器相比的转换误差。绝对精度一般以 LSB 为单位给出。相对精度则是绝对精度与满量程的比值。不同厂家生产的 A/D 转换器的转换精度指标的表达方式可能不同。有的给出综合误差指标，有的给出分项误差指标。通常误差指标有失调误差(零点误差)、增益误差(满量程误差)、非线性误差和微分非线性误差。下面分别介绍这些误差。

1) 失调误差

失调误差也称为零点误差，这是指当输入模拟量从 0 逐渐增长，使输出数字量从 0…0 跳至 0…1 时，输入模拟量实际数值与理想的模拟量数值(即 1LSB 的对应值)之差。这反映了 A/D 转换器零点的偏差。一定温度下的失调误差可以通过电路调整来消除。

2) 增益误差

当输出数字量达到满量程时，所对应的输入模拟量与理想的模拟量数值之差，称为增益误差或满量程误差，计算此项误差时应将失调误差除去。一定温度下的增益误差也可以通过电路调整来消除。

3) 非线性误差

非线性误差是指实际转换特性与理想转换特性之间的最大偏差，它可能出现在转换曲线的某处。此项误差不包括量化误差、失调误差和增益误差。它不能通过电路调整来消除。

4) 微分非线性误差

在 A/D 转换曲线上，实际台阶幅度与理想台阶幅度(即理论上的 1LSB)之差，称为微分非线性误差。如果此误差超过 1LSB，就会出现丢失某个数字码的现象。

在上述几项误差中，如果失调误差和增益误差能得到完全补偿，那么只需考虑后两项非线性误差。需要指出的是，精度所对应的误差指标中未包括量化误差，因此实际的总误差还要把量化误差考虑在内。总误差 $E_{总}$ 与分项误差 E_i 之间的关系如下：

$$E_{总} = \sqrt{\sum E_i^2}$$

4. 转换时间

转换时间是指 A/D 转换器完成一次转换所需要的时间。其倒数为转换速率。

5. 温度系数

温度系数表示 A/D 转换器受环境温度影响的程度。一般用环境温度变化 1℃所产生的相对转换误差来表示，以 $\times 10^{-6}/℃$ 为单位。

8.3.3 典型 A/D 转换器芯片

A/D 转换器的种类很多。按转换原理分类，有逐次逼近式、双积分式、并行式等。双积分式 A/D 转换器转换精度高，转换时间长，大约需要几百毫秒。并行式 A/D 转换器转换速度最高，转换时间仅 50 ns，但价格昂贵，产品的分辨率不高。逐次逼近式 A/D 转换器兼顾了转换速度和转换精度，是一种应用广泛的 A/D 转换器。逐次逼近式 A/D 转换器的种类很多，分辨率从 8 位到 16 位，转换时间从 100 μs 到几 μs，精度有不同等级，有的转换器内部还常有多路模拟开关。

常用的几种 A/D 转换器有 8 位通用型 ADC0808/0809、12 位的 AD574A 和双积分型 5G14433。

1. ADC0808/0809

ADC0808/0809 是 8 通道、8 位逐次逼近式 A/D 转换器，美国 NS 公司产品。其价格低廉，便于与微机连接，因而应用十分广泛。

1) 结构和转换原理

图 8-15 所示为 ADC0808/0809 的结构框图。ADC0808/0809 由三部分组成：8 路模拟量选通开关、8 位 A/D 转换器和三态输出数据锁存器。

ADC0808/0809 允许 8 路模拟信号输入，由 8 路模拟量选通开关选通其中一路信号，模拟开关受通道地址锁存与译码电路的控制。当地址锁存信号 ALE 有效时，3 位地址 CBA 进入地址锁存器，经译码后使 8 路模拟开关选通某一路信号。

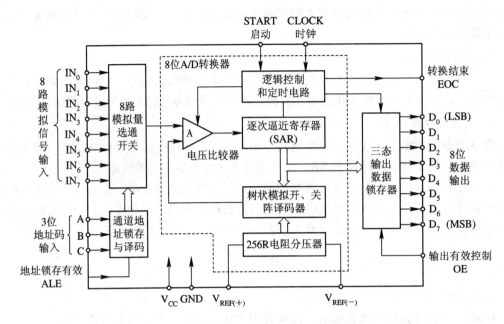

图 8-15　ADC0808/0809 的结构框图

8 位 A/D 转换器为逐次逼近式，由 256R 电阻分压器、树状模拟开关(这两部分组成一个 D/A 变换器)、电压比较器、逐次逼近寄存器、逻辑控制和定时电路组成。其基本工作原理是采用对分搜索方法逐次比较，找出最逼近于输入模拟量的数字量。电阻分压器需外接正负基准电源 $V_{REF(+)}$ 和 $V_{REF(-)}$。CLOCK 端外接时钟信号。A/D 转换器的启动由 START 信号控制。转换结束时控制电路将数字量送入三态输出锁存器锁存，并产生转换结束信号 EOC。

三态门输出锁存器用来保存 A/D 转换结果，当输出允许信号 OE 有效时，打开三态门，输出 A/D 转换结果。因输出有三态门，所以便于与微机总线连接。

2) 引脚功能

图 8-16 为 ADC0808/0809 的引脚图。各引脚功能说明如下：

$IN_0 \sim IN_7$：8 路模拟输入端。

ALE：地址锁存器允许信号输入端。当它为高电平时，地址信号进入地址锁存器中。

CLOCK：外部时钟输入端。时钟频率典型值为 640 kHz，允许范围为 10～1280 kHz。时钟频率降低时，A/D 转换速度也降低。

START：A/D 转换信号输入端。有效信号为一正脉冲。在脉冲上升沿，A/D 转换器内部寄存器均

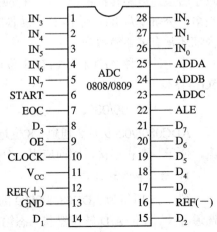

图 8-16　ADC0808/0809 的引脚图

被清零，在其下降沿开始 A/D 转换。

EOC：A/D 转换结束信号。在 START 信号上升沿之后 0~(2 μs + 8 个时钟周期)时间内，EOC 变为低电平。当 A/D 转换结束后，EOC 立即输出一正阶跃信号，可用来作为 A/D 转换结束的查询信号或中断请求信号。

OE：输出允许信号。当 OE 输入高电平信号时，三态输出锁存器将 A/D 转换结果输出。

D_0~D_7：数字量输出端。D_0 为最低有效位(LSB)，D_7 为最高有效位(MSB)。

REF(+)、REF(−)：正、负基准电压输入端。基准电压的中心值为$(V_{REF(+)} + V_{REF(-)})/2$，应接近于 $V_{CC}/2$，其偏差值不应超过 ±0.1 V。正、负基准电压的典型值分别为 +5 V 和 0。

V_{CC}、GND：电源电压输入端。

DGND：数字地。

AGND：模拟地。

3) 工作时序

ADC0808/0809 的工作时序如图 8-17 所示。从图中可以看出各信号的时序关系，以进一步理解上面所讲的转换过程中的信号功能。完成一次转换所需要的时间为 66~73 个时钟周期。

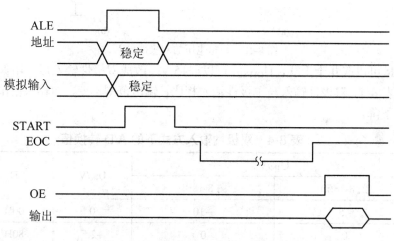

图 8-17 ADC0808/0809 的工作时序

4) ADC0808/0809 的主要性能指标

- 分辨率为 8 位。
- 总的非调整误差：0808 为 ±1/2LSB，0809 为 ±1LSB。
- 转换时间为 100 μs(时钟频率为 640 Hz)。
- 具有锁存控制功能的 8 路模拟开关，能对 8 路模拟电压信号进行转换。
- 输出电平与 TTL 电平兼容。
- 单电源 +5 V 供电。基准电压由外部提供，典型值为 +5 V。此时允许模拟量输入范围为 0~5 V。
- 功耗 10 mW。

ADC0808/0809 的数字量输出值 D(换算到十进制)与模拟量输入值 U_{IN} 之间的关系如下：

$$D = \frac{U_{IN} - V_{REF(-)}}{V_{REF(+)} - V_{REF(-)}} \times 2^8$$

通常 $V_{REF(+)}=0$，所以有：

$$D = \frac{U_{IN}}{V_{REF(+)}} \times 256$$

当 $V_{REF(+)} = 5\,V$ 时，相应于 $U_{IN} = 0 \sim 4.98\,V$，$D = 0 \sim 255(00H \sim FFH)$。这里由于数字量的满量程值是 255，而不是 256，因此相应地输入电压的满量程值也比 $5\,V$ 少 1LSB。

上述为单极性输入情况。对于只允许单极性输入的 A/D 转换器，也可以转换为双极性模拟电压，但需要在输入电路上加一正的偏置电压 U_{OFFSET}，如图 8-18 所示。

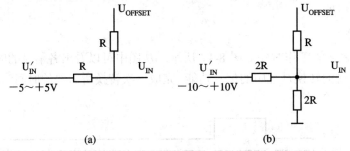

图 8-18　模拟电压的双极性输入

图中，R 可以取几十千欧，U_{OFFSET} 可以取+5 V。改成双极性输入后，用偏移码表示转换结果，见表 8-4。双极性输入与单极性输入相比，输出范围不变，而输入范围增加，因而转换灵敏度下降。

表 8-4　双极性输入方式下的 A/D 转换值

U_{IN}/V		U_{IN}/V	D
图 8-18(a)	图 8-18(b)		
-5	-10	0	00H
0	0	+2.5	80H
+4.96	+9.92	+4.98	FFH

与 ADC0808/0809 同属 ADC0800 系列的还有 ADC0816/0817，其通道数增至 16，封装为 40 引脚，其他性能与 ADC0808/0809 基本相同。ADC0800 ~ ADC0805 系列为单通道 8 位转换器，除了通道数以外，其他性能与 ADC0808/0809 相似。

2. AD574A

AD574A 是 12 位逐次逼近式 A/D 转换器。

1) 主要特性

- 转换时间为 25 μs。
- 输入电压可为单极性(0 ~ +10 V，0 ~ +20 V)或双极性(-5 ~ +5 V，-10 ~ +10 V)。
- 可由外部控制进行 12 位转换或 8 位转换。

● 具有三态输出缓冲器，12 位数据可分段输出，能与 8 位、12 位或 16 位微处理器直接相连。

● 工作温度为 0～70℃，功耗 390 mW。

2) 外部功能

AD574A 为双列直插式封装，引脚如图 8-19 所示。其中(a)图为单极性输入，(b)图为双极性输入。

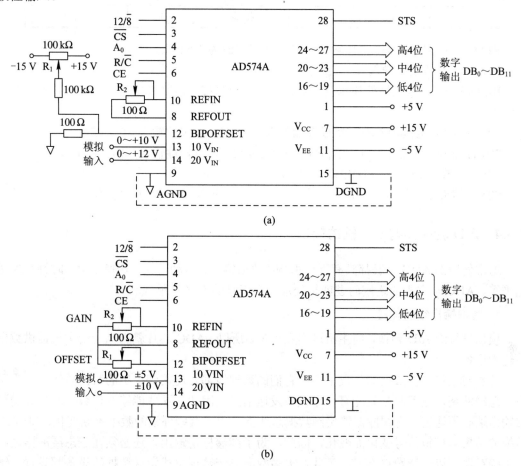

图 8-19　AD574A 外部引脚

各引脚功能说明如下：

$\overline{\text{CS}}$：片选信号，低电平有效。

CE：芯片允许信号，高电平有效。只有 $\overline{\text{CS}}$ 和 CE 同时有效时，AD574A 才能工作。

R/$\overline{\text{C}}$：读出或转换控制信号，用于控制 AD574A 是转换还是输出。为 0 时启动 A/D 转换；为 1 时输出转换结果。

12/$\overline{8}$：数据输出方式控制信号。为 1 时输出数据为 12 位；为 0 时数据分为两个 8 位字节输出。

A_0：转换位数控制信号。当为高电平时进行 8 位转换，为低电平时进行 12 位转换。

以上信号组合完成的功能如表 8-5 所示。

表 8-5　AD574A 控制信号功能

CE	$\overline{CS}$	R/$\overline{C}$	12/$\overline{8}$	A$_0$	功　能
1	0	0	×	0	12 位转换
1	0	0	×	1	8 位转换
1	0	1	接 +5 V	×	12 位并行输出
1	0	1	接地	0	高 8 位输出
1	0	1	接地	1	低 4 位输出

REFOUT：+10 V 基准电压输出，最大输出电流为 1.5 mA。

REFIN：参考电压输入。

BIPOFFSET：双极性偏移以及零点调整。该引脚接 0，单极性输入；接 +10 V，双极性输入。

10V$_{in}$：10 V 范围输入端，单极性输入 0～+10 V，双极性输入 –5～+5 V。

20V$_{in}$：20 V 范围输入端，单极性输入 0～+20 V，双极性输入 –10～+10 V。

DB$_{11}$～DB$_0$：12 位数字输出。

STS：转换结束信号。转换过程中为高电平，转换结束后变为低电平。

8.3.4　A/D 转换器与 PC 机的接口

通常使用的 ADC 一般都具有下列引脚：数据输出、启动转换、转换结束、时钟和参考电平等。ADC 与主机的连接问题就是处理这些引脚的连接问题。

1. 数据输出线的连接

模拟信号经 A/D 转换，向主机送出数字量，所以，ADC 芯片就相当于给主机提供数据的输入设备。

能够向主机提供数据的外设很多，它们的数据线都要连接到主机的数据总线上。为了防止总线冲突，任何时刻只能有一个设备发送信息。因此，这些能够发送数据的外设的数据输出端必须通过三态缓冲器连接到数据总线上。由于有些外设的数据不断变化，如 A/D 转换的结果随模拟信号变化而变化，因此，为了能够稳定输出，还必须在三态缓冲器之前加上锁存器，以保持数据不变。为此，大多数向系统数据总线发送数据的设备都设置了锁存器和三态缓冲器，简称三态锁存缓冲器或三态锁存器。

根据 ADC 芯片的数字输出端是否带有三态锁存缓冲器，与主机的连接可有两种方式。一种是直接相连，主要用于输出带有三态锁存缓冲器的 ADC 芯片，如 ADC0809、AD574A 等；第二种是用三态锁存器，如 74LS373/374 或通用并行接口芯片，如 Intel 8255、Z80 PIO 相连，它适用于不带三态锁存缓冲器的 ADC 芯片。但很多情况下，为了增加 I/O 的接口功能，那些带有三态锁存缓冲器的芯片也常采用第二种方式。

此外，随着位数的不同，ADC 与微处理机数据总线的连接方式也不同。对于 8 位 ADC，其数字输出端可与 8 位微处理机数据总线相连，然后用一条输入指令一次读出结果。但对于 8 位以上的 ADC，与 8 位微处理机连接就不那么简单了，此时必须增加读取控制逻辑，把 8 位以上的数据分两次或多次读取。

2. A/D 转换的启动信号

一个 ADC 在开始转换时，必须加一个启动信号。芯片不同，要求的启动信号也不同，一般分脉冲启动信号和电平启动信号。

脉冲信号启动转换的 ADC，只要在启动引脚加一个脉冲即可，如 ADC0809、AD574A。通常都是通过外设输出信号和地址译码器的端口地址信号经逻辑电路进行控制的。

电平信号启动转换是在启动引脚上加一个所要求的电平。电平加上之后，A/D 转换开始，而且在转换过程中，必须保持这一电平，否则，将停止转换。这种启动方式中，CPU 送出的控制信号必须通过寄存器保持一段时间。

软件上，通常是在要求启动 A_0 转换的时刻，用一个输出指令产生启动信号，这就是编程启动。此外，也可以利用定时器产生信号，这样可以方便地实现定时启动，适合于固定延迟时间的巡回检测等应用场合。

3. 转换结束信号

当 A/D 转换结束时，ADC 输出一个转换结束信号，通知主机，A/D 转换已经结束，可以读取结果。主机检查判断 A/D 转换是否结束的方法主要有三种：

(1) 中断方式。这种方式下，把结束信号作为中断请求信号接到主机的中断请求线上。当转换结束时，向 CPU 申请中断，CPU 响应中断后，在中断服务程序中读取数据。这种方式 ADC 与 CPU 同时工作，适用于实时性较强或参数较多的数据采集系统。

(2) 查询方式。这种方式下，把结束信号作为状态信号经三态缓冲器送到主机系统数据总线的某一位上。主机在启动转换后开始查询是否转换结束，一旦查到结束信号，便读取数据。这种方式程序设计比较简单，实时性较强，是比较常用的一种方法。

(3) 延时方式。这种方式下，不使用转换结束信号。主机启动 A/D 转换后，延迟一段略大于 A/D 转换时间的时间，此时转换已结束即可读取数据。延时通常可以采用软件延时程序，也可以用硬件完成延时。采用软件延时方式时，无需硬件连线，但要占用主机大量时间，多用于主机处理任务较少的系统中。

4. 时钟的提供

时钟是决定 A/D 转换速度的基准，整个转换过程都是在时钟作用下完成的。时钟信号的提供有两种。一是由外部提供，它可用单独的振荡电路产生，更多的则用主机时钟分频得到。另一是由芯片内部提供，一般用启动信号启动内部时钟电路，它只在转换过程中才起作用。

5. 参考电压的接法

ADC 中参考电压常有两个：$V_{REF(+)}$ 和 $V_{REF(-)}$。根据模拟输入量的极性不同，它们的接法亦不同。当模拟信号为单极性时，$V_{REF(-)}$ 接地，$V_{REF(+)}$ 接正极电源。当模拟信号为双极性时，$V_{REF(+)}$ 和 $V_{REF(-)}$ 分别接参考电源的正、负极性端。当然也可以把双极性信号转换为单极性信号再接入 ADC。

参考电压的提供方法有两种。一种是外电源供给，这个外电源可以是系统的供电电源，在精度要求较高时则单独连接精密稳压的电源，常用的情况是将系统电源经进一步稳压后接到参考电压端。另一种情况是 ADC 芯片内部设置有稳压电路，只需提供芯片电源，而不用单独供给参考电压，这种情况常见于 10 位以上 ADC。

6. 位数的匹配

在接口设计时还有一个重要问题，即系统数据总线的宽度与 A/D 转换芯片产生的数据位数必须相匹配。A/D 转换器的数据位数表现为它的分辨率，一般 A/D 转换器的分辨率为 8 位、10 位、12 位或 16 位等。当微处理器数据总线位数大于或等于 A/D 转换器分辨率时，比如 16 位微处理器与 8 位、10 位、12 位或 16 位 A/D 转换器相连，此时接口简单，A/D 转换器输出数据占用系统数据总线的全部或一部分，数据读入一次完成。当微处理器数据总线位数小于 D/A 转换器分辨率时，接口要稍复杂一些，此时全部数据要分两次或多次读入。

有些分辨率大于 8 位的 A/D 转换芯片，数据输出线只有 8 条，数据输出宽度为一个字节，则数据的输出分两次完成，芯片提供两个数据输出允许信号：高字节允许和低字节允许。在接口时，高、低字节输出数据应占用两个不同的口地址，分两次完成高、低字节的数据读入，如图 8-20 所示。

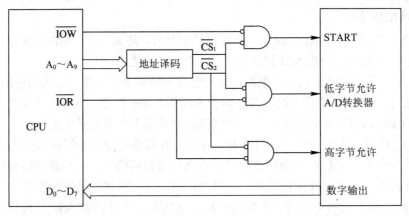

图 8-20　数据两次输出的 A/D 转换器与 8 位 CPU 的接口

有些分辨率高于 8 位的 A/D 转换芯片是将全部数据一次输出的，这样的 A/D 转换芯片与 8 位数据总线的微机接口时，必须外加三态锁存器，以配合微处理器的数据宽度，分高、低字节分别传输，如图 8-21 所示。

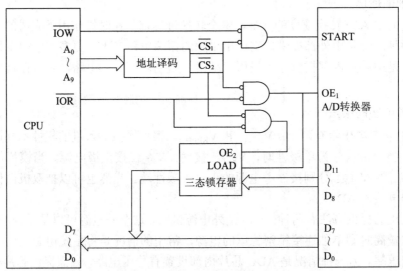

图 8-21　数据一次输出的 A/D 转换器与 8 位 CPU 的接口

图 8-21 中，A/D 转换器分辨率为 12 位。12 条数据输出线的低 8 位直接接到数据总线上，高 4 位接锁存器输入端。使用两个口地址 $\overline{CS_1}$ 和 $\overline{CS_2}$ 分别进行低字节和高 4 位的读入。当转换结束后，对 $\overline{CS_1}$ 口地址执行一条输入指令，则 A/D 转换器将 12 位转换数据全部输出，其中低 8 位直接输入微处理器，高 4 位进入三态锁存器。如果将高 4 位输入微处理器，则需再对 $\overline{CS_2}$ 口地址执行一条输入指令。

除上述问题之外，接口时还应考虑电气兼容问题，大多数的 A/D 转换器与 TTL 兼容。

8.3.5　A/D 转换器与 PC 机的接口电路及编程操作

1. 8 位 A/D 转换器与 PC 机的接口

下面举例说明 8 位 A/D 转换器与 PC 机的接口电路及编程操作。

例：ADC0809 与 8088 PC 机接口设计。

ADC0809 是 8 位 A/D 转换器，前面已介绍了其功能特点。现具体讨论 ADC0809 与 8 位 PC 机的接口电路与编程操作。

1) 硬件连线(按查询方式设计)

ADC0809 与 PC 机 8088 CPU 的硬件连接如图 8-22 所示。

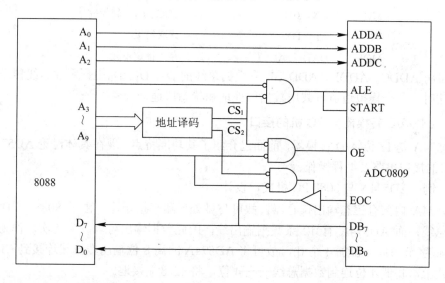

图 8-22　ADC0809 与 8088 CPU 的硬件连接

ADC0809 的分辨率为 8 位，内部有三态输出缓冲器，可以直接与 PC 机系统数据总线相连。

ADC0809 作为 PC 机的一个外设端口，寻址要利用外加地址译码器完成。由于 ADC0809 无片选信号，因此可用地址译码器输出分别选通 START 和 OE 信号，以控制 A/D 转换的启动和转换结果的读出。ADC0809 可处理 8 路模拟输入，由 3 个通道号输入端 ADDA、ADDB、ADDC 确定选通哪一路。这三个输入端可接 PC 机地址总线的低 3 位。对 ADC0809 的地址锁存信号 ALE，最方便的做法是将它与 START 连在一起，在将模拟输入地址锁定的同时启动 A/D 转换，维持模拟开关选择其中一路接通的状态，保证 A/D 转换正确进行。

转换结束后，ADC0809 将会产生一个有效的 EOC 信号。若采用查询等待法，需要给此信号分配一个端口，用于查询 A/D 转换状态。若采用中断法，则利用此信号在转换结束后申请中断。若采用固定等待法，则此信号不用。

设本例中，$\overline{CS}_1$ 口地址为 00H～07H，对应于 8 个模拟输入通道，用于启动 A/D 转换和读取转换结果；$\overline{CS}_2$ 口地址为 08H～0FH，对应于 8 个模拟输入通道，用于 ADC0809 的 EOC 状态输出，根据 EOC 的状态，判断转换是否完成，以决定是否该读取转换结果。

2) 软件设计

配合硬件连接，用程序查询法将通道 1 的模拟量转换成数字量，结果放于 DATA 单元。

```
        ; 汇编源程序段
        MOV     DX, 01H      ; 模拟通道 1 数据口地址
        OUT     DX, AL       ; 选择通道并启动 A/D 转换
TESTO:  MOV     DX, 09H      ; 模拟通道 1 状态口地址
        IN      AX, DX       ; 读入 EOC 状态
        AND     AL, 80H      ; 测试 EOC 状态
        JZ      TESTO        ; EOC 为 0，转换未完成，继续测试
        MOV     DX, 01H      ; EOC 为 1，转换完毕
        IN      AL, DX       ; 读取结果
        MOV     DATA, AL     ; 存入指定单元
```

也可将 ADDC、ADDB、ADDA 接到数据总线的 D_2、D_1、D_0 上，用数据线传送模拟通道号。这时，各个模拟通道可共用数据口地址和状态口地址。

2. 12 位 A/D 转换器与 PC 机的接口

AD574A 是 12 位 A/D 转换器，前面已介绍了其功能特点。现在具体讨论 AD574A 与 8 位 PC 机的接口电路及编程操作。

例：AD574A 与 8088 PC 机接口设计。

AD574A 内部有三态输出锁存器，故可与微处理器直接相连。由于 8088 CPU 只有 8 条数据总线，而 AD574A 有 12 条数据输出线，因此数据输出可以分为两次，作为两个字节输出(低字节为低 4 位加 4 个 0)，故可将 AD574A 的高 8 位输出数据线连接到 CPU 系统数据总线上，将低 4 位连到数据总线的高 4 位，将 12/$\overline{8}$ 端接地。

由 A_1～A_9 经译码后产生 AD574A 片选信号 $\overline{CS}$，选用 AD574A 芯片。要启动 A/D 转换或输出数据，还必须使芯片允许信号 CE 为 1。因此，将 $\overline{IOW}$ 和 $\overline{IOR}$ 通过与非门产生 CE，这样当用一条输出指令启动 A/D 转换或用一条输入指令读取数据时，CE 均有效，使相应操作都正常进行。8088 CPU 的地址线最低位 A_0 直接连接 AD574A 的 A_0 输入端，以确定转换位数和数据的输出方式。

STS 为 AD574A 的状态信号，指示转换结束与否，可使用此信号作为查询法所使用的状态端口。此时需要为此端口分配一个不同的口地址，或者在中断法中作为中断申请信号。

AD574A 的转换时间为 25 μs，转换速度较快，可采用固定时间等待法。确定转换后，延时 28 μs 或 30 μs 即可读取数据。

1) 硬件连线

AD574A 与 8088 PC 机接口硬件连线如图 8-23 所示。

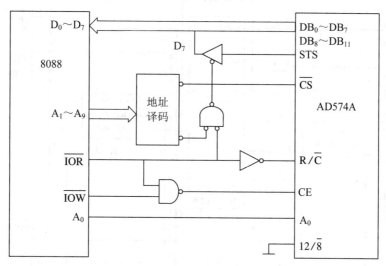

图 8-23   AD574A 与 8088 PC 机接口连接

2) 软件设计

设高 8 位口地址($A_0 = 0$)为 220H，低 4 位口地址($A_0 = 1$)为 221H，状态口地址为 222H 和 223H。程序采用固定延时法，也可使用查询法。

以下程序段按固定延时方式启动一次 A/D 转换，将转换结果存入指定单元。

```
MOV      DX，220H          ;启动一次 12 位转换
OUT      DX，AL
CALL     WA28             ;延时，等待 A/D 转换结束
MOV      DX，220H
IN       AL，DX           ;读高 8 位
MOV      DATA，AL          ;保存到 DATA 单元
MOV      DX，221H
IN       AL，DX           ;读低 4 位
MOV      DATA+1，AL        ;保存到 DATA+1 单元
```

其中，WA28 为延时 28 μs 的子程序。

3. A/D 转换器应用举例

A/D 转换器是一种应用非常广泛的器件。下面以微机多路数据采集为例介绍 A/D 转换器的应用。

1) 硬件连线

图 8-24 所示为 16 路微机数据采集系统硬件逻辑图。多路模拟开关采用 AD5701，共两片。采样保持器采用 AD582。A/D 转换器采用 AD574A。采样保持器和 A/D 转换器各个通道共用，以节省硬件。图中 16 路模拟通道的地址为 310H，利用数据线上 00H～0FH 打开

相应通道。A/D 转换器高 8 位数据口地址为 312H，低 4 位数据口地址为 313H，状态口地址为 314H。

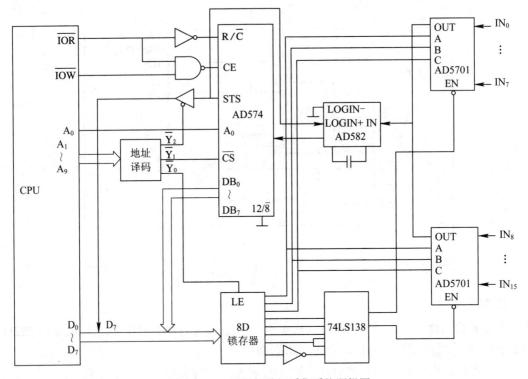

图 8-24　16 路微机数据采集系统逻辑图

2) 软件设计

以下是采用程序查询法对 16 路模拟信号进行巡回检测(共 8 次)的汇编源程序。

```
DATA        SEGMENT
DAT1        DB 256 DUP(0)
DATA        ENDS
STACK       SEGMENT STACK 'STACK'
            DB   100   DUP(?)
STACK       ENDS
CODE        SEGMENT
ASSUME CS:  CODE, DS:DATA, SS:STACK
            PUSH    DS          ; ………………
            SUB     AX, AX      ; 标准处理
            PUSH    AX
            MOV     AX, DATA
            MOV     DS, AX
            MOV     AX, STACK
            MOV     SS, AX      ; ………………
```

```
              MOV      CL，8            ；巡回检测次数
              LEA      SI，DAT1         ；内存存放数据区首地址
    AG2:      MOV      CH，16           ；每次检测路数
              MOV      BL，-1
    AG1:      INC      BL              ；通道号，采集下一通道
              MOV      DX，310H         ；通道选择口
              MOV      AL，BL
              OUT      DX，AL           ；打开对应通道
              MOV      DX，312H         ；AD574A 高位口
              OUT      DX，AL           ；启动 12 位转换
    TA:       MOV      DX，314H         ；状态口
              IN       AL，DX           ；读状态
              AND      AL，80H          ；测转换结束(STS=0)?
              JNZ      TA              ；未结束，则查询
              MOV      DX，312H         ；已结束，准备高位口地址
              IN       AL，DX           ；读高 8 位
              MOV      [SI]，AL         ；存入内存
              INC      SI              ；内存地址+1
              MOV      DX，313H         ；准备低位口地址
              IN       AL，DX           ；输入低 4 位
              AND      AL，0F0H         ；屏蔽低 4 位
              MOV      [SI]，AL         ；存入内存
              INC      SI              ；内存地址+1
              DEC      CH              ；路数-1
              JNZ      AG1             ；未完，继续
              DEC      CL              ；巡回检测次数-1
              JNZ      AG2             ；未完，继续
              HLT
```

本 章 小 结

接口技术是微型计算机应用中的重要技术。模/数(A/D)转换是把模拟量转换成数字量，数/模(D/A)转换是把数字量转换成模拟量。A/D、D/A 转换是联系数字世界和模拟世界的桥梁。A/D、D/A 转换技术广泛应用于计算机控制系统、多媒体技术及数字测量仪器仪表中，已成为计算机接口技术的重要内容。随着计算机技术的飞速发展，其应用领域也越来越广阔。本章主要介绍了 A/D、D/A 转换的基本原理和主要指标，介绍了几种常用的 A/D、D/A 转换器芯片性能及使用，着重讨论了 A/D、D/A 转换器与计算机的接口技术和编程使用。

思考与练习题

1. D/A、A/D 转换器接口的作用是什么?

2. D/A、A/D 转换器指标中,精度和分辨率有何区别?

3. 简述 DAC0832 与微机的接口方法。

4. 一个 8 位 D/A 转换器的满量程为 10 V,试确定模拟量 2.0 V 和 8.0 V 所对应的数字量。

5. 画出 DAC1210 与 PC/XT 的接口电路,并编制一个三角波程序。

6. AD574A 有哪些主要控制信号? 各有什么功能?

7. 在 A/D 转换器中,最重要的技术指标有哪些?

8. 试比较 ADC0809 与 AD574A 的异同。

第 9 章 人 机 接 口

在微型计算机系统中，根据外部设备在计算机系统中的作用，其大致可分为四类：输入/输出设备、外存储器、终端设备、脱机设备。输入/输出设备是计算机系统的重要组成部分。输入设备把程序、原始数据、操作命令传送给 CPU。输出设备则将 CPU 处理的中间数据和最终结果以人们可以接受的数字、字符、图形等形式记录或显示出来。

本章要点：

- 💻 键盘接口
- 💻 鼠标接口
- 💻 显示器接口
- 💻 打印机接口
- 💻 磁盘接口

9.1　键　盘　接　口

键盘是计算机系统的标准输入设备，它由排列成矩阵形式的按键组成。PC 系列微机的键盘主要有 83 键、84 键的标准键盘和 101 键、102 键的扩展键盘两种。其中 XT 和 AT 机使用的是标准键盘，286 机、386 机、486 机使用的是扩展键盘。586 机使用的是 104 键键盘。

9.1.1　PC 系列键盘特点

PC 系列键盘具有两个基本特点：

(1) 按键开关均为无触点的电容开关。它通过按键的上、下动作，使电容量发生变化，来检测按键的断开与接通。

(2) PC 系列键盘属于非编码键盘。

按键盘功能，可把键盘分为编码键盘和非编码键盘。

编码键盘：使用这种键盘时，当有键按下时，系统可以自动检测，并能提供按键对应的键值。这种键盘接口简单，使用方便，但价格较贵。

非编码键盘：这种键盘只简单提供键的行列位置(位置码或称扫描码)，而按键的识别和键值的确定等工作由软件完成。

PC 系列键盘不是由硬件电路输出按键所对应的 ASCII 码值，而是由单片机扫描程序识别按键的当前位置，然后向键盘接口输出该键的扫描码。按键的识别、键值的确定以及键代码存入键缓冲区等工作全部由软件完成。

9.1.2　键盘的识别

我们把 PC 系列键盘视为二维矩阵的行列结构，键盘的识别采用的是行列扫视法，如图 9-1 所示。

键盘扫视程序周期性地对行列结构的按键进行扫视，根据回收的信息，确定当前的行、列位置码。

行列扫视法工作过程：七位计数器处于定时工作方式，每 96 μs 加 1；计数器输出分别送至两个译码器(行译码和列译码)，高四位译码形成 $Y_0 \sim Y_{15}$ 共 16 行扫描驱动线，低三位译码形成 $X_0 \sim X_7$ 共 8 列扫描驱动线；由于计数器特点，列扫描驱动线随着时钟而步进一列，行扫描驱动线是经过 8 个时钟而步进一行。假设计数器初值为 0，则行译码 Y_0 为

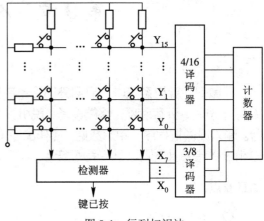

图 9-1　行列扫视法

高电平，经反向为低电平。此时，随着计数器的步进，列扫描驱动线也随之步进 1 列，依次检查 $X_0 \sim X_7$ 这 8 列有无键按下。如果无键按下，经过 8 个时钟之后，行译码 Y_1 成为低电平，则检查 Y_1 行的 $X_0 \sim X_7$ 这 8 列有无键按下。重复上述过程。一旦发现有键按下，检测器便有信号输出。此时，计数器的值即为键扫描码的值。

9.1.3　工作原理及键盘接口

1. 键盘工作原理

PC 系列键盘主要是由 8048 单片机、译码器和 16 行×8 列的键开关阵列三部分组成，如图 9-2 所示。

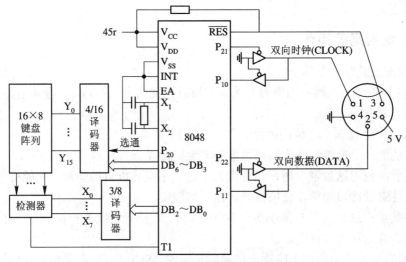

图 9-2　键盘硬件逻辑图

8048 单片机承担了键盘扫描、消抖并生成键扫描码、对扫描码进行并/串转换，并将串

行的键扫描码和时钟送到主机的任务。

单片机中的计数器用于定时工作方式，每 96 μs 计数器增 1。当 P_{20} 输出一个选通信号时，行、列译码电路开始工作。8 位计数器的 $DB_6 \sim DB_3$ 位和 $DB_2 \sim DB_0$ 位，经 DB 总线分别送至键盘阵列的行扫描、列扫描译码电路，进行行、列扫描。检测电路检测有无键按下，并将检测信号送至 8048 的 Tl 脚。若有键按下，此时计数器的低七位的值为键扫描码，计数器最高位输出为 0，8 位键扫描码经 P_{22} 串行输出。由 DATA 线以异步串行方式，将按键的扫描码送至键盘接口，在扫描码输出的同时，P_{21} 输出时钟信号。

8048 最多可存 20 个键扫描码，P_{11}、P_{10} 分别用于请求输入和命令输入。当键按下时，键盘向接口发送的是 1 字节的扫描码。当键抬起时，键盘向接口发送的断开的扫描码是 2 字节的，也就是在接通扫描码前，再加字节 F0。

2. 键盘接口

PC 键盘接口安装在系统板上，通过五芯插头座与键盘相连，接口硬件逻辑如图 9-3 所示。

PC 键盘接口采用 8042 作为键盘的智能接口。 Intel 8042 是个有 40 引脚的单片微处理器，它包括 8 位 CPU、2 KB ROM、128 B RAM、两个 8 位 I/O 端口、一个 8 位定时/计数器和时钟发生器。

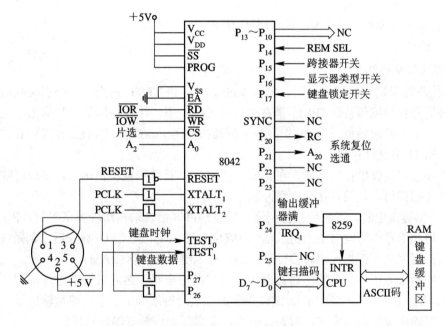

图 9-3　扩展键盘接口逻辑

1) 8042 芯片各引脚作用

(1) 时钟信号。

$XTALI_1$ 和 $XTALI_2$ 这两个引脚外接晶体振荡器和 LC 电路或直接输入时钟信号，用于确定振荡频率。

SYNC 时钟输出信号。每个指令周期输出一次。用于选通输出信号或单步操作输入信号。

(2) 复位与片选信号。

$\overline{\text{RESET}}$：低电平有效的复位信号。

$\overline{\text{CS}}$：低电平有效的片选信号。

(3) 控制信号。

$\overline{\text{RD}}$：低电平有效的读信号，允许 CPU 读。

$\overline{\text{WR}}$：低电平有效的写信号，允许 CPU 写。

A_0：最低位地址输入信号。当 $A_0 = 0$ 时，传送数据；当 $A_0 = 1$ 时，传送命令。

PROG：芯片编程脉冲输入信号。(此时 $V_{DD} = 21$ V)，访问 I/O 扩展器 8243 时，该引脚作为地址数据选通信号。SS 为低电平有效的单步信号。当与 SYNC 引脚相连时，芯片进入单步运行状态。

EA：允许外部访问信号。用于芯片的仿真、测试或 ROM 校检。不用时接地。

$TEST_0 \sim TEST_1$：用于测试条件的输入定时信号。

(4) I/O 端口信号。

$P_{17} \sim P_{10}$：P1 口 8 条 I/O 引脚。

$P_{27} \sim P_{20}$：P2 口 8 条 I/O 引脚。

(5) 电源与地线。

V_{CC}：5 V 电源。

V_{DD}：电源正常操作接 5 V，编程时接 21 V。

V_{SS}：地线。

2) 键盘接口功能

(1) 接收键盘输出的键扫描码。接口通过 $TEST_0$ 和 $TEST_1$ 两个引脚分别接收由键盘传来的时钟信号和数据信号。$TEST_1$ 是在键盘时钟同步下，接收数据的。数据信号是异步串行格式，第 1 位是起始位，第 2～9 位是 8 位键扫描码(D_0 在前，D_7 在后)，第 10 位是奇偶校验位，第 11 位是停止位。

当键盘接口接收串行数据时，在完成串/并转换，且奇偶校验正确后，接口将键扫描码转换成系统扫描码，并保存在输出缓冲器中。

(2) 产生键盘中断。当系统扫描码送入输出缓冲器后，输出缓冲器满置位，P_{24} 引脚为高电平。用此信号作为键盘中断请求信号(IRQ_1)。当 IRQ_1 被 CPU 响应后，则系统调用 9 号中断服务程序进行键盘代码转换处理，最后存入键盘缓冲区(RAM)。

键盘中断服务程序先从输出缓冲器中读取键盘扫描码，然后对按键进行识别。为了确保 CPU 读取扫描码，在读数期间，键盘控制器强制时钟线为低，禁止键盘输出下一个键盘扫描码。当输出缓冲器为空时，时钟线变高，又重新允许键盘输出扫描码。

(3) 接收并执行系统命令。键盘接口通过 P_{26}、P_{27} 把系统发给键盘的命令送至键盘。键盘接收命令后，在指定的时间内作出响应。

3. 键盘中断

计算机系统通过两个中断与键盘发生联系。一个是硬件中断 09H，另一个是软中断 16H。

1) 9 号中断

9 号中断是由按键动作引发的硬件中断。它对键盘上 8 个特殊键：Ctrl、Alt、Shift-L、

Shift-R、Num Lock、Scroll Lock、Caps Lock、Ins 只建立标志状态，控制后续键代码生成；对其他键均可以完成把键的扫描码转换为两个字节的 ASCII 码或扩展码，并送到内存 BIOS 数据区中的键盘缓冲区的功能。

9 号中断完成两种转换：

(1) 把键扫描码转换成为 ASCII 码，则低字节为 ASCII 码，其高字节是系统的扫描码。

(2) 把键扫描码转换为扩展码，其低字节为 0，高字节对应值为 0～255。通常功能键和某些组合键对应的是扩展码，如表 9-1 所示。

表 9-1 键 扩 展 码 表

第一字节	第二字节	键　符
00H	03H	NUL
	10H～19H	Alt + Q，W，E，R，T，Y，U，I，O，P
	2EH～26H	Alt + A，S，D，F，G，H，J，K，L
	2CH～32H	Alt + Z，X，C，V，B，N，M
	3BH～44H	下挡的 F1～F10
	47H～49H	下挡的 Home，↑，PgUp
	4BH	下挡的 ←
	4DH	下挡的 →
	4FH～53H	下挡的 End，↓，PgDn，Ins，DEL
	54H～5DH	Shift + F1～F10
	5EH～67H	Ctrl + F1～F10
	68H～71H	Alt + F1～F10
	72H	Ctrl + Print
	73H～77H	Ctrl + ←，→，End，PgDn，Home
	78H～83H	Alt + 1，2，3，4，5，6，7，8，9，0，−，=
	84H	Ctrl + PgUp

2) BIOS INT 16H

INT 16H 软中断用于检查是否有键输入，并完成从键盘缓冲区取出键值的操作。INT 16H 软中断共有三个子功能，如表 9-2 所示。

表 9-2 INT 16H 功能表

功能号	入口参数	出　口　参　数	说　明
0	AH = 0	AX 存放 ASCII 键或扩展码键符	从键盘读一个字符
1	AH = 1	ZF = 1 无键符	检测输入字符是否准备好
2	AH = 2	ZF = 0 有键符，存在 AX 中 AL = KB-FLAG(键标志)	取当前特殊键的状态

这两种各自独立的中断程序，借助于键盘缓冲区作为中间媒介来传递键符。

3) 键盘缓冲区的作用

(1) 实现键盘实时输入要求。用户按键完全是随机实时的，与主机运行是异步的。开辟键盘缓冲区可实现随机实时键入的要求。

(2) 满足随机应用的需要。应用程序需要的键值时间不一定与按键同步。键盘缓冲区可事先存放应用程序所需的全部的键符。此外，键盘缓冲区满足快速操作员的键入要求。

键盘缓冲区是由 16 个字组成的先进先出循环队列。键盘缓冲区的循环队列形式由软件实现。进队列由中断 9H 处理程序完成；出队列由 INT 16H 程序来完成。为此，循环队列需要设置头、尾两个指针。头指针 Head 总是指向缓冲区最早压入的键符位置，尾指针 Tail 总是指向最后压入的键符的下一个位置，如图 9-4 所示。队列操作如下：

进队列：键符进入尾指针 Tail 所指向的单元，同时调整尾指针，指向下一单元。当尾指针指向队列末端时，则返回到队列始端。

出队列：键符从头指针 Head 指向的单元中取出，同时调整头指针，指向下一单元。当头指针指向队列末端时，则返回到队列始端。

队列空：当头指针和尾指针相等时，表明队列已空，无键符可取。

队列满：当尾指针修正为新的尾指针之后，它与头指针相等，表明队列已满，键符不能再存进键盘缓冲区。键盘缓冲区共占 32 字节，当尾指针 + 2 等于头指针时，为队列满，故键盘缓冲区最多可存 15 个键符。

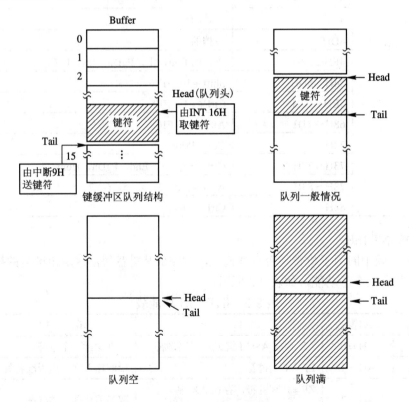

图 9-4　键盘缓冲区循环队列示意图

9.2　鼠标接口

鼠标是一种快速定位器，其功能与键盘的光标键相似，可以快速移动屏幕上的鼠标箭头。鼠标器(简称鼠标)是微机系统中最基本的输入设备之一，也称点输入设备。它具有快速定位、操作灵活、位移分辨率高等特点，是许多操作系统和应用软件必配的输入设备。如在 Windows 系统中，用于软件图形界面的操作。

9.2.1 鼠标设备的类型

鼠标按其按键数目可分为两类：两键鼠标和三键鼠标。一般鼠标是两键鼠标，三键鼠标比两键鼠标多了一个中键。鼠标按其接口类型又可分为三类：PS/2 接口、USB 接口和串行口鼠标。PS/2 鼠标用的是 6 针的圆形接口，串行口鼠标用的是 9 针的 D 形接口。按机械结构鼠标可分为三类：机械式、光机式和光电式鼠标。

1. 机械式鼠标

机械式鼠标底部有一个被橡胶包裹着的金属球，紧靠着橡胶球有两个相互垂直的转轴，在转轴上装有旋转编码器和相应电路。当鼠标移动时，球便滚动，使两个转轴旋转，由编码器及相应电路可计算沿水平方向和垂直方向的偏移量。这种鼠标结构简单、价格便宜、操作方便、准确度及灵敏度差。

2. 光电式鼠标

光电式鼠标是通过两对相互垂直的光电监视器中的光敏三极管检测发光二极管照射到鼠标下面的垫板上产生的反射光来工作的。该垫板是画有黑白格子的专用垫板，当发光二极管发出的光线照到黑格子上时，光线被吸收，当光线照到白格子上时，则有反光，随之光敏三极管依据有无反射光而产生高、低电平，形成脉冲信号。这种鼠标器传送速率快，灵敏度和准确度高，但需用专用垫板，价格贵。

3. 光机式鼠标

光机式鼠标是光学机械混合鼠标器。它有滚动橡胶球，不需专用垫板。它用两个相互垂直的滚轴紧靠橡胶球上，两个滚轴顶端都装一个边缘开槽的光栅轮，光栅轮的两边分别装着发光二极管和光敏三极管，用于光电检测。当鼠标器移动时，橡胶球滚动，带动滚轴及光栅轮转动。光线通过光栅轮的开槽透光，未开槽时不透光，从而使光敏三极管产生高、低电平，形成脉冲信号。

鼠标器最重要的参数是分辨率。它以 dpi(像素/英寸)为单位，表示鼠标器移动 1 英寸所通过的像素数。一般鼠标器的分辨率为 150～200 dpi，高的可达 300～400 dpi，若屏幕分辨率为 640×480 时，则鼠标器移动 1 英寸，对应于屏幕在移动 300～400 像素位置，基本遍历屏幕的 2/3。鼠标的分辨率越高，鼠标器移动距离就越短。

鼠标器顶部都装有两个或三个控制按键，三个按键的中间按键很少使用。一般两个按键即可。

9.2.2 鼠标设备的基本工作原理

尽管鼠标的类型有很多种，但它们的基本工作原理是一样的，都是将鼠标在平面运动中产生的 X 方向与 Y 方向位移数据送入计算机，以确定屏幕上光标的位置，实现对微机的操作。图 9-5 为鼠标的基本电路框图。从该图可看到，鼠标电路由位置传感器、专用处理芯片和采样机构组成。

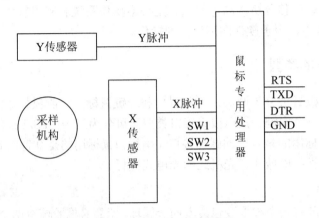

图 9-5　鼠标的基本电路框图

当鼠标相对桌面移动时，采样机构按 X、Y 相互垂直的方向把位置和距离信息送往传感器，传感器将它转换为脉冲，输入给专用处理器，然后处理器按照异步串行口通信协议，将动作位移的相应数据格式传送到微机，微机根据输入数据确定光标在屏幕上的坐标位置。当鼠标点击按键(左键或右键或中间键)时，在信号线 SW1 或 SW2 或 SW3 上产生信号，并通过鼠标电路传送到微机，使微机在屏幕点击鼠标处完成界面的功能操作。

9.2.3　鼠标接口

鼠标设备与微机的接口有多种类型：串口、USB 接口和 PS/2 接口。使用最广泛的 PS/2 接口连接件示意如图 9-6 所示。

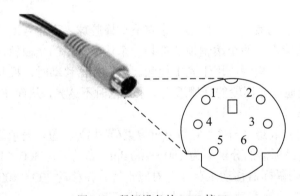

图 9-6　鼠标设备的 PS/2 接口

PS/2 接口是一种具有 6 针信号的 DEN 接口，该口的引脚信号定义见表 9-3。

表 9-3　PS/2 鼠标接口信号定义

引　脚	信　号	引　脚	信　号
1	数据 Data	4	电源 V_{CC}
2	保留	5	时钟 CLK
3	地 GND	6	保留

9.3 图像处理设备接口

9.3.1 扫描仪

扫描仪是把传统的模拟影像转化为数字影像的设备之一。它把原始稿件的模拟光信号转换为一组像素信息，最终以数字化的方式存储于数字文件中，实现影像的数字化。

1. 扫描仪的分类

1) 按接口方式分

目前扫描仪常见的接口方式(即扫描仪与计算机之间的连接方式)有三种：

(1) SCSI 接口。SCSI 接口的扫描仪需要一块 SCSI 卡将扫描仪与计算机相连接(所需的 SCSI 卡一般在扫描仪中自带)，早期的扫描仪大都是 SCSI 接口。SCSI 接口扫描仪的优点是传输速度较快，扫描质量高；缺点是需要安装一块 SCSI 卡，要占用一个 ISA 或 PCI 槽以及相应的中断，安装相对复杂，并有可能和其他配件发生冲突。

(2) EPP 接口。EPP 接口就是我们常说的打印口(并口)。EPP 接口扫描仪和 SCSI 接口扫描仪相比速度较慢，扫描质量差，但安装方便，兼容性好。大多采用 EPP 接口的扫描仪后部都有两个接口，一个接计算机，另一个接其他的并口设备(一般是打印机)。

(3) USB 接口。USB 接口是新出现的接口形式，一般的 ATX 主板都自带 USB 接口。此种扫描仪的优点是速度较 EPP 接口的快，可带电插拔，即插即用。较新的 USB 扫描仪可直接由 USB 口供电，无需另加电源。

2) 按工作原理分

按工作原理的不同，可将扫描仪分为手持式、平板式、胶片专用、滚筒式和 CIS 扫描仪。

(1) 手持式。此种扫描仪的光学分辨率一般在 100～600 dpi 之间，大多是黑白的。

(2) 平板式。此种扫描仪又称 CCD 扫描仪，主要用于扫反射稿。光学分辨率为 300～2400 dpi，色彩位数以可达 48 位。

(3) 胶片扫描仪。此种扫描仪主要用来扫描幻灯片、摄影负片、CT 片及专业胶片，高精度、层次感强。

(4) 滚筒式。此种扫描仪以点光源一个一个像素地进行采样，采用 RGB 分色技术，为专业级扫描仪。

(5) CIS 扫描仪。CIS 的意思是"接触式图像传感器"。此种扫描仪不需光学成像系统，结构简单，成本低廉并且轻巧实用，但是对扫描稿厚度和平整度要求严格，成像效果比 CCD 的差。

2. 扫描仪的技术指标

在我们接触扫描仪的时候，会看到各式各样的技术指标，下面介绍一些常见的技术指标。

1) 扫描精度

扫描精度就是分辨率，是衡量一台扫描仪档次高低的重要参数，它所体现的是扫描仪在扫描时所能达到的精细程度。扫描精度通常以 dpi(分辨率)表示，和喷墨打印机的技术指标类似，dpi 值越大，扫描仪扫描的图像越精细。扫描分辨率分为光学分辨率(真实分辨率)和插值分辨率(最大分辨率)两类，前者是硬件形式的，后者是软件形式的。

2) 色彩位数

色彩位数表明了扫描仪在识别色彩方面的能力和能够描述的颜色范围，它决定了颜色还原的真实程度，色彩位数越大，扫描的效果越好、越逼真，扫描过程中的失真就越少。

3) 灰度级

扫描仪的灰度级水平反映了扫描时提供由暗到亮层次范围的能力，具体说就是扫描仪从纯黑到纯白之间平滑的过渡能力。灰度级位数越大，相对来说扫描结果的层次就越丰富、效果越好。

4) 扫描幅面

扫描幅面是指扫描仪所能扫描的范围，也就是纸张的大小，一般有 A4、A4+ 和 A3 等。

5) 兼容性

几乎所有的扫描仪都可用于 PC，很多 SCSI 和 USB 扫描仪兼容 MAC(苹果)系列。

6) 系统环境

扫描仪工作需要驱动程序，这些驱动程序决策扫描仪能在哪些系统下使用。

9.3.2　数码相机

所谓数码相机，就是一种能够进行拍摄，并通过内部处理把拍摄到的景物转换成以数字格式存放的图像的特殊照相机。与普通相机不同，数码相机并不使用胶片，而是使用固定的或者是可拆卸的半导体存储器来保存获取的图像。数码相机可以直接连接到计算机、电视机或者打印机上。在一定条件下，数码相机甚至还可以直接接到移动电话机或者手持 PC 机上。由于图像是在内部处理的，所以使用者可以马上检查图像是否正确，而且可以立刻打印出来或是通过电子邮件传输出去。

数码相机由镜头、CDD(电荷耦合器件)、A/D(模/数)转换器、MPU(微处理器)、内置存储器、LCD(液晶显示器)、PC 卡(可移动存储器)和接口(计算机接口、电视机接口)等部件组成，通常它们都安装在数码相机的内部，当然也有一些数码相机的液晶显示器与相机机身分离。

数码相机的工作原理如下：当按下快门时，镜头将光线会聚到感光器件 CCD 上(CCD 是半导体器件，它代替了普通相机中胶卷的位置，它的功能是把光信号转变为电信号)；这样，通过 CCD 我们就得到了对应于拍摄景物的电子图像，但是它还不能马上被送去计算机进行处理，还需要按照计算机的要求进行从模拟信号到数字信号的转换，A/D(模/数)转换器用来执行这项工作；接下来，MPU(微处理器)对数字信号进行压缩并转化为特定的图像格式，例如 JPEG 格式；最后，图像文件被存储在内置存储器中；至此，数码相机的主要工作已经完成，剩下要做的是通过 LCD(液晶显示器)查看拍摄到的照片。有一些数码相机为扩大容量而使用可移动存储器，如 PC 卡或者软盘。

1. A/D 转换器

A/D 转换器(ADC，Analog Digital Converter)，即模拟/数字转换器。它是将模拟电信号转换为数字信号的器件。A/D 转换器的主要性能指标是转换速度和量化精度。转换速度是指将模拟信号转换为数字信号所用的时间。由于高分辨率图像的像素数量庞大，因此对转换速度要求很高。

量化精度是指可以将模拟信号分成多少个等级。如果说 CCD 是将实际景物在 X 和 Y 的方向上量化为若干像素，那么 A/D 转换器则是将每一个像素的亮度或色彩值量化为若干等级。这个等级在数码相机中叫做色彩深度。数码相机的技术指标中无一例外地给出了色彩深度值。色彩深度就是色彩位数，它以二进制的位(bit)为单位，用位的多少表示色彩数的多少。常见的有 24 位、30 位和 36 位。数码相机色彩深度反映了数码相机能正确表示色彩的多少，以 24 位为例，三基色(红、绿、蓝)各占 8 位二进制数，也就是说，红色可以分为 256 个不同的等级，绿色和蓝色也是一样，那么它们的组合为 $256 \times 256 \times 256 = 16\,777\,216$，即 1600 万种颜色，而 30 位可以表示 10 亿种，36 位可以表示 680 亿种颜色。色彩深度值越高，就越能真实地还原色彩。

2. MPU(微处理器)

数码相机要实现测光、运算、曝光、闪光控制、拍摄逻辑控制以及图像的压缩处理等操作，必须有一套完整的控制体系。数码相机通过 MPU(Microprocessor Unit)实现对各个操作的统一协调和控制。和传统相机一样，数码相机的曝光控制可以分为手动和自动，手动曝光就是由摄影者调节光圈大小、快门速度。自动曝光方式又可以分为程序自动曝光、光圈优先式曝光和快门优先式曝光。MPU 通过对 CCD 感光强弱程度的分析，调节光圈和快门，又通过机械或电子控制调节曝光。

3. 存储设备

存储器中的图像数据可以反复记录和删除，而胶卷只能记录一次。存储器可以分为内置存储器和可移动存储器。内置存储器为半导体存储器，安装在相机内部，用于临时存储图像，当向计算机传输图像时须通过串行接口。它的缺点是装满之后要及时向计算机转移图像文件，否则就无法再存入图像数据。早期数码相机多采用内置存储器，而新近开发的数码相机更多地使用可移动存储器。这些可移动存储器可以是 3.5 英寸软盘、PC(PCMCIA)卡、CompactFlash 卡和 SmartMedia 卡等。这些存储器使用方便，拍摄完毕后可以取出更换，这样可以降低数码相机的制造成本，增加应用的灵活性，并提高连续拍摄的性能。存储器保存图像的多少取决于存储器的容量(以 MB 为单位)以及图像质量和图像文件的大小(以 KB 为单位)。图像的质量越高，图像文件就越大，需要的存储空间就越多。显然，存储器的容量越大，能保存的图像就越多。

9.4　液晶显示器接口

显示器是 PC 最常用的输出设备，可用来显示字符、图形、图像，可以作为计算机内部信息的输出设备，又可以与键盘配合作为输入设备。现在大多数计算机系统主要采用液晶显示器，但在一些简单或专用的微机系统中，往往只需要显示数字，这时一般使用简单的数码管显示器来构成系统的显示设备。

9.4.1　液晶显示器及其接口

液晶显示器(LCD，Liquid Crystal Display)的成像原理与 CRT 显示器完全不同。LCD 不是用体积较大的显像管进行成像，而是利用液晶的物理特性成像。LCD 将液晶放置在两片可以导电的无钠玻璃之间，当导电玻璃加电时，中间的液晶分子会按照与导电玻璃垂直的方向顺序排列，使得光线不发生偏移和折射，而穿过液晶直射到对面的玻璃板上成像；当导电玻璃不加电时，中间的液晶分子无规则分布，会使光线发生偏移和折射，不能直射到对面的玻璃板上，所以不能成像。

按照物理结构，LCD 可分为双扫描无源阵列显示器(DSTN LCD)和薄膜晶体管有源阵列显示器(TFT LCD)两种。

双扫描无源阵列(DSTN，Dual Scan Tortuosity Nomograph)所构成的液晶显示器对比度和亮度较差、可视角度小、色彩欠丰富，但是它结构简单、价格低廉。

薄膜晶体管(FFT，Thin Film Transistor)是指液晶显示器上的每一个液晶像素点都由集成在其后的薄膜晶体管来驱动。与 DSTN LCD 相比，TFT LCD 具有屏幕反应速度快、对比度和亮度高、可视角度大、色彩丰富等特点，克服了 DSTN 固有的许多缺点，是当前的主流显示设备。

液晶显示器的主要参数如下：

(1) 可视角度。一般而言，LCD 的可视角度都是左右对称的，但上下就不一定了，而且常常是上下角度小于左右角度，可视角越大越好。

(2) 响应时间。响应时间反应了液晶显示器各像素点对输入信号反应的速度，即像素由暗转亮或由亮转暗的速度，响应时间越小越好。响应时间越小，则使用者在看运动画面时不会出现尾影拖曳的感觉。

(3) 显示色数。几乎所有 15 英寸 LCD 都只能显示高彩(218 种颜色)，因此，许多厂商使用了所谓的 FRC(Frame Rate Control)技术，以仿真的方式来表现出全彩的画面。

9.4.2　显示卡

显示卡的基本作用就是控制微机的图形输出，对图形函数进行加速。显示卡通常以附加卡的形式安装在微机主板的扩展槽中，或集成在主板上。对显示卡，主要了解显示标准、接口和性能。

1. 显示标准

视频显示标准反映了各种视频显示图形卡的性能，或显示工作方式、屏幕显示规格、分辨率及显示色彩的种类。从 IBM 公司最早推出的视频显示标准 MDA 开始，陆续形成了一系列新的标准，如 CGA、EGA、VGA 和 TVGA 等，反映了显示技术的不断发展和人们对显示效果的要求不断提高。显然，在同样尺寸的显示器上，字符显示的列、行数越多，图形显示的分辨率越高，可显示的色彩种类越多，表明显示卡的性能越好。

2. 显示卡接口及性能

显示卡接口主要有 ISA、PCI、AGP、PCI Express 等几种，所能提供的数据宽带依次增加。其中，2004 年推出的 PCI Expres 接口已经成为主流，它解决了显示卡与系统数据传输的瓶颈问题，而 ISA、PCI 接口的显示卡已经基本被淘汰。

显示卡的性能是指显示卡上的芯片能够提供的图形函数的计算能力，这个芯片通常也称为加速器或图形处理器。一般来说，在芯片内部会有一个时钟发生器、VGA 核心和硬件加速函数，很多新的芯片在内部还集成了 D/A 转换随机存储器(Random Access Memory Digital-to-Analog Converter，RAMDAC)。芯片可以通过其数据传输带宽来划分，目前的芯片多为 64 位或 128 位。更多的带宽可以使芯片在一个时钟周期中处理更多的数据。显卡性能主要有以下几个方面：

1) 显示分辨率

显示分辨率用“每行的点数乘以每屏行数”来表示。对 4:3 画面的 VGA 是 640×480、SVGA 是 800×600、QXGA 是 2048×1536，对 16:9 画面的 HD1080 是 1920×1080 等。显卡的分辨率不应低于显示器的分辨率。

2) 刷新速度

每秒显示画面的帧数称为显示卡的刷新率，也就是刷新速度。早期的电视机隔行扫描的刷新率是 50(实际每秒只有 25 个完整帧)，现在的显示卡是逐行扫描，刷新率都在 80 Hz 以上，有的达到了 160 Hz。实际上，刷新率只要达到 70～72 Hz，画面就非常稳定了。

3) 颜色和灰度

除了可显示的点数，每个点的色彩数也是一个重要指标。色彩数量由显示卡上每个像素使用的存储器位数决定。例如，每个点用 16 位存储，可以有 65 536 种不同的色彩，也称为“16 位色”。彩色图形卡连接单色显示器时，用灰度等级来代替颜色。

9.5 打印机接口

打印机是计算机系统中标准的输出设备之一。它可打印字符、字母、数字、图形和表格。打印机种类很多，按打印原理可分为击打式打印机和非击打式打印机。

击打式打印机用机械方法，使字符击打色带和打印纸，则纸上印出字符。

非击打式打印机不是用击打方式打印字符，而是通过激光、喷墨、静电、热敏等方式，将字符印在打印纸上，也称为印字机。

9.5.1 常见打印机

打印机分非击打式和击打式两类。

1. 非击打式打印机

目前常见的非击打式打印机有如下几种：

1) 喷墨打印机

喷墨打印机使用很细的喷嘴，把印字的墨水喷在纸上完成印字。它有纵列 28 点的墨水喷嘴, 在点阵中要印出墨点的相应位置的墨水微粒不带电; 而不印墨点的位置的墨水微粒带电。这样, 当墨水微粒经过电场时, 带电的微粒被吸附下来; 未带电的微粒按点阵字的形式凝集在纸上形成字符。当打印时, 黑、红、黄、绿色墨水一起喷点, 则可形成漂亮的彩色打印, 这种打印机字迹清晰且美观, 速度快。

2) 激光打印机

激光打印机通过激光技术和电子照相技术完成印字, 它是一种高精度、高速度、低噪声的非击打式打印机。

激光打印机的基本工作原理如图 9-7 所示, 它主要由激光扫描系统、电子照相系统和控制系统三部分组成。

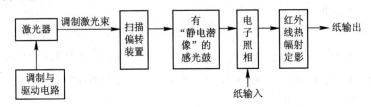

图 9-7　激光打印机工作原理

激光扫描系统主要作用是使激光器产生的激光经调制后, 变成载有字符或图形信息的激光束, 该激光束通过扫描偏转装置在感光鼓上扫描, 形成“静电潜像”。

电子照相系统把带有“静电潜像”的感光鼓接触带有相同极性电荷的干墨粉, 鼓面被激光照射的部位, 将吸附墨粉, 从而显影图像, 该图像转印在纸上, 经红外线热辐射定影后, 使墨分子渗透到纸纤维中。

控制系统包括激光扫描控制、电子照相系统控制、缓冲存储器和接口控制等。控制系统完成接收和处理主机的各种命令和数据的功能, 以及向主机发送状态的功能。

激光打印机打印速度可达每分钟 2000 行, 是目前打印机中最快的一种。

3) 热敏打印机

热敏打印机印字头由点阵式的发热元件组成, 其特点是低功耗、低噪音、低价格。根据其印字原理, 可分成两种类型。

热敏纸打印机: 当发热印字头与热敏纸接触后, 点阵发热部分便使纸上变为黑点, 实现印字。

热传导打印机: 这种打印机的色带上涂有很细的蜡制颗粒, 蜡膜内装有渍墨, 当发热印字头与热敏色带接触后, 色带受热, 蜡膜熔化, 油墨就打印在纸上。

4) 液晶打印机

液晶打印机是由产生均匀单色光的灯和液晶器件的光开关代替激光部件的打印机。通常液晶分子排列无序, 也不透光。在电场作用下, 可沿场强方向作定向排列, 便可以透光。液晶光开关将光聚焦成清晰的图像, 射到感光鼓上。其工作原理与激光打印机相似。该打印机精度高、造价低、寿命长。

5) 静电打印机

类似于热敏纸打印机, 其印字头是静电元件, 打印纸为静电感应纸。打印时, 行先在打印纸上加上高压, 形成静电荷潜影; 然后, 通过静电吸附原理吸附有色物质, 形成图像;

最后经过定影，得到固定的字符和图形。

2. 击打式打印机

常见的击打式打印机有如下几种。

1) 点阵打印机

在目前流行的打印机中仍以点阵打印机为主流，点阵打印机主要优点是成本低、字迹清晰、维修方便，缺点是噪音大。

点阵打印机的打印头是由一列打印针头组成的，打印针头有 9 针、16 针、24 针等几种。打印时，打印针头横向移动，一列一列地纵向打印字符点阵，当一行字符点阵打印完毕时，走纸一行，完成一行字符打印。

点阵打印机分为字符和图形两种打印机。其中 16 针、24 针一般都属于图形打印机。图形打印机可用于汉字打印。

点阵打印机主要由带动打印头的步进电机、走纸步进电机、色带及接口控制电路组成。点阵打印机的接口控制工作原理如图 9-8 所示。

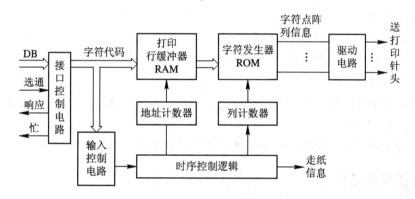

图 9-8　点阵打印机控制逻辑框图

接口控制电路的功能是接收系统的打印数据、返口打印机状态。系统向打印机输出的数据有两种：一种是可打印的 ASCII 码；另一种是控制字符，如回车符、换行符、制表、走纸等等。前一种数据直接送至打印行缓冲器；后一种数据送至输入控制电路，然后，该电路向打印时序控制电路发送信息，产生相应控制信号和相应的动作。

打印字符时，主机先检查打印机状态，若打印机处于"忙"，则主机等待；若处于"不忙"，则主机输出数据同时发送"选通信号"。主机输出的数据经打印接口的输出缓冲器送至打印行缓冲器。同时，地址计数器加 1，向主机发"响应信号"，通知主机可发送下一个数据。如此重复传送数据，直至主机发出行结束信号或输入缓冲器满时，接口电路回答"忙"信号，则主机停止发送数据，打印机进入打印阶段。

当接口电路处于忙状态时，主机不再传送数据，打印机开始打印。先在行缓冲器中取一个 ASCII 码，作为字符发生器的高位地址，列计数器作为字符发生器的低位地址，从字符发生器取出字符的 1 列点阵信息，送至驱动电路，驱动打印针头，打印出相应字符的 1 列点迹。每打印 1 列，列计数器加 1，字符发生器依据列计数器的值，依次取出字符点阵各列信息。打印一个字符点阵后，地址计数器加 1，再取出下一个字符打印。打印头在打印时序电路控制下，自左向右边打边移动，一行打印完后，发控制走纸一行信息。打印头返回到最左端，这样开始重复输入新一行数据。

图形打印时，主机发送的打印数据本身是点阵数据，存放在行缓冲器中。行缓冲器中的点阵码数据直接送到驱动器，控制打印头的动作，不需要从行缓冲器到字符发生器之间的代码变换。

2) 转鼓打印机

转鼓打印机的字符都设置在圆柱形的鼓面上，径向的每一行都是相同字符，圆周方向上是一套字符。打印时通过鼓的旋转选字符，然后打字键把纸和色带压在字符上，字便可印出来。

3) 球式打印机

球式打印机的字符刻在球的表面上，按环状排列，字符的选择是通过球旋转和转轴倾斜实现的。选定字符后，击打纸和色带，实现印字。

4) 菊花轮式打印机

菊花轮式打印字盘像个扁平的菊花瓣，每个菊花瓣末端压制一个字符。字盘铸在可横向移动的轮子上，当菊花轮移至打印位置并选定打印字符时，击键将字符印在纸上。

5) 链条打印机

链条打印机的打印字符压制在由两个齿轮带动的链条的外缘上，通过链条的移动实现选字。通过击打使纸和色带与链条上的字符接触实现印字。

6) 轮式打印机

轮式打印机有个字轮，轮上有各种字符，每个字符配一转轮，每个转轮被控制转到预定的位置，然后整行打印。

目前，除了点阵打印机外，其余所述打印机已很少使用了。

9.5.2　打印机接口控制

主机和打印机之间的数据传输，既可用并行方式，也可用串行方式，因此，主机既可使用并行接口连接打印机，也可使用串行接口连接打印机。

1. 并行接口连接的打印机

并行打印机通常采用 Centronics 并行接口标准，如表 9-4 所示。该标准定义了 36 脚插座。而 PC/XT 的并行接口通常采用 25 脚的口型插座，如图 9-9 所示。一般并行输出时，使用 36 芯插座；而串行输出时，使用 25 芯插座。

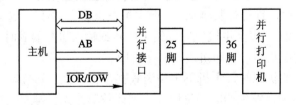

图 9-9　并行打印机信息传送示意图

图 9-10 给出了并行打印机接口的逻辑图。当主机要向打印机写数据时，由命令译码器产生的控制信号将数据经"数据发送/接收器"送至输出数据寄存器，等待写入打印机。同样，主机向打印机发送命令时，则欲写入的控制信号通过"数据发送/接收器"送至控制寄存器，

反之，主机欲读状态寄存器时，则状态寄存器内容经"数据发送/接收器"传送至主机。

表 9-4 Centronics 并行接口标准

引脚号	信号	方向	功　　能
1	STOBE	入	数据选通
29	D1D8	入	数据位
10	ACK	出	打印机准备好
11	BUSY	出	打印机忙
12	PE	出	无纸
13	SLCT	出	打印机能工作
14	AUTOFEEDXT	入	打印一行后，自动走纸
31	INIT	入	打印机复位
32	ERROR	出	无纸，脱机出错指示
36	SLCTIN	入	允许打印机工作

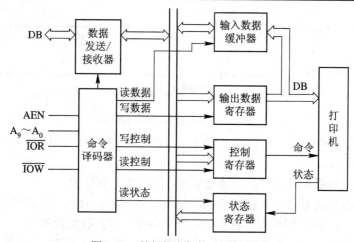

图 9-10　并行打印机接口逻辑框图

1) 并行接口内的寄存器

并行接口内部逻辑共设有三个寄存器端口：数据寄存器、控制寄存器和状态寄存器。主机依据端口的地址进行五种操作：读/写数据寄存器、读/写控制寄存器和读状态寄存器。

数据端口：主机可通过对该端口的写操作将打印数据送至打印机，或者通过该端口读操作将打印机的数据读到主机。

控制端口：主机通过对该端口的读/写操作，完成对控制寄存器的访问。控制寄存器各位的定义如图 9-11 所示。

D_7 D_6 D_5	D_4	D_3	D_2	D_1	D_0
	IRQEN	SLCT IN	INIT	AUTO FD	STORBE
	允许中断	选择联机	初始化	自动换行	数据选通

图 9-11　并行接口控制寄存器各位定义

状态端口：只读端口，主机可通过读该端口来获得打印机当前状态。状态寄存器各位的定义如图 9-12 所示。

D$_7$	D$_6$	D$_5$	D$_4$	D$_3$	D$_2$ D$_1$ D$_0$
BUSY	ACK	PE	SLCT	ERROR	保留
打印机忙	应答	没纸	选择联机	出错	

图 9-12　并行接口状态寄存器各位定义

2) 并行接口的打印机时序

并行接口的打印机时序如图 9-13 所示。

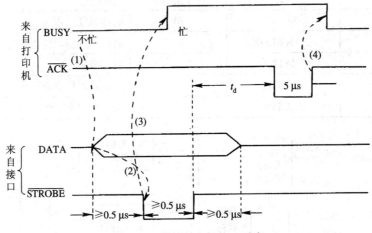

图 9-13　并行打印机接口时序

(1) 主机要打印数据时，首先查 BUSY。当 BUSY＝0，即打印机不忙时，主机才能把数据送到数据总线上。

(2) 数据送到 DATA 线之后，发选通信号，以便通知打印机。

(3) 打印机收到选通信号，便发"忙"信号接收数据，存入行缓冲器之后，打印机发响应信号(宽度为 5 μs 的负脉冲)。表示打印机准备好，可接收新数据。

(4) 响应信号的上升沿清"忙"信号，以便通知主机再向打印机传送数据。

2. 串行接口连接的打印机

主机采用串行接口连接的打印机是串行打印机。串行打印机是由并行打印机再加上输入缓冲器和串行接口组成的，如图 9-14 所示。

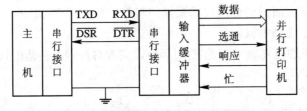

图 9-14　主机与串行打印机连接示意图

串行打印机通常在打印的同时，主机仍可以向打印机传送数据。为此，要求输入缓冲器容量较大。但是由于主机传送数据比打印数据的速度快，因此，会出现输入缓冲器满的现象。当输入缓冲器满时，由打印机的 $\overline{DTR}$ 引脚发出未准备好信号，送至主机的串口 $\overline{DSR}$ 引脚。主机接到此信号则停止发送数据。

9.5.3 打印机接口编程

打印机接口的编程可以直接在硬件级实现接口编程,也可在软件中使用 BIOS 功能调用来实现接口编程。

1. 打印机接口硬件级编程

PC 系列微机对打印机接口内部的寄存器提供了固定的端口 I/O 地址,其定义如表 9-5 所示。

表 9-5　打印机内部寄存器端口地址

打印接口内部寄存器	端口 I/O 地址
输出锁存器	378H
状态寄存器	379H
控制寄存器	37AH

其中,状态寄存器各位的含义如图 9-15 所示。

D_7	D_6	D_5	D_4	D_3	D_2	D_1	D_0
BUSY	ACK	PE	SLCT	ERROR	…	…	TIME OUT

图 9-15　打印机状态寄存器各位定义

● $D_0 = 1$ 表示超时。当打印机处于忙状态并超过 1 秒时,表示打印机超时,CPU 检测到超时状态后,可从循环等待中退出。

● D_1、D_2 未定义。

● $D_3 = 1$ 表示打印机故障。

● $D_4 = 1$ 表示打印机处于联机状态,打印机可工作。

● $D_5 = 1$ 表示打印机缺纸。

● $D_6 = 1$ 表示打印机有应答信号。

● $D_7 = 1$ 表示打印机空闲,可以接收打印字符。

控制寄存器各位的含义如图 9-16 所示。

D_7	D_6	D_5	D_4	D_3	D_2	D_1	D_0
…	…	…	IRQ7	SLCTIN	INI	AUTO	STB

图 9-16　打印机控制寄存器各位定义

● D_0 位为选通(STB)控制位。当该位写 1 时,STB 输出高电平,当该位写 0 时,STB 输出低电平。当 STB 信号线上产生有效的选通信号时,其信号下降沿将数据总线 $D_0 \sim D_7$ 上的字符代码数据存入打印机内部寄存器,并启动打印机打印该字符。

● D_1 位为自动换行(AUTO)设置位。当该位被置 1 后,AUIO FEED 信号线输出有效信号,控制打印机在打印完一行的最后列后自动换行。

● D_2 位为初始化位(INIT)。该位被写入 0,INIT 信号线将输出低电平,当持续几十微秒后。打印机内部电路将复位。

● D_3 位为选择输入位(SLCTIN)。该位被置 1 后,SLCTIN 信号输出有效信号,表示允许打印机工作。

● D_4 位为中断允许位(IRQ7)。当该位被置 1 后，表示允许打印机有中断请求。

● D_5、D_6 未定义。

● $D_7 = 1$ 表示打印机空闲。可以接收打印字符。

例 1：针对打印机接口，用汇编程序编写一个打印子程序。假定子程序入口参数为 AL，它赋值有打印字符的代码。其打印子程序如下：

```
PRINT    PROC     NEAR
         PUSH     AX              ；保护现场
         PUSH     DX
         MOV      DX，378H
         OUT      DX，AL          ；输出待打印字符到输出寄存器
         MOV      DX，379H
WAIT:    IN       AL，DX          ；读入打印机状态寄存器值
         TEST     AL，10000000B   ；测试状态位
         JE       WAIT            ；忙则等待，继续查询
         MOV      AL，00001101B   ；控制字，选通位为 1
         MOV      DX，37AH
         OUT      DX，AL          ；输出控制字到控制端口
         MOV      AL，00001100B   ；控制字，选通位为 0
         OUT      DX，AL          ；输出控制字到控制端口，产生选通有效信号
         POP      DX              ；恢复现场
         POP      AX
         RET                      ；子程序返回
         END
```

例 2：编写使用打印中断方式的打印程序。打印 BUFFER 缓冲区的字符串，当遇到$字符后，程序结束。

```
          ⋮
         MOV      DX，37H
         MOV      AL，00011000B
         OUT      DX，AL          ；控制字写入控制端口，其中 D₂=0，INIT 脚输出低电平
         CALL     DELAY50         ；调延时 50 μs 子程序
         MOV      DX，37AH
         MOV      AL，00011100B
         OUT      DX，AL          ；控制字写入控制端口，其中 D₂=1，复位输出结束
         IN       AL，21H         ；读 8259 中断屏蔽字
         AND      AL，01111111B
         OUT      21H，AL         ；写 8259 中断屏蔽字，开放 IRQ₇打印中断
         LEA      SI，BUFFER      ；将字符串缓冲区首址送入 DS：SI
         MOV      DX，378H
```

```
              MOV      AL，[SI]
              OUT      DX，AL              ；将字符串首字符代码输出到打印数据锁存器中，
                                          ；并启动中断
              MOV      AL，00001101B
              MOV      DX，37AH
              OUT      DX，AL
              MOV      AL，00001100B
              OUT      DX，AL              ；输出控制字到控制端口，产生选通有效信号
        PR：  CMP      BYTE PTR[SI]，'$'
              JZ       EXIT               ；遇到$字符，程序转 EXIT 退出
              JMP      PR
              ⋮
```

打印中断服务程序如下：

```
              PUSH     AX
              PUSH     DX
              INC      SI
              MOV      DX，378H
              MOV      AL，[SI]
              OUT      DX，AL              ；输出一个字符代码
              MOV      DX，37AH
              IN       AL，DX
              OR       AL，00000001B
              OUT      DX，AL
              AND      AL，11111110B
              OUT      DX，AL              ；输出有效选通信号
              MOV      AL，20H
              OUT      20H，AL             ；复位 8259 打印中断
              POP      DX
              POP      AX
              IRET
```

2. 打印机接口 BIOS 调用编程

BIOS 的 10H 号功能程序提供了对打印机接口的访问控制。INT 10H 的调用格式如下：

(1) 0 号子功能：打印一个字符。

入口参数：AL = 打印字符的 ASCII 码

　　　　　　DX = 打印机号(0~2)

出口参数：AH = 打印机状态

(2) 1 号子功能：初始化打印机。

入口参数：DX = 打印机号

出口参数：AH = 打印机状态

(3) 2 号子功能：读打印机状态。

入口参数：DX = 打印机状态

出口参数：AH = 打印机状态

例3：利用 INT 17H 的 0 号子功能程序控制一个字符 A 的打印。

```
MOV      AH, 0          ; 0 号功能
MOV      AL, 'A'        ; 待打印字符送 AL
MOV      DX, 0          ; 并口 1 所接打印机打印
INT      17H            ; 转 BIOS 打印程序
TEST     AH, 01H        ; 检测是否超时
JNZ      ERROR          ; 超时转出错程序
 ⋮
ERROR： ⋮
```

9.6　磁盘接口

磁盘存储器与 RAM、ROM 一样具有存储功能，但是它属于外部设备，存放相对不常用的数据和程序。

磁盘存储器具有存储信息量大，存取修改方便，信息可长期保存等特点，被广泛应用在计算机系统中。

磁盘存储器由磁盘和磁盘接口组成。磁盘又分为软盘和硬盘两种类型。

9.6.1　数字磁记录原理

1. 磁表面存储的基本原理

任何一个磁记录过程都可以看成一个电磁转换的过程，这个过程是通过磁头及其做相对运动的磁记录介质(称为媒体)的相互作用来实现的，如图 9-17 所示。

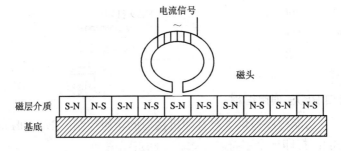

图 9-17　磁记录原理示意图

其中，磁头是由铁芯和铁芯上的线圈等组成。铁芯的下方靠近记录介质的地方开有很窄的缝隙，称为前隙。磁记录介质涂敷在非磁性衬底上。当磁头线圈中通以电流时，就在铁芯及前隙附近空气中产生磁场，使磁头下方的磁记录介质被磁化。磁化状态随电流的变化而变化。这样，电流所代表的信息(可以是声音、图像、数码等)就通过磁性介质永久地

保存下来。当需要将这些信息再现时，介质上已记录信息的磁化单元在磁头下运动，使通过磁头线圈中的磁通发生变化。根据电磁感应定律，它可使线圈中感应出电动势并转化成电流。再经一系列变换，则可还原为原来输入的信息(如声音、图像、数码等)。

根据记录信号的不同，磁记录可分为模拟磁记录和数字磁记录两种。

(1) 模拟磁记录：被记录的信号是连续的模拟信号，记录介质上留下的是连续的正弦波磁化分布。

(2) 数字磁记录：被记录的信号是脉冲信号，记录介质上留下的是一连串等距或不等距的饱和磁化翻转。这种磁记录主要要求磁化翻转快、读出可靠、重写性好等，多用于计算机外存储设备中的数字信号记录。

2. 数字磁记录编码方式

在进行数字磁记录时，信息的写入是一个电磁转换过程。它将二进制数据按特定规律转换成相应的磁化反转。这种规律就称为记录编码。记录编码对外存储设备的数据记录密度、读出可靠性和存储速度有较大的影响。

主要的记录编码方式有：见 1 就翻的不归零制(NRZI)、调频制(FM)与改进调频制(MFM)和三单元调制码等。

有关编码方式的具体内容，本书不做详细讨论。

9.6.2　软磁盘机接口技术

软磁盘存储器由软磁盘机与控制器组成。软磁盘机在控制器的控制下，完成数据的读出与存储。它包括软磁盘驱动器(简称 FDD)及记录媒体软磁盘片。

1. 软磁盘驱动器的组成结构及工作原理

图 9-18 是软磁盘驱动器(以下简称 FDD)的组成结构示意图。下面就其工作原理做简单的说明。

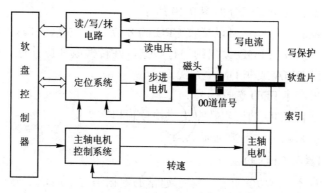

图 9-18　软磁盘驱动器子核

盘片插入驱动器后，被定位和夹紧在主轴的驱动轮上，当要进行读/写操作时，主轴电机控制系统控制主轴电机带动盘片匀速旋转，同时，定位系统控制步进电机带动磁头沿盘片径向运动，进行寻道操作，以定位在目标磁道上。定位以后，读/写/抹电路分别完成读/写操作。在写操作时，抹电路控制抹磁头对写入时不整齐的磁化区域进行修整，以消除磁道间的干扰。

状态检测电路主要由写保护检测电路、索引信号检测电路及00道检测电路组成。它们利用光电检测器件，向控制器提供驱动器状态和磁头定位信息。

2. 软磁盘机的接口与控制器

由于FDD读/写速度较慢，且控制比较复杂，FDD一般均通过接口电路与CPU连接。这部分接口电路也称为软磁盘控制器(简称FDC)。图9-19为IBM PC/XT FDD接口及控制器组成示意图。

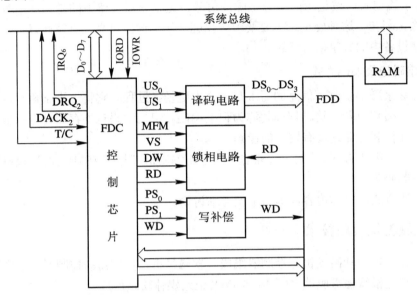

图9-19　IBM PC/XT FDD接口及控制器组成示意图

1) 软磁盘控制器

FDC接收CPU的命令向FDD发出控制信号,可控制FDD按规定的数据格式写入软磁盘或从磁盘读出数据。其组成部分如图9-19所示。

软磁盘控制器控制芯片：它可以接收CPU的8位并行数据，并转换成对FDD的串行写数据信号；也可以接收从FDD读出的串行数据，并转换成8位并行数据，传送给CPU。数据传送方式可采用DMA或非DMA方式。

译码电路：用来产生FDD选择信号。

锁相电路：对来自FDD的读出数据提供检读窗口。

写补偿电路：用来减小读出数据峰点漂移。

2) 软磁盘控制器与CPU的接口

FDC与CPU的接口是I/O通道。除了通常的数据信号、地址信号、读/写信号、中断请求信号等控制信号外，由于主机和FDD常采用DMA数据传送方式，因此还用到I/O通道中的DRQ$_2$、DACK$_2$、T/C信号，它们分别表示DMA请求、DMA确认、计数结束。

采用DMA传送方式进行数据传送时，FDC向DMA控制器发出DMA请求信号DRQ，DMA控制器再向CPU发出总线请求，获得总线使用权后，DMA控制器向FDC发出DMA确认信号DACK，开始进行数据传送。传送结束后，DMA控制器向FDC发出计数结束信号T/C。

9.6.3　硬磁盘存储器接口技术

与软磁盘存储器相比，硬磁盘存储器存储容量大，存取速度快，作为主要的外存储设备，广泛应用于计算机系统中。

1. 硬磁盘驱动器的组成结构及工作原理

图 9-20 是硬磁盘驱动器(简称 HDD)的组成结构示意图。它主要由磁头定位系统、主轴系统、控制及读/写电路组成。

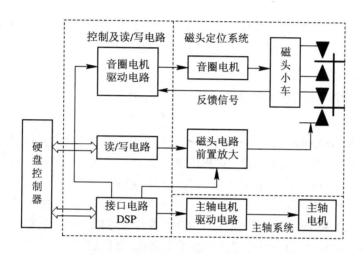

图 9-20　硬磁盘驱动器逻辑结构示意图子核

目前，HDD 普遍采用温彻斯特技术。该技术有两个特点：一是采用全密封的头盘组件 (HDA)，即把盘片、磁头、磁头小车等全部密封在一个超净的盘盒内，主轴电机直接带动盘片旋转；二是采用轻质浮动磁头，在 HDD 工作时，靠盘片旋转时产生的气流浮在盘片上。磁头与盘片的间隙只有亚微米级。

2. 硬盘控制器

与软盘控制器相同，硬盘控制器是 HDD 与 CPU 之间的接口。随着磁记录技术和集成电路技术的发展，目前的 HDD 已部分包括了以前硬盘控制器的功能。硬盘控制器应该具有以下功能：

(1) 接收主机 CPU 的命令，并对命令进行译码，以产生相应的控制信号，控制 HDD 完成相应的操作。

(2) 向 CPU 提供命令执行结果及各种状态信号。

(3) 完成主机与 HDD 间的 DMA 数据传送。

1) 硬盘控制器与 CPU 的接口

硬盘控制器中的 I/O 接口逻辑，实现硬盘控制器与 CPU 的连接。要实现控制器与 CPU 之间的信息传递，除地址线、数据线外，还要用到一些控制信号线和状态信号线。

2) 硬盘控制器与 HDD 的接口

硬盘控制器与 HDD 的接口标准多采用的是 SCSI 和 IDE 标准。

SCSI 标准不是 HDD 的接口标准，而是一种系统级的标准通用接口标准。它主要用于磁盘与主机的信息交换，同时也用于 CD-ROM、SCANNER、计算机网络、多媒体系统等。

　　目前硬盘控制器与 HDD 的接口标准大多采用 IDE 标准。IDE 接口采用 16 位数据并行传输，工作速度快。以前的 IDE 接口只适用于容量在 528 MB 以下的 HDD。为克服这个限制，提出了 ATA-2、ATA-3.x 和 ATA-4.0 等标准，即 E-IDE(Enhanced IDE)标准。这些标准不仅可以使 IDE 接口适应大容量硬盘，而且进一步提高了传输速度。

9.6.4　光盘存储器

　　所谓光盘(Optical Disk)，是指利用光学原理读/写信息的存储器。由于光盘有容量大、速度快、不易受干扰等特点，因而光盘得到了越来越广泛的应用。

1. 光盘存储器类型

　　根据性能和用途的不同，光盘存储器可分为三种类型。

　　1) 只读式光盘

　　只读式光盘(Read Only)是最早实用化的光盘，盘片是由厂家预先写入数据或程序，出厂后用户只能读取，不能写入和修改。这种产品主要用于电视唱片和数字音频唱片和影碟，可以获得高质量的图像和高保真度的音乐。在计算机领域，主要用于检索文献数据库或其他数据库，软件介质，也可以用于计算机辅助教学等。CD-ROM 是微机用的只读存储器，国际上已制定有 CD-ROM 标准，一张 CD-ROM 盘片上可以记录总页数达 27 万页的百科全书的全部内容。此外，CD-ROM 记录介质不易老化，可以长期保存。

　　2) 只写一次光盘

　　只写一次光盘(Write Once Only)又称为写入后立即读出型光盘，可以由用户写入信息，写入后可以多次读出，只不过只能写一次，信息写入后不能修改，相当于 PROM。在盘片上留有空白区，可以把要修改和重写的数据追记在空白区内。它主要适用于计算机系统中的文件存档或写入的信息不需要经常修改等情况。

　　3) 可擦写式光盘

　　可擦写式光盘(Rewriteable)是在前两种光盘问世后出现的，它利用磁光效应存取信息，采用特殊的磁体薄膜作记录介质，用激光束来记录和删除信息，又称为磁光盘，类似于磁盘，可以重复读/写。

　　光盘存储器由于具有容量大、密度高、介质寿命长、能够进行非接触读/写和高速随机存取等一系列特点而得到迅速发展。只读式光盘已标准化，一次写入型光盘早已成为上市产品，可擦写光盘现已成为主导产品。

　　1989 年，可擦写型 5.25 英寸磁光盘存储器盘片双面格式化容量为 650 MB；1991 年，3.5 英寸磁光盘驱动器盘片的单面格式化容量为 128 MB；1992 年，5.25 英寸磁光盘存储器的实验室容量达 1～4 GB，3.5 英寸为 400 MB，2.5 英寸为 200 MB。

　　目前，正在从以下四个方面来改进光盘存储器的性能：

　　(1) 增大存储容量。研制短波长激光器、高密度磁光记录新材料，改进信息记录方式和数据处理技术，采用高位密度记录技术，设法在盘片外围各道上存储比里面各道更多的信息，使线性密度保持不变。

(2) 缩短存取时间，提高传输效率，实现直接重复读/写。磁光盘在记录信息时，需先旋转一圈擦去原信息，再旋转一圈写入新信息，再旋转一圈进行验证，如能把信息直接写在原有的信息位上，可以缩短写入时间。

(3) 研制快速存取光学头。光学头有整体型与分离型两种，整体型将所有光学头零部件组合在一起，优点是工艺性好，缺点是体积大、质量重、寻道速度慢，多用于只读光盘和一次性写光盘。分离型光学头分成运动部分和固定部分，运动部分由物镜和反射镜组成，优点是体积小、质量轻、便于快速寻道，缺点是工艺性差。

(4) 提高盘片转速。光盘驱动器的盘片转速为 1800～5400 rpm(转/分)，3.5 英寸磁光盘驱动器多为 3000 rpm。目前光盘产品的速度指标已有 8 倍速、16 倍速和 32 倍速等。

2. 只读型光盘存储器

光盘存储器是利用激光束在介质表面上烧蚀凹坑存储信息的。根据激光束及反射光的强弱不同，可以完成信息的读/写。读/写装置与光盘片的距离可比磁存储器磁头与盘片的距离大一些，它属于非接触型读/写存储器。

只读型和只写一次型光盘写入时，将激光束聚焦成直径小于 1 μm 的小光点，以其热作用融化盘表面上的光存储介质薄膜，在薄膜上形成小洞(凹坑)。有洞的位置表示“1”，没有洞的位置表示“0”。读出时，在读出光束的照射下，可根据有、无凹坑处反射光强的不同，读出二进制信息。读出光束的功率只有写入光束功率的 1/10，因此，不会融化出新的凹坑。

有些光存储介质在激光照射下，使照射点温度升高，冷却后光存储介质的解析结构或纹理大小会发生变化，从而导致介质膜光学性质(如折射率和反射率)发生变化，可利用这一现象记录信息。

利用激光在磁性薄膜上产生热磁效应来记录信息，称为磁光存储，应用于可擦写光盘上。记录原理是：在一定的温度下，如果在磁记录介质的表面上加一个强度低于该介质矫顽力的磁场，则不会发生磁通翻转，即不能记录信息；但是介质的矫顽力可随温度而变，若能控制温度，降低介质的矫顽力，使其低于外加弱磁场强度时，将发生磁通翻转。磁光存储就是根据这一原理存储信息的。它利用激光照射磁性薄膜，被照射处温度上升，矫顽力下降，在外加磁场的作用下发生磁通翻转，使该处的磁化方向与外加磁场一致。通常把磁记录材料因受热而磁性发生变化的现象称为热磁效应。擦除信息和记录信息的原理一样，外加一个和记录方向相反的磁场，对已记录信息的介质用激光束照射，使照射区反方向磁化，从而恢复到记录前的磁化状态。利用激光的热作用改变磁化方向来记录信息的光盘也称为“磁光盘”。

光盘盘片的形状与磁盘盘片类似，但记录材料不一样。只读型光盘和只写一次型光盘的盘片基本上是相同的，它们都是三层式结构：基板，在基板上涂敷一层铝质反射层。最上面是一层薄金属膜。反射层和金属层的厚度取决于激光源的波长，两者的厚度为波长的四分之一。金属膜的材料一般是碲合金薄膜，这种材料在激光源的照射下会融成小洞。

光存储介质是一层吸光能力很强，熔点较低的材料，在激光束的照射下，被照区域温度迅速升高而被熔化。这样，随着盘片的旋转，代表信息的激光束在介质上沿同心圆或螺旋形的导向沟，烧出一连串直径很小，相距很近的凹坑，凹坑一旦形成就无法重新填平。

盘基上蒸镀了一层对激光有很强发射能力的材料(如铝)，反射层上是记录介质，对激光有很强的吸收能力，被激光烧蚀后形成凹坑，露出了反射层。有坑和无坑分别代表二进制数据的"1"和"0"。

光盘存储系统是高技术领域综合技术成果的产物，涉及广泛的技术基础，包括激光、新材料、微电子和软件技术等。

3. 一次写入型光盘存储器

一次写入型光盘(WORM，Write Once and Read Many)可由用户一次性写入信息，写入的信息将永久保存在光盘上，以后只能读出，不能改写。它主要用于保存永久性资料信息。

一次写入型光盘的信息存储机理同只读光盘基本一样。但一次写入型光盘只给一般用户提供了一次写入信息的机会，一般用户在写入(刻录)信息时，发出命令使激光在盘面直接刻录信息，然后立即可读，而不需要经过其他处理。一次写入型光盘的基本操作有两个，即一次写入和读出(重复)。这样，一次写入型光盘驱动器也有两套逻辑电路，即刻录和读出电路。比只读光盘驱动器多了一套刻录电路。

写入时，被调制信号送入调制器，调制后的光束由跟踪反射镜反射至聚焦系统，再射向光盘，在光盘记录介质上刻录信息。

读出时，写入光束不起作用。小功率(写入功能的 1/5～1/10)读出光束经分离器将光盘反射器的读出光信号导入光电探测器，再由光电探测器输出电信号。

4. 磁光盘存储器

磁光盘(MO，Magneto-Optical Disk)不像 CD-ROM、WORM 和 CD-R 等纯粹使用光技术的存储器，它是使用光技术和磁技术相结合来记录信息和读取信息的，是一种可重写光盘。

磁光盘的光学读/写头的工作原理和 CD-ROM 相同，记录信息的磁性介质是稀土过渡金属合金，通过磁畴来记录信息。在磁光记录中，对信号的记录和擦除都是将激光照射在记录介质上，使其局部温度升高，与此同时，再从外部施加磁场使该处的磁畴取向改变来记录或擦除信息。

要使磁畴从一个方向变成另一个方向所需要的磁场强度和温度有很大关系，在常温下不易改变，只有用激光将磁畴加热到一定温度，使其矫顽力变成几乎为零时，才可以在偏置磁场的作用下完成。等激光撤离后，该区域迅速冷却，磁畴的方向也就固定了。

信息的擦除和重写一般采用先擦除后写入的方法。即先让光道上的所有磁畴先取相同的方向，然后加入反向恒定磁场，用写入信号调制写入激光的输出功率。需磁畴反向的区域输出功率大，使该区域的温度升高，在反向磁场的作用下磁畴的磁化方向发生翻转；磁畴不反向的区域，激光输出功率小，该区域的磁畴保持原有方向。从原理上看，擦除和重写不用分开进行。

本 章 小 结

本章着重讨论了微型计算机系统中的键盘、鼠标、显示器、打印机和磁盘等外部设备的工作原理和与微机的接口设计方法。通过本章的学习，应了解 PC 系列微机键盘的特点、键盘的识别方法，熟悉键盘工作原理和键盘接口电路的功能；了解鼠标的工作原理和常用鼠标种类；熟悉显示器的工作原理以及显示器接口方法；理解点阵打印机、喷墨打印机和激光打印机的字符打印原理；了解磁盘接口技术、光盘存储器的功能和种类。

思考与练习题

1. 键盘有什么特点？
2. 简述 PC 系列键盘的识别方法。
3. 简述 PC 系列键盘与微型计算机的接口方法。
4. 简述常见鼠标的工作原理。
5. 简述 CRT 显示器接口的工作原理。
6. 常见的打印机有哪些类型？各有何特点？
7. 微型计算机中如何进行打印机接口控制？
8. 说明磁盘的信息记录原理。
9. 简述软盘驱动器的组成结构和工作原理。
10. 硬盘控制器有哪些基本功能？硬盘控制器与硬盘驱动器如何接口？
11. 简述光盘存储器的主要功能和种类。

参 考 文 献

[1]　王建国，等. 微型计算机原理与接口技术. 北京：中国铁道出版社，2011.

[2]　周国运，等. 微机原理与接口技术. 北京：机械工业出版社，2011.

[3]　吕淑平，等. 微型计算机原理与接口技术. 哈尔滨：哈尔滨工程大学出版社，2013.

[4]　刘红玲，等. 微机原理与接口技术. 北京：清华大学出版社，2011.

[5]　周鹏，等. 微机原理与接口技术. 北京：机械工业出版社，2011.

[6]　宁飞. 微型计算机原理与接口实践. 北京：清华大学出版社，2006.

[7]　陆鑫. 微机原理与接口技术. 北京：机械工业出版社，2005.

[8]　杨厚俊，等. 计算机系统结构：奔腾 PC. 2 版. 北京：科学出版社，2004.

[9]　洪永强. 微机原理与接口技术. 北京：科学出版社，2004.

[10]　杨文显. 现代微型计算机原理与接口技术教程. 北京：清华大学出版社，2003.